U0682266

MBA MPA MPAcc MEM
管理类综合能力

韩超数学

72技

主编 韩超

中国政法大学出版社

2022 · 北京

图书在版编目（ＣＩＰ）数据

MBA MPA MPAcc MEM 管理类综合能力韩超数学 72 技/韩超主编. —北京：中国政法大学出版社，2022.3
ISBN 978-7-5764-0349-7

Ⅰ.①M… Ⅱ.①韩… Ⅲ.①高等数学－研究生－入学考试－自学参考资料 Ⅳ.①013

中国版本图书馆 CIP 数据核字(2022)第 029760 号

出 版 者	中国政法大学出版社
地 址	北京市海淀区西土城路 25 号
邮寄地址	北京 100088 信箱 8034 分箱　邮编 100088
网 址	http://www.cuplpress.com (网络实名：中国政法大学出版社)
电 话	010-58908285(总编室) 58908433 （编辑部） 58908334(邮购部)
承 印	三河市良远印务有限公司
开 本	787mm×1092mm　1/16
印 张	19.25
字 数	480 千字
版 次	2022 年 3 月第 1 版
印 次	2022 年 3 月第 1 次印刷
定 价	69.80 元

前言

　　《MBA MPA MPAcc MEM 管理类综合能力韩超数学72技》是一本集基础、强化、技巧于一体的管综数学辅导教材,为最大限度地让考生在有限的备考时间内取得高分,本书紧扣最新考试大纲,精准把握考试方向,强势总结72大解题技巧.所谓技巧有两层含义:第一层含义是更短时间内解决题目的方法;第二层含义是复杂题目的固定解题套路.为培养考生的独立解题能力,训练数学思维,本书配备大量经典例题,将命题点、命题方向、解题技巧及解题套路按类归纳,考生若反复训练,必能实现高分目标.

一、本书来源

　　韩超老师72技系列直播课于2017年正式上线,至今已累计发布6年,每年都受到众多考生追捧,现已成为管综数学高分考生考前必听的直播课.今年,我将多年授课精华及经验全部总结归纳,重新整理,紧扣大纲,紧跟考试趋势,将全部考点、经典例题、技巧方法、真题预测汇编成书,正式编写《MBA MPA MPAcc MEM 管理类综合能力韩超数学72技》.

二、本书特色

1.基础、强化合二为一

　　为方便考生备考,本书将基础和强化合二为一,一本书可以用在两个阶段.本书所有专题都非常详细地阐述了本专题所有的基本概念和基本公式,帮助考生打牢基本功.在此基础之上,本书按照考点及考试方向全面总结每类题目的解题方法及技巧,题目由浅入深,实现考点无死角全覆盖.从而帮助考生全方位掌握管综数学命题点,熟练应用解题方法,站在真题的视角锻炼数学思维,从而进入举一反三,以不变应万变的解题状态.

2.强势总结72大解题技巧,解决所有重难点

　　数学强,则管综强,管综数学重在速度,提速必用技巧.本书对72类考试重难点题目总结了秒杀公式及套路方法,并且每个技巧均给出了适用题型、技巧说明和代表例题.题目和技巧有机结合能够让考生更加深入地了解每个技巧的使用方法,实现思维定式,极大缩短做题时间,达到轻松学习、高效学习的备考状态.

3.讲、练、测、答闭环学习

　　本书专题均有配套视频讲解,视频课程由我亲自录制,让大家学习无忧.所有考点及考试方向均配备经典例题,每道题都极具真题风格,都是由我精挑细选出来的题目.讲与练结合,学与思搭配,让大家触类旁通;每个专题都有专题测评,让大家及时发现短板;全年都给大家提供官方答疑服务,让大家实时解决问题.真正实现一书在手,全年无忧.

三、本书致谢

在本书的编写及出版过程中,得到了很多老师的支持与帮助,在此向各位老师表示最衷心的谢意.此外,在编写本书时,编者也参阅了相关资料,引用了一些题目,恕不一一指明出处,在此一并向各位作者表达感谢.由于编者水平有限,本书难免有疏漏之处,请读者谅解.关于本书的任何问题及建议,欢迎各位同学通过微博(韩超数学)、微信公众号(韩超数学)进行交流探讨.研途漫漫,贵在坚持,希望本书能够陪伴各位考生考研成功,金榜题名!

韩超

本书使用指南

数学大纲及备考指导

管理类综合能力考试是指管理类专业硕士研究生入学统一考试,包括管理类综合能力和英语二两个考试科目,满分为 300 分,题型借鉴了美国经企管理研究生入学考试. 截至目前为止,管理类专业硕士学位教育招生包含七个专业,分别是 MPAcc(会计硕士)、MAud(审计硕士)、MLIS(图书情报硕士)、MEM(工程管理硕士)、MBA(工商管理硕士)、MPA(公共管理硕士)、MTA(旅游管理硕士),入学统一考试采用管理类综合能力考试.

一、卷面内容及分值分布

管理类综合能力的卷面由数学基础、逻辑推理、写作(论证有效性分析、论说文)共三部分组成,满分为 200 分. 分值分布:①数学基础(问题求解 15 道题,条件充分性判断 10 道题,每题 3 分)共 75 分;②逻辑推理(30 道题,每题 2 分)共 60 分;③写作(论证有效性分析 1 道题 30 分,论说文 1 道题 35 分)共 65 分. 英语二的卷面由英语知识运用、阅读理解、翻译(英译汉)、写作共四部分组成,满分为 100 分. 分值分布:①英语知识运用(20 道题,每题 0.5 分)共 10 分;②阅读理解(Part A)(20 道题,每题 2 分)共 40 分、阅读理解(Part B)(5 道题,每题 2 分)共 10 分;③翻译(英译汉)15 分;④写作(Part A) 10 分、写作(Part B)15 分.

数学部分的两种题型中,1~15 题是问题求解,是有五个选项的单选题;16~25 题是条件充分性判断,需要判断所给条件能不能使结论成立,即判断条件的充分性,也是五选一的单选题. 对于条件充分性判断题,我们会在下一部分给出详细的特别说明.

二、数学大纲

综合能力考试中的数学基础部分主要考查考生的运算能力、逻辑推理能力、空间想象能力和数据处理能力,通过问题求解和条件充分性判断两种形式来测试. 试题涉及的数学知识范围有:

(一)算术

1.整数

(1)整数及其运算

(2)整除、公倍数、公约数

(3)奇数、偶数

(4)质数、合数

2. 分数、小数、百分数

3. 比与比例

4. 数轴与绝对值

(二)代数

1. 整式

(1)整式及其运算

(2)整式的因式与因式分解

2. 分式及其运算

3. 函数

(1)集合

(2)一元二次函数及其图像

(3)指数函数、对数函数

4. 代数方程

(1)一元一次方程

(2)一元二次方程

(3)二元一次方程组

5. 不等式

(1)不等式的性质

(2)均值不等式

(3)不等式求解:一元一次不等式(组),一元二次不等式,简单绝对值不等式,简单分式不等式

6. 数列、等差数列、等比数列

(三)几何

1. 平面图形

(1)三角形

(2)四边形:矩形、平行四边形、梯形

(3)圆与扇形

2. 空间几何体

(1)长方体

(2)柱体

(3)球体

3. 平面解析几何

(1)平面直角坐标系

(2)直线方程与圆的方程

(3)两点间距离公式与点到直线的距离公式

(四)数据分析

1. 计数原理

(1)加法原理、乘法原理

(2)排列与排列数

(3)组合与组合数

2.数据描述

(1)平均值

(2)方差与标准差

(3)数据的图表表示:直方图,饼图,数表

3.概率

(1)事件及其简单运算

(2)加法公式

(3)乘法公式

(4)古典概型

(5)伯努利概型

三、备考指导

管理类综合能力考试中的数学的考查范围主要是初等数学,很多考生在备考的时候认为都是小学、初中、高中的内容便掉以轻心,觉得不用下功夫也能考高分,这种认识是非常错误的,管理类综合能力考试中的数学和我们之前接触的初等数学最大的区别在于前者重思维,后者重内容.综合能力考试中的数学出题最大的特点是一题多点,解题技巧强,所以要想取得高分,考生必须培养良好的解题思维,这也就要求考生:

(1)重视基础.每一道题都是由基本的考点、定义、公式构成,不同的组合方式形成不同难度的题目,所以只有打牢基础才能为我们培养良好的解题思维提供强有力的支持.每当看到一道题时,考生要立刻了解该题对应的考点,该考点对应的考试方向,每个考试方向对应的出题重点、陷阱及解题方法,这样才有助于考生形成良好的"题感".所以数学解题能力的提高,是一个不断积累、循序渐进的过程,只有深入理解基本概念,牢牢记住基本定理和公式,才能找到解题的突破口和切入点.通过分析近几年考生的数学答卷可以发现,考生失分的一个重要原因就是对基本概念、定理理解不准确,数学中最基本的方法掌握不好,进而给解题带来思维上的困难.数学的概念和定理是组成数学试题的基本要素,数学思维过程离不开概念和定理,因此正确理解和熟练掌握数学概念、定理以及基本方法是取得好成绩的基础和前提.

(2)学会对各版块的题目进行分类与总结.很多考生到后期会觉得自己的学习没有条理,学习时会了一道题就只会一道题,缺乏举一反三的能力,究其本质,还是缺乏自我总结的能力.我们可以每学完一个版块,就按照自己的学习方式将本版块老师讲的内容和你理解的内容进行总结归纳,列举出每类题目的基本方法、解题技巧、出题陷阱等,这样就会使得后期的学习更加条理化、清晰化.很多考生在复习过程中一味地听课或者刷题,其实是不可取的,俗话说:"学而不思则罔,思而不学则殆".学习和思考一定要有机地结合起来,只有不断地对所学知识进行总结归纳才能更加牢固地掌握出题规律和解题方法.

(3)加强综合性试题的训练.本部分题目是拉开差距的关键,综合性题目大多呈现出运算量大、

技巧性强、覆盖知识点多的特点.这也要求考生在学习时能融会贯通,把各个知识点有机地联系在一起,形成完整的知识体系网.在近几年考试中,题目综合性越来越强,难题数量逐渐增多,在考场极度紧张的状态下,很多考生在面对难题时都无计可施,所以只有平时多练习此类题目,熟练掌握分析难题的方法才能在正式考试中甩开对手,取得高分.

(4)定期重复,合理安排学习计划.任何一个科目的学习都需要定期重复,很多内容在我们第一次上课时都能记住,但由于平时用得较少,随着时间的推移就会遗忘掉,所以对于不常用的公式、定理、方法等一定要勤看多记.此外,由于考研备考周期较长,如果缺乏科学合理的规划必然达不到理想的学习效果,所以制定计划时要分阶段、动态化进行,根据自己的学习状态及进度不断调整,时刻监督自己完成学习任务,将学习和做题有机地结合起来,不断摸索管理类综合能力考试数学命题的特点和规律,熟悉特定题型的对应方法,进而提高做题速度,达到快、准、狠的效果.

四、全年阶段安排

全年备考阶段	图书资料	学习目标	注意事项
基础阶段	《MBA MPA MPAcc MEM 管理类综合能力韩超数学 72 技》	搭建整体知识体系	以基本概念、定理为主
强化阶段	《MBA MPA MPAcc MEM 管理类综合能力韩超数学 72 技》	攻克重、难点	以考试题型、考试方向、技巧方法为主
真题阶段	《MBA MPA MPAcc MEM 管理类综合能力韩超数学历年真题》	实战演练解题方法	反复训练解题方法,实现思维定式
冲刺阶段	《韩超条件充分性判断100 题》	考前再次突飞猛进	总结常见陷阱、公式、技巧,补齐条件充分性判断题短板

说明:《韩超条件充分性判断100题》会以电子版形式发放给考生,获取方式可以关注微信公众号"韩超数学".本部分题目会在考前由我进行全程带学,带学方式为每天在微信公众号"韩超数学"更新 2 个条件充分性判断题,每周会在 B 站"韩超数学"更新一次条件充分性判断题讲解视频,旨在在最后阶段帮助考生补齐短板,扫清障碍.

条件充分性判断题题型说明

　　条件充分性判断题是管理类综合能力考试数学独有的考试题型,相比较问题求解,本部分难度更大,除考查基本的数学知识以外,本题型也重点考查考生的逻辑推理能力和思维判断能力,所以此类题目陷阱较多,对考生要求较高.本部分题目也是考生在考场失分的"重灾区",因此一定要熟练掌握该类题目的题型特点、解题方法及技巧,平时也需要多练习和多思考.

一、题目样板

　　真题　某人从 A 地出发,先乘时速为 220 千米的动车,后转乘时速为 100 千米的汽车到达 B 地,则 A,B 两地的距离为 960 千米.

　　(1) 乘动车时间与乘汽车的时间相等.

　　(2) 乘动车时间与乘汽车的时间之和为 6 小时.

二、充分性的含义

　　若命题 A 能推出命题 B,则称命题 A 是命题 B 的充分条件.

　　例如: $x>5$ 能推出 $x>3$,则称 $x>5$ 是 $x>3$ 的充分条件;反过来, $x>3$ 不能推出 $x>5$,则 $x>3$ 不是 $x>5$ 的充分条件.

三、题目特征与选项含义

　　本类题目的题目特征:

　　类型一:　前提条件　,则　结论　. 或 类型二:　结论　.

　　　　　　(1) 条件1　　　　　　　　　　　(1) 条件1

　　　　　　(2) 条件2　　　　　　　　　　　(2) 条件2

　　本类题目的选项:

　　A.条件(1) 充分,但条件(2) 不充分.

　　B.条件(2) 充分,但条件(1) 不充分.

　　C.条件(1) 和条件(2) 单独都不充分,但条件(1) 和条件(2) 联合起来充分.

　　D.条件(1) 充分,条件(2) 也充分.

　　E.条件(1) 和条件(2) 单独都不充分,条件(1) 和条件(2) 联合起来也不充分.

四、解题方法

　　第一步:条件(1) 联合题干前提条件推导结论,如果能推出结论则**条件**(1) **充分**;如果不能推出结论则**条件**(1) **不充分**.

　　第二步:条件(2) 联合题干前提条件推导结论,如果能推出结论则**条件**(2) **充分**;如果不能推出结论则**条件(2)不充分**.

第三步:若两条件单独均不充分,则把条件(1)、条件(2)和前提条件联合起来推导结论,如果联合能推出结论,则称**条件(1)和条件(2)联合起来充分**;如果联合不能推出结论,则称**条件(1)和条件(2)联合起来也不充分**.

五、注意事项

(1) 若条件和结论较为简单且可以较为容易地由条件直接推导结论,可以直接由条件入手推导结论;若条件和结论较为复杂且条件和结论无直接关系,很难直接推出结论,可以先化简题干,再由条件入手推导结论.

(2) 若条件(1)和条件(2)相互独立,推导时一定要严格分开,客观独立地推导结论.

(3) 充分的含义是所有的都满足,所以取特值或者举反例只能证明条件不充分,不能证明条件充分.

(4) 小范围是大范围的充分条件,比如 $x > 5$ 一定是 $x > 3$ 的充分条件.

(5) 联合分析的前提是两条件单独都不充分.

(6) 推导时务必考虑条件或题干的所有情况,细心审题.

(7) 若两条件无交集或矛盾,则无法联合分析.

六、小试牛刀

1. $a, b \in \mathbf{R}$,则 $ab > 0$.

　(1) $a > 0, b > 0$.

　(2) $a < 0, b < 0$.

2. $a, b \in \mathbf{R}$,则 $ab < 0$.

　(1) $a > 0, b = 0$.

　(2) $a < 0, b > 0$.

3. $a, b \in \mathbf{R}$,则 $ab = 0$.

　(1) $a > 0, b = 0$.

　(2) $a = 0$ 或 $b > 0$.

4. $a, b \in \mathbf{R}$,则 $ab \geqslant 0$.

　(1) $a > 0, b = 0$.

　(2) $a < 0, b < 0$.

5. $a, b \in \mathbf{R}$,则 $ab \leqslant 0$.

　(1) $a > 0, b > 0$.

　(2) $a < 0, b < 0$.

6. $a,b \in \mathbf{R}$,则 $ab > 0$.

  (1)$a > 1, b > 2$.

  (2)$a < 0, b < -1$.

7. $a,b \in \mathbf{R}$,则 $ab < 0$.

  (1)$a > 0$.

  (2)$b < 0$.

8. $a,b \in \mathbf{R}$,则 $|a| > |b|$.

  (1)$a > 0, b > 0$.

  (2)$a > b$.

9. $a,b \in \mathbf{R}$,则 $|a| < |b|$.

  (1)$a < 0, b < 0$.

  (2)$a > b$.

10. $a,b \in \mathbf{R}$,则 $|a| = |b|$.

  (1)$a = b$.

  (2)$a + b = 0$.

参考答案　1~5　DBADE　6~10　DCCCD

七、实战演练

1. 一元二次方程 $x^2 + bx + 1 = 0$ 有两个不同实根.

  (1)$b < -2$.

  (2)$b > 2$.

【答案】D

【解析】$\Delta = b^2 - 4 \times 1 \times 1 > 0 \Rightarrow b^2 > 4$,所以 $b < -2$ 或 $b > 2$ 均充分. 故选 D.

2. 直线 $y = ax + b$ 过第二象限.

  (1)$a = -1, b = 1$.

  (2)$a = 1, b = -1$.

【答案】A

【解析】条件(1),$y = -x + 1$ 过第一、二、四象限,所以充分;条件(2),$y = x - 1$ 过第一、三、四象限,所以不充分. 故选 A.

3. 已知 m,n 是正整数,则 m 是偶数.

(1) $3m+2n$ 是偶数.

(2) $3m^2+2n^2$ 是偶数.

【答案】D

【解析】如果两个整数之和为偶数,则两个整数的奇偶性相同,由两个条件可以看出,因为 $2n$ 和 $2n^2$ 都为偶数,所以 $3m$ 和 $3m^2$ 也为偶数,进而可推出 m 为偶数.故选 D.

4. 已知 a,b 是实数,则 $a>b$.

(1) $a^2>b^2$.

(2) $a^2>b$.

【答案】E

【解析】可举反例 $a=-2,b=1$.故选 E.

5. 已知三种水果的平均价格为 10 元／千克,则每种水果的价格均不超过 18 元／千克.

(1) 三种水果中价格最低的为 6 元／千克.

(2) 购买重量分别是 1 千克、1 千克和 2 千克的三种水果共用了 46 元.

【答案】D

【解析】由题干前提条件可得,这三种水果的平均价格为 10 元／千克,所以这三种水果的价格之和为 30 元／千克.条件(1),价格最低的水果为 6 元／千克,则其他两种水果价格之和为 24 元／千克,当其中一种水果也为 6 元／千克时,另一种水果的价格可达到最高,最高价为 $24-6=18$(元／千克),未超过 18 元／千克,所以条件(1)充分;条件(2),设三种水果价格分别为 x,y,z,则有 $x+y+z=30,x+y+2z=46$,两式相减得到 $z=16,x+y=14$,显然此时每种水果的价格均不超过 18 元／千克,所以条件(2)也充分.故选 D.

6. 已知曲线 $L:y=a+bx-6x^2+x^3$,则 $(a+b-5)(a-b-5)=0$.

(1) 曲线 L 过点 $(1,0)$.

(2) 曲线 L 过点 $(-1,0)$.

【答案】A

【解析】条件(1),$x=1,y=0\Rightarrow a+b=5\Rightarrow(a+b-5)(a-b-5)=0$,所以充分;条件(2),$x=-1,y=0\Rightarrow a-b=7$,无法得到 $(a+b-5)(a-b-5)=0$,所以不充分.故选 A.

7. 如图所示,正方形 $ABCD$ 由四个相同的长方形和一个小正方形拼成,则能确定小正方形的面积.

(1) 已知正方形 $ABCD$ 的面积.

(2) 已知长方形的长、宽之比.

【答案】C

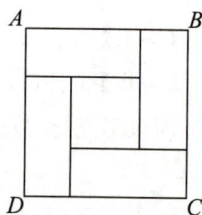

【解析】条件(1),已知正方形 $ABCD$ 的面积,仅能求得大正方形的边长,无法得到小正方形的边长,所以不充分;条件(2),仅知道比例关系,不知道具体数值,无法求得小正方形的面积,所以不充分;考虑联合,由条件(1)和条件(2)可得到大正方形的边长、长方形的长和宽,进而得到小正方形的边长,求得其面积,充分.故选 C.

8. 能确定小明年龄.
   (1) 小明年龄是完全平方数.
   (2) 20 年后小明年龄是完全平方数.
   【答案】C
   【解析】两条件显然单独都不充分,设小明的年龄为 n,联合可得 $n,n+20$ 均为完全平方数,列举可得 $n=16$.故选 C.

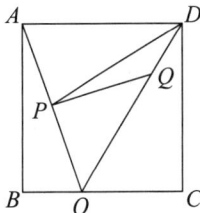

9. 如图所示,已知正方形 $ABCD$ 的面积,O 为 BC 上一点,P 为 AO 的中点,Q 为 DO 上一点,则能确定三角形 PQD 的面积.
   (1)O 为 BC 的三等分点.
   (2)Q 为 DO 的三等分点.
   【答案】B
   【解析】依题可得,三角形 AOD 的面积是正方形面积的一半,P 是 AO 中点,三角形 POD 的面积是三角形 AOD 面积的一半,因为条件(1)无法确定 Q 的位置,所以不充分;条件(2)确定 Q 的位置,所以三角形 PQD 的面积为三角形 POD 面积的 $\frac{1}{3}$,所以充分.故选 B.

10. 某人从 A 地出发,先乘时速为220千米的动车,后转乘时速为100千米的汽车到达 B 地,则 A,B 两地的距离为960千米.
    (1) 乘动车时间与乘汽车的时间相等.
    (2) 乘动车时间与乘汽车的时间之和为6小时.
    【答案】C
    【解析】条件(1),条件(2)单独无法求出两地的距离,所以单独均不充分,联合分析可求出时间均为3小时,故 A,B 两地的距离为 $(220+100)\times3=960$(千米),所以联合充分.故选 C.

2022 年全国硕士研究生招生考试管理类综合能力数学试题

一、问题求解：第 1 ～ 15 小题，每小题 3 分，共 45 分. 下列每题给出的 A、B、C、D、E 五个选项中，只有一个选项是最符合试题要求的. 请在答题卡上将所选项的字母涂黑.

1. 一项工程施工 3 天后，因故障停工 2 天，之后工程队提高工作效率 20％，仍能按原计划完成工作，则原计划工期为(   ).

A. 9 天   B. 10 天   C. 12 天   D. 15 天   E. 18 天

2. 某商品的成本利润率为 12％，若其成本降低 20％ 且售价不变，则利润率为(   ).

A. 32％   B. 35％   C. 40％   D. 45％   E. 48％

3. 设 x, y 为实数，则 $f(x, y) = x^2 + 4xy + 5y^2 - 2y + 2$ 的最小值为(   ).

A. 1   B. $\dfrac{1}{2}$ C. 2   D. $\dfrac{3}{2}$ E. 3

4. 如图所示，$\triangle ABC$ 是等腰直角三角形，以 A 为圆心的圆弧交 AC 于 D，交 BC 于 E，交 AB 的延长线于 F. 若曲边三角形 CDE 与曲边三角形 BEF 的面积相等，则 $\dfrac{AD}{AC} = ($ $)$.

A. $\dfrac{\sqrt{3}}{2}$ B. $\dfrac{2}{\sqrt{5}}$ C. $\sqrt{\dfrac{3}{\pi}}$ D. $\dfrac{\sqrt{\pi}}{2}$ E. $\sqrt{\dfrac{2}{\pi}}$

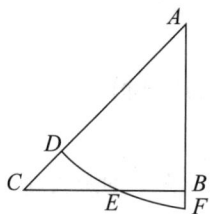

5. 如图所示，已知相邻的圆都相切，从这 6 个圆中随机取 2 个，这 2 个圆不相切的概率为(   ).

A. $\dfrac{8}{15}$ B. $\dfrac{7}{15}$ C. $\dfrac{3}{5}$ D. $\dfrac{2}{5}$ E. $\dfrac{2}{3}$

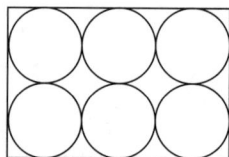

6. 如图所示,在棱长为 2 的正方体中,A,B 是顶点,C,D 是所在棱的中点,则四边形 $ABCD$ 的面积为(　　).

   A. $\dfrac{9}{2}$　　　　　B. $\dfrac{7}{2}$　　　　　C. $\dfrac{3\sqrt{2}}{2}$　　　　　D. $2\sqrt{5}$　　　　　E. $3\sqrt{2}$

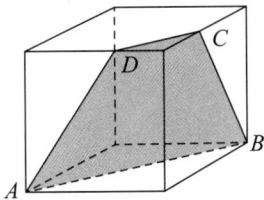

7. 桌面上放有 8 只杯子,将其中的 3 只杯子翻转(杯口朝上与杯口朝下互换)作为一次操作. 8 只杯口朝上的杯子经过 n 次操作后,杯口全部朝下,则 n 的最小值为(　　).

   A. 3　　　　　B. 4　　　　　C. 5　　　　　D. 6　　　　　E. 8

8. 某公司有甲、乙、丙三个部门,若从甲部门调 26 人到丙部门,则丙部门人数是甲部门人数的 6 倍;若从乙部门调 5 人到丙部门,则丙部门人数与乙部门人数相等. 则甲、乙两部门人数之差除以 5 的余数为(　　).

   A. 0　　　　　B. 1　　　　　C. 2　　　　　D. 3　　　　　E. 4

9. 在直角 $\triangle ABC$ 中,D 为斜边 AC 的中点,以 AD 为直径的圆交 AB 于 E,若 $\triangle ABC$ 的面积为 8,则 $\triangle AED$ 的面积为(　　).

   A. 1　　　　　B. 2　　　　　C. 3　　　　　D. 4　　　　　E. 6

10. 一个自然数的各位数字都是 105 的质因数,且每个质因数最多出现一次,则这样的自然数有(　　)个.

   A. 6　　　　　B. 9　　　　　C. 12　　　　　D. 15　　　　　E. 27

11. 购买 A 玩具和 B 玩具各 1 件需花费 1.4 元,购买 200 件 A 玩具和 150 件 B 玩具需花费 250 元,则一件 A 玩具的单价为(　　).

    A. 0.5 元　　　　B. 0.6 元　　　　C. 0.7 元　　　　D. 0.8 元　　　　E. 0.9 元

12. 甲、乙两支足球队进行比赛,比分为 4∶2,且在比赛过程中乙队没有领先过,则不同的进球顺序有(　　).

    A. 6 种　　　　B. 8 种　　　　C. 9 种　　　　D. 10 种　　　　E. 12 种

13.4 名男生和 2 名女生随机站成一排,则女生既不在两端也不相邻的概率为(   ).

A. $\dfrac{1}{2}$ B. $\dfrac{5}{12}$ C. $\dfrac{3}{8}$ D. $\dfrac{1}{3}$ E. $\dfrac{1}{5}$

14. 已知 A,B 两地相距 $208\ \text{km}$,甲、乙、丙三车的速度分别为 $60\ \text{km/h},80\ \text{km/h},90\ \text{km/h}$,甲、乙两车从 A 地出发去 B 地,丙车从 B 地出发去 A 地,三车同时出发,当丙车与甲、乙两车的距离相等时,用时(   )分钟.

A. 70   B. 75   C. 78   D. 80   E. 86

15. 如图所示,用 4 种颜色对图中五块区域进行涂色,每块区域涂一种颜色,且相邻的两块区域颜色不同,则不同的涂色方法有(   )种.

A. 12   B. 24   C. 32   D. 48   E. 96

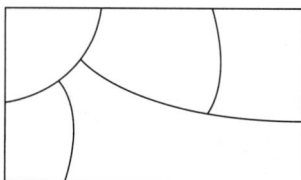

二、条件充分性判断:第 16 ~ 25 小题,每小题 3 分,共 30 分.要求判断每题给出的条件(1)和条件(2)能否充分支持题干所陈述的结论.A、B、C、D、E 五个选项为判断结果,请选择一项符合试题要求的判断,在答题卡上将所选项的字母涂黑.

A. 条件(1)充分,但条件(2)不充分.

B. 条件(2)充分,但条件(1)不充分.

C. 条件(1)和条件(2)单独都不充分,但条件(1)和条件(2)联合起来充分.

D. 条件(1)充分,条件(2)也充分.

E. 条件(1)和条件(2)单独都不充分,条件(1)和条件(2)联合起来也不充分.

16. 如图所示,AD 与圆相切于点 D,AC 与圆相交于 B,C,则能确定 $\triangle ABD$ 与 $\triangle BDC$ 的面积之比.

(1) 已知 $\dfrac{AD}{CD}$.

(2) 已知 $\dfrac{BD}{CD}$.

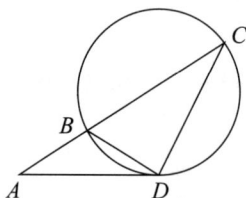

17. 设实数 x 满足 $|x-2|-|x-3|=a$,则能确定 x 的值.

  (1) $0<a\leqslant\dfrac{1}{2}$.

  (2) $\dfrac{1}{2}<a\leqslant 1$.

18. 两个人数不等的班数学测验的平均分不相等,则能确定人数多的班.

  (1) 已知两个班的平均分.

  (2) 已知两个班的总平均分.

19. 在 $\triangle ABC$ 中,D 为 BC 边上的点,BD,AB,BC 成等比数列,则 $\angle BAC=90^{\circ}$.

  (1) $BD=DC$.

  (2) $AD\perp BC$.

20. 将 75 名学生分成 25 组,每组 3 人.则能确定女生的人数.

  (1) 已知全是男生的组数和全是女生的组数.

  (2) 只有 1 名男生的组数和只有 1 名女生的组数相等.

21. 某直角三角形的三边长 a,b,c 成等比数列,则能确定公比的值.

  (1) a 是直角边长.

  (2) c 是斜边长.

22. 已知 x 为正实数,则能确定 $x-\dfrac{1}{x}$ 的值.

  (1) 已知 $\sqrt{x}+\dfrac{1}{\sqrt{x}}$ 的值.

  (2) 已知 $x^2-\dfrac{1}{x^2}$ 的值.

23. 已知 a,b 为实数,则能确定 $\dfrac{a}{b}$ 的值.

  (1) $a,b,a+b$ 为等比数列.

  (2) $a(a+b)>0$.

24. 已知正数列 $\{a_n\}$,则 $\{a_n\}$ 为等差数列.

  (1) $a_{n+1}^2-a_n^2=2n,n=1,2,\cdots$.

  (2) $a_1+a_3=2a_2$.

25. 设实数 a,b 满足 $|a-2b|\leqslant 1$,则 $|a|>|b|$.

　(1) $|b|>1$.

　(2) $|b|<1$.

参考答案　　1～5　DCAEA　　6～10　ABCBD　11～15　DCECE　16～20　BACBC

　　　　　　21～25　DBECA

目录

专题一　　算术

专题解读　本专题是管综数学的基础,在考试中高频考点有有理数和无理数的组合性质、质数与合数的运算及性质、奇数与偶数的组合性质、最小公倍数与最大公约数的应用、绝对值的定义及性质.容易出难题的地方是绝对值相关的问题以及比例定理,所以考生在复习本专题时要牢牢掌握相关概念的定义及运算,特别是绝对值问题和比例定理,要学会举一反三,直击问题本质.

考试范围　1.实数.

(1) 实数及其运算;(2) 整除、公倍数、公约数;(3) 奇数、偶数;(4) 质数、合数.

2.分数、小数、百分数.

3.比与比例.

4.数轴与绝对值.

考试地位　本部分每年考试大约占 3 道题目,题目难度适中.

考试重点　1.有理数和无理数的组合性质.

2.最小公倍数和最大公约数的计算及应用.

3.奇数和偶数的组合性质.

4.质数和合数的运算性质.

5.绝对值的定义及常见性质.

专题导航

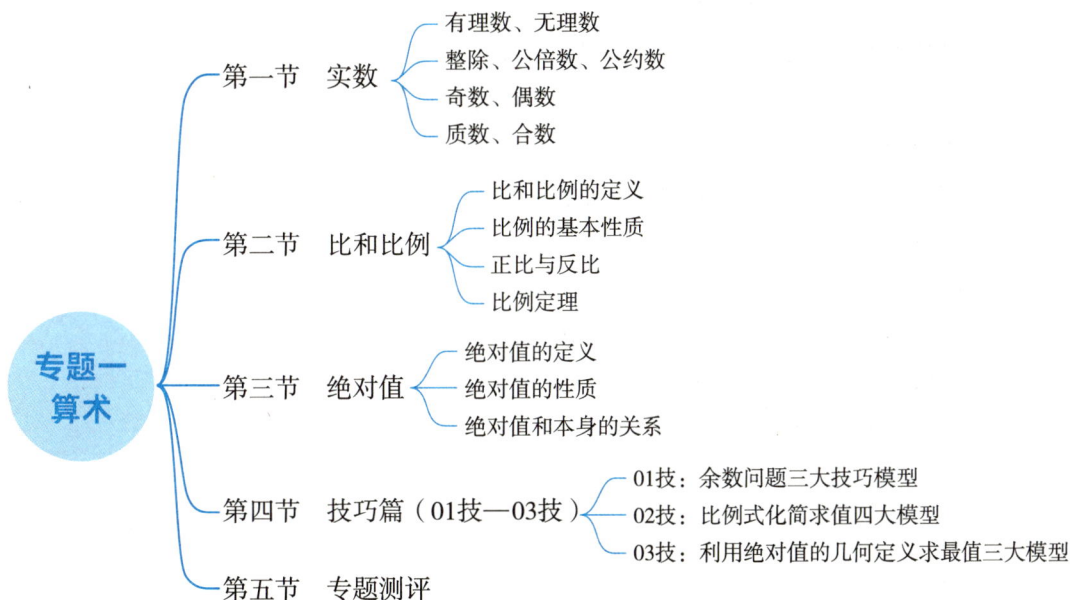

第一节 **实数**

本节说明 本节内容以基本概念为主，是整个算术部分的基础，考生需要理解透彻各个概念，熟练掌握相关运算性质.

一、考点精析

1. 有理数、无理数

1.1 实数的分类

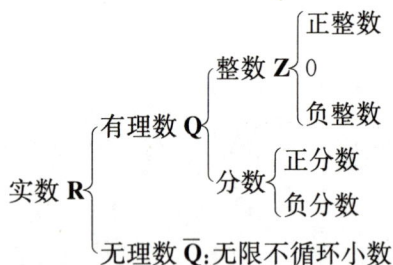

$$
\text{实数 } \mathbf{R}
\begin{cases}
\text{有理数 } \mathbf{Q}
\begin{cases}
\text{整数 } \mathbf{Z}
\begin{cases}
\text{正整数} \\
0 \\
\text{负整数}
\end{cases} \\
\text{分数}
\begin{cases}
\text{正分数} \\
\text{负分数}
\end{cases}
\end{cases} \\
\text{无理数 } \overline{\mathbf{Q}}\text{：无限不循环小数}
\end{cases}
$$

超言超语

(1) 自然数（**N**）包括正整数和 0.

(2) 有理数（**Q**）也可表示为 $m = \dfrac{p}{q}(p, q \in \mathbf{Z}$ 且 $q \neq 0)$.

(3) 分数也可表示为有限小数和无限循环小数.

(4) 常见的无理数有 $\pi, \mathrm{e}, \cdots; \log_2 3, \log_3 5, \cdots; \sqrt{2}, \sqrt{6}, \cdots$.

(5) 常用数集及记法.

① 非负整数集（自然数集）：全体非负整数的集合，记作 **N**.

② 整数集：全体整数的集合，记作 **Z**.

③ 正整数集：非负整数集内排除 0 的集合，记作 $\mathbf{Z}^+$.

④ 有理数集：全体有理数的集合，记作 **Q**.

⑤ 无理数集：全体无理数的集合，记作 $\overline{\mathbf{Q}}$.

⑥ 实数集：全体实数的集合，记作 **R**.

1.2　有理数、无理数的组合性质

有理数 ± 有理数 = 有理数　　　有理数 × 有理数 = 有理数

有理数 ± 无理数 = 无理数　　　有理数 × 无理数 = 0 或无理数

无理数 ± 无理数 = 有理数或无理数　　无理数 × 无理数 = 有理数或无理数

> **超言超语**
>
> (1) 若 a,b 是有理数，$\sqrt{m}$ 是无理数，且 $a+b\sqrt{m}=0$，则 $a=b=0$.
>
> (2) 若 a,b,c,d 都是有理数，$\sqrt{c},\sqrt{d}$ 是无理数，且 $a+\sqrt{c}=b+\sqrt{d}$，则 $a=b,c=d$.

1.3　循环小数化分数

(1) 纯循环小数：从小数点后面第一位就开始循环的小数.

纯循环小数化分数：$0.\dot{a}b\dot{c}=\dfrac{abc}{999}$.

(2) 混循环小数：不是从小数点后面第一位就开始循环的循环小数.

混循环小数化分数：$0.a\dot{b}\dot{c}=\dfrac{abc-a}{990}$.

2. 整除、公倍数、公约数

2.1　整除、公倍数和公约数的定义

(1) 整除：当整数 a 除以非零整数 b，商恰好是整数且无余数时，则称 a 能被 b 整除或 b 能整除 a，其中 a 是 b 的倍数，b 是 a 的约数.

(2) 公约数：几个数公有的约数叫作公约数，其中最大的叫作最大公约数.

(3) 公倍数：几个数公有的倍数叫作公倍数，其中最小的叫作最小公倍数.

> **超言超语**
>
> 正整数 a 与正整数 b 的乘积等于这两个数的最大公约数与最小公倍数的乘积.

2.2　常见整除的特点

(1) 能被 2 整除的数：个位为 0,2,4,6,8.

(2) 能被 3 整除的数：各个数位上的数字之和是 3 的倍数.

(3) 能被 4 整除的数：末两位所组成的两位数是 4 的倍数.

(4) 能被 5 整除的数：个位为 0 或 5.

(5) 能被 6 整除的数：满足能被 2 整除又能被 3 整除.

(6) 能被 7 整除的数：将个位去掉，余下的数减去个位数的 2 倍是 7 的倍数.

(7) 能被 8 整除的数：末三位所组成的三位数是 8 的倍数.

（8）能被 9 整除的数：各个数位上的数字之和是 9 的倍数.

> **超言超语**
>
> 　　连续 n 个自然数的乘积一定能被 $n!$ 整除.

2.3　最小公倍数和最大公约数的计算

　　最小公倍数和最大公约数计算时通常采用短除法，最小公倍数计算时务必要除到两两互质为止，最大公约数计算时务必要除到这几个数除 1 以外没有公约数为止.

2.4　带余除法

　　被除数 ÷ 除数 ＝ 商 …… 余数，即被除数 ＝ 除数 × 商 ＋ 余数.

> **超言超语**
>
> 　　（1）余数 ＜ 除数.
> 　　（2）余数为 0 时也叫整除.
> 　　（3）同余定理：若 m 除以 a 余数为 r，m 除以 b 余数为 r，m 除以 c 余数为 r，则 $m-r$ 一定是 a,b,c 的倍数.

3. 奇数、偶数

3.1　奇数与偶数的定义

　　（1）奇数：不能被 2 整除的整数，如 $-5,-3,-1,1,3,5,7$ 等.
　　（2）偶数：可以被 2 整除的整数，如 $-4,-2,0,2,4,6$ 等.

> **超言超语**
>
> 　　奇数、偶数的本质是整数的分类，分类的标准为除以 2 的余数，若除以 2 余 1 则为奇数，除以 2 余 0 则为偶数.

3.2　奇数与偶数的组合性质

奇数 ± 奇数 ＝ 偶数	奇数 × 奇数 ＝ 奇数
偶数 ± 偶数 ＝ 偶数	偶数 × 偶数 ＝ 偶数
奇数 ± 偶数 ＝ 奇数	奇数 × 偶数 ＝ 偶数

> **超言超语**
>
> (1) 若 $m,n \in \mathbf{Z}$,则 $m+n$ 和 $m-n$ 的奇偶性相同.
>
> (2) 连续 2 个整数之和为奇数.
>
> (3) 奇数个奇数之和为奇数,偶数个奇数之和为偶数.
>
> (4) 任意个奇数之积为奇数.

4. 质数、合数

4.1 质数与合数的定义

(1) 质数:只有 1 和它本身两个约数的大于 1 的整数.

(2) 合数:除了 1 和它本身还存在其他约数的大于 1 的整数.

> **超言超语**
>
> (1) 1 既不是质数也不是合数,最小的质数是 2,也是唯一的偶质数,最小的合数是 4.
>
> (2) 50 以内的质数有 2,3,5,7,11,13,17,19,23,29,31,37,41,43,47.
>
> 考试中 20 以内的质数以加、减、乘、除运算考核为主.

4.2 质数与合数的本质

质数与合数是除 1 以外正整数的分类.

4.3 质数与合数的运算性质

(1) 若 a,b,c 为质数,且 $a+b=c$,则 a,b 中必有一个是 2.

(2) 若 a,b 为质数,且 $a-b=1$,则必有 $a=3,b=2$.

(3) 若 a,b 为正整数,c 为质数,且 $a \cdot b = c$,则 a,b 中必有一个是 1,另一个是 c.

(4) 质因数分解:任意一个合数都能分解为若干质数的乘积.

二、经典例题

1. 有理数、无理数

> **思维点拨** 本部分考试题型有有理数和无理数的定义、有理数和无理数的组合性质、无理式配方、循环小数化分数、无理式有理化等,考生需要通过本部分题目搭建起考点和考题的桥梁,明确每个基本定义的不同命题点及方法.

例 1　m 是一个整数.

(1) 若 $m = \dfrac{p}{q}$,其中 p 与 q 为非零整数,且 m^2 是一个整数.

(2) 若 $m = \dfrac{p}{q}$,其中 p 与 q 为非零整数,且 $\dfrac{2m+4}{3}$ 是一个整数.

【解析】对于条件(1),即 m 为有理数,因为 m^2 是一个整数,所以 m 也是整数,故充分;对于条件 (2),可举反例分析,当 $p = -1, q = 2$ 时,$m = -\dfrac{1}{2}, \dfrac{2m+4}{3} = 1$ 是整数,显然不充分.故选 A.

例 2　已知 a, b, c 为有理数,若 $\sqrt{5 + 2\sqrt{6}} = a\sqrt{2} + b\sqrt{3} + c$,则 $2\,020a + 2\,021b + 2\,022c =$ (　　).

　A. 4 040　　　　　B. 4 041　　　　　C. 1　　　　　D. 0　　　　　E. −1

【解析】依题可得 $\sqrt{5 + 2\sqrt{6}} = \sqrt{(\sqrt{3} + \sqrt{2})^2} = |\sqrt{3} + \sqrt{2}| = \sqrt{3} + \sqrt{2} = a\sqrt{2} + b\sqrt{3} + c$,解得 $a = 1, b = 1, c = 0$,所以 $2\,020a + 2\,021b + 2\,022c = 4\,041$. 故选 B.

例 3　已知 a 是自然数,正整数 m 是方程 $x^2 - (3+\sqrt{2})x + \sqrt{2}a - 4 = 0$ 的根,则 a 的值为(　　).

　A. 4　　　　　B. 3　　　　　C. 2　　　　　D. 1　　　　　E. 0

【解析】依题可得 $m^2 - (3+\sqrt{2})m + \sqrt{2}a - 4 = 0$,整理可得

$$m^2 - 3m - 4 + (a-m)\sqrt{2} = 0,$$

因为 a 是自然数,m 是正整数,$\sqrt{2}$ 是无理数,所以有 $\begin{cases} m^2 - 3m - 4 = 0, \\ a - m = 0, \end{cases}$ 解得 $a = m = 4$. 故选 A.

例 4　设 x, y 是有理数,$(x - y\sqrt{2})^2 = 6 - 4\sqrt{2}$,则 $x^2 + y^2 = $ (　　).

　A. 10　　　　　B. 7　　　　　C. 6　　　　　D. 5　　　　　E. 3

【解析】依题可得 $x^2 + 2y^2 - 2xy\sqrt{2} = 6 - 4\sqrt{2}$,所以 $\begin{cases} x^2 + 2y^2 = 6, \\ 2xy = 4, \end{cases}$ 解得 $x = 2, y = 1$ 或 $x = -2, y = -1$,故 $x^2 + y^2 = 5$. 故选 D.

例 5　在循环小数 $0.\dot{a}b\dot{c}$ 中,a, b, c 是 3 个不同的自然数,小数部分前 90 位上的数字之和为 270,则当这个循环小数的循环节最大时,a, b, c 的乘积为(　　).

　A. 0　　　　　B. 8　　　　　C. 9　　　　　D. 27　　　　　E. 42

【解析】$0.\dot{a}b\dot{c}$ 有 3 个循环节,小数部分前 90 位上的数字之和为 270,则 $30(a+b+c) = 270$,解得 $a + b + c = 9$,当这个循环小数的循环节最大时,$a = 8, b = 1, c = 0$,故 $abc = 0$. 故选 A.

2. 整除、公倍数、公约数

> **思维点拨** 本部分考试题型有最大公约数和最小公倍数的计算及应用、整除的特点以及余数问题等,特别是整除问题和余数问题,命题灵活多变,考生需要在题目中识别本质,以不变应万变.

例 6 将长、宽、高分别是 12,9 和 6 的长方体切割成正方体,且切割后无剩余,则能切割成相同正方体的最少个数为( ).

A. 3　　　　　　B. 6　　　　　　C. 24　　　　　　D. 96　　　　　　E. 648

【解析】切割后无剩余且所得的相同正方体最少,所以应该以 12,9,6 的最大公约数 3 为边长去切正方体,故最少个数为 $\frac{12}{3} \times \frac{9}{3} \times \frac{6}{3} = 24$. 故选 C.

例 7 有两个两位数,这两个两位数的最大公约数与最小公倍数的和是 91,且最小公倍数是最大公约数的 12 倍,则这两个两位数的差是( ).

A. 3　　　　　　B. 5　　　　　　C. 7　　　　　　D. 11　　　　　　E. 12

【解析】依题可得,这两个数的最大公约数是 $91 \div (12+1) = 7$,所以最小公倍数是 84,故这两个数为 21 和 28,差值为 7. 故选 C.

例 8 三个连续自然数的乘积等于 39 270,则这三个自然数的和等于( ).

A. 100　　　　　　B. 101　　　　　　C. 102　　　　　　D. 103　　　　　　E. 105

【解析】先将 39 270 进行质因数分解,$39\ 270 = 2 \times 3 \times 5 \times 7 \times 11 \times 17$,再将质因数两两组合成 3 个连续的自然数可得 $3 \times 11 = 33, 2 \times 17 = 34, 5 \times 7 = 35$,故这三个自然数的和等于 102. 故选 C.

例 9 奥林匹克公园是 1 路、3 路和 5 路公交车的起始站,若 1 路公交车每 6 分钟发车 1 次,3 路公交车每 9 分钟发车 1 次,5 路公交车每 12 分钟发车 1 次,则这三路公交车同时发车后至少需要( )分钟又同时发车.

A. 27　　　　　　B. 30　　　　　　C. 36　　　　　　D. 39　　　　　　E. 42

【解析】三路公交车发车时间的最小公倍数:$[6,9,12] = 36$(分钟),所以至少需要 36 分钟才能又同时发车. 故选 C.

例 10 在韩信点兵中有个经典的数学问题,有一次韩信在检阅士兵,发现若 5 个士兵站一排还余 3 人;若 6 个士兵站一排还余 2 人;若 7 个士兵站一排还余 1 人. 若士兵总数是一个三位数,则士兵最少有( )人.

A. 210　　　　　　B. 213　　　　　　C. 218　　　　　　D. 226　　　　　　E. 231

【解析】设士兵人数为 x,依题可得 $x-8$ 一定是 $5,6,7$ 的公倍数,所以有 $x-8=210k(k\in\mathbf{Z}^+)$,因为士兵总数是一个三位数且求最少人数,所以 $k=1$,故 $x=218$. 故选 C.

3. 奇数、偶数

思维点拨　本部分所有命题点都紧紧围绕着奇数与偶数的组合性质展开,考试题型有表达式奇偶性的判定、求解方程组、解决不定方程问题等,考生只需牢记组合性质即可。

例 11　m^2n^2-1 能被 2 整除.

(1)m 是奇数.

(2)n 是奇数.

【解析】两条件单独均不充分,联合分析可得 m,n 是奇数,则 $(mn)^2$ 也为奇数,所以 m^2n^2-1 为偶数,能被 2 整除,充分. 故选 C.

例 12　m^2-n^2 是 4 的倍数.

(1)m,n 都是偶数.

(2)m,n 都是奇数.

【解析】$m^2-n^2=(m+n)(m-n)$. 条件(1),m,n 都是偶数,则 $m+n,m-n$ 也为偶数,故 $m^2-n^2=(m+n)(m-n)$ 一定是 4 的倍数,充分;条件(2),m,n 都是奇数,则 $m+n,m-n$ 也为偶数,故条件(2) 也充分. 故选 D.

例 13　甲、乙、丙三种货车的满载量成等差数列,2 辆甲种货车和 1 辆乙种货车满载量为 95 吨,1 辆甲种货车和 3 辆丙种货车满载量为 150 吨,则用甲、乙、丙各 1 辆货车,一次最多送货物(　　)吨.

A. 125　　　　　B. 120　　　　　C. 115　　　　　D. 110　　　　　E. 105

【解析】**法一**:设甲、乙、丙三种货车的满载量分别为 x 吨,y 吨,z 吨,依题可得 $\begin{cases}2y=x+z,\\2x+y=95,\\x+3z=150,\end{cases}$ 解得 $\begin{cases}x=30,\\y=35,\\z=40,\end{cases}$ 所以 $x+y+z=105$(吨). 故选 E.

法二:依题可得,$x+y+z=3y$,所以答案是 3 的倍数,故排除 A,C,D,又因为 $2x+y=95,95$ 是奇数,$2x$ 为偶数,所以 y 为奇数,故 $3y$ 也为奇数,排除 B,故选 E.

例 14　一个质数的 2 倍与另一个质数的 5 倍之和为 116,则这两个质数之差的绝对值为(　　).

A. 23　　　　　B. 31　　　　　C. 37　　　　　D. 42　　　　　E. 51

【解析】设这两个质数分别是 a,b,依题可得 $2a+5b=116$,因为 116 是偶数,$2a$ 也为偶数,所以 $5b$ 为偶数,又因为 b 是质数,所以 $b=2$,代入原式解得 $a=53$.故选 E.

4.质数、合数

> **思维点拨**　本部分在真题考核中主要以 20 以内质数的加、减、乘、除运算为主,所以考生必须牢记 20 以内的质数,除此以外,本部分也会结合不定方程出一些难题,所以考生还需要掌握质数、合数的运算性质.

例 15　设 m,n 是小于 20 的质数,满足条件 $|m-n|=2$ 的 $\{m,n\}$ 共有(　　).

A.2 组　　　　　B.3 组　　　　　C.4 组　　　　　D.5 组　　　　　E.6 组

【解析】m,n 中一个为 3、一个为 5 满足条件;m,n 中一个为 5、一个为 7 满足条件;m,n 中一个为 11、一个为 13 满足条件;m,n 中一个为 17、一个为 19 满足条件,因为集合具有无序性,所以共有 4 组.故选 C.

例 16　两个相邻的正整数都是合数,则这两个数的乘积的最小值是(　　).

A.420　　　　　B.240　　　　　C.210　　　　　D.90　　　　　E.72

【解析】列举法可知,$8\times 9=72$.故选 E.

例 17　若 $a,b,c\in\mathbf{R}$,则能确定 a,b,c 的值.

(1)a,b,c 为质数,且 a 为偶数,$b+c=7$.

(2)a,b,c 为质数,且 $c=a^2-b^2$.

【解析】由条件(1),得 $a=2,b,c$ 为质数且 $b+c=7$,所以 b,c 一个为 2、一个为 5,但无法确定哪个为 2 哪个为 5,所以条件(1)不充分;由条件(2),得 $c=(a+b)(a-b)$,因为 c 为质数,故 $a-b=1$,$a+b=c$,又因为 a,b 均为质数,所以 $a=3,b=2$.故选 B.

例 18　a,b,c 为质数,$a+b+c+abc=99$,且 $a\leqslant b\leqslant c$,则 $c=$(　　).

A.5　　　　　B.7　　　　　C.11　　　　　D.17　　　　　E.19

【解析】依题可得,a,b,c 为 2 偶 1 奇,因为 a,b,c 为质数,且 $a\leqslant b\leqslant c$,所以 $a=b=2,c=19$.故选 E.

第二节　比和比例

> **本节说明**　本节内容包括比和比例的定义、比例的基本性质、比例关系和比例定理四大部分,考生需要在理解概念的基础之上熟练掌握比例定理的相关变形及运用.

一、考点精析

1. 比和比例的定义

(1) 比:两个数的商即为比,一般记作 $a:b$ 或 $\dfrac{a}{b}$.

(2) 比例:如果 $a:b$ 和 $c:d$ 的比值相等,就称 a,b,c,d 成比例,一般记作 $a:b=c:d$ 或 $\dfrac{a}{b}=\dfrac{c}{d}$. 其中,$a$ 和 d 叫作比例外项,b 和 c 叫作比例内项.

2. 比例的基本性质

$a:b=c:d$ 或 $\dfrac{a}{b}=\dfrac{c}{d}$ 可等价于 $ad=bc$,即比例内项之积等于比例外项之积.

3. 正比与反比

(1) 正比:若 $y=kx(k\neq 0,k$ 为常数),则称 y 与 x 成正比. 本质:y 与 x 的比值为定值.

(2) 反比:若 $y=\dfrac{k}{x}(k\neq 0,k$ 为常数),则称 y 与 x 成反比. 本质:y 与 x 的乘积为定值.

4. 比例定理

设 a,b,c,d,e,f 都是非零实数.

4.1　合比定理

若 $\dfrac{a}{b}=\dfrac{c}{d}$,则 $\dfrac{a}{b}+1=\dfrac{c}{d}+1$,故有 $\dfrac{a+b}{b}=\dfrac{c+d}{d}$.

4.2　分比定理

若 $\dfrac{a}{b}=\dfrac{c}{d}$,则 $\dfrac{a}{b}-1=\dfrac{c}{d}-1$,故有 $\dfrac{a-b}{b}=\dfrac{c-d}{d}$.

4.3　等比定理

若 $\dfrac{a}{b}=\dfrac{c}{d}$,则有 $\dfrac{a}{b}=\dfrac{c}{d}=\dfrac{a\pm c}{b\pm d}(b\pm d\neq 0)$. 同理,若 $\dfrac{a}{b}=\dfrac{c}{d}=\dfrac{e}{f}$,则有

$$\frac{a}{b}=\frac{c}{d}=\frac{e}{f}=\frac{a+c+e}{b+d+f}(b+d+f\neq 0).$$

4.4　更比定理

若 $\dfrac{a}{b}=\dfrac{c}{d}$,则有 $\dfrac{a}{c}=\dfrac{b}{d}$.

二、经典例题

> **思维点拨**　本部分内容在真题中考核较少,真题考核以比例的基本性质和比例定理为主,所以考生在学习本部分时重点掌握这两块即可.

例 19 对于使 $\dfrac{ax+7}{bx+11}$ 有意义的一切 x 的值,这个分式为一个定值.

(1) $7a-11b=0$.

(2) $11a-7b=0$.

【解析】 设 $\dfrac{ax+7}{bx+11}=k$,化简得 $(bk-a)x+11k-7=0$,k 为定值,所以令 $\begin{cases}bk-a=0,\\11k-7=0,\end{cases}$ 则 $\begin{cases}k=\dfrac{7}{11},\\7b=11a,\end{cases}$ 只有条件(2)符合. 故选 B.

例 20 如果甲公司的年终奖总额增加 25%,乙公司的年终奖总额减少 10%,两者相等,则能确定两公司的员工人数之比.

(1) 甲公司的人均年终奖与乙公司的相同.

(2) 两公司的员工人数之比与两公司的年终奖总额之比相等.

【解析】 设甲公司的年终奖总额为 x,人数为 a,乙公司的年终奖总额为 y,人数为 b,由题得 $x(1+25\%)=y(1-10\%)$,即 $\dfrac{x}{y}=\dfrac{90}{125}$. 条件(1),即 $\dfrac{x}{a}=\dfrac{y}{b}$,所以有 $\dfrac{a}{b}=\dfrac{x}{y}$,故充分,条件(2)与条件(1)等价,也充分. 故选 D.

例 21 若 $\dfrac{a+b-2c}{c}=\dfrac{a-2b+c}{b}=\dfrac{b+c-2a}{a}=k$,则 k 的值为( ).

A. -3 B. -1 C. 0

D. 0 或 -1 E. 0 或 -3

【解析】 当 $a+b+c\neq0$ 时,由等比定理可得 $k=\dfrac{0}{a+b+c}=0$;当 $a+b+c=0$ 时,$k=\dfrac{a+b-2c}{c}=\dfrac{-3c}{c}=-3$. 所以 $k=0$ 或 $k=-3$. 故选 E.

第三节　绝对值

本节说明 绝对值是考试的重中之重,经常会结合方程、不等式、几何、函数等综合命题. 在本节中,考生需要熟练掌握绝对值的性质、绝对值表达式的比大小问题以及绝对值的几何意义.

一、考点精析 ✎

1. 绝对值的定义

1.1　绝对值的代数定义

$$|x| = \begin{cases} x, & x > 0, \\ 0, & x = 0, \\ -x, & x < 0. \end{cases}$$

1.2　绝对值的几何意义

$|x|$ 表示点 x 到原点的距离；$|x-a|$ 表示点 x 到点 a 的距离.

2. 绝对值的性质

2.1　非负性

常见的非负性的量：$|a| \geqslant 0, \sqrt{a} \geqslant 0, a^2 \geqslant 0.$

> **超言超语**
>
> 常见出题模板 1：$|a| + \sqrt{b} + c^2 = 0$，则 $a = b = c = 0$.
>
> 常见出题模板 2：$\sqrt{a} + \sqrt{-a} = b$，则 $a = b = 0$.

2.2　对称性

互为相反数的两个数绝对值相等：$|-a| = |a|, |a-b| = |b-a|$.

2.3　等价性

$$|a| = \sqrt{a^2}.$$

2.4　自比性

$$\frac{|a|}{a} = \frac{a}{|a|} = \begin{cases} 1, & a > 0, \\ -1, & a < 0. \end{cases}$$

3. 绝对值和本身的关系

(1) 若 $|x| \geqslant x$，则 $x \in \mathbf{R}$；若 $|x| \geqslant -x$，则 $x \in \mathbf{R}$；

(2) 若 $|x| > x$，则 $x < 0$；若 $|x| > -x$，则 $x > 0$；

(3) 若 $|x| = x$，则 $x \geqslant 0$；若 $|x| = -x$，则 $x \leqslant 0$；

(4) 若 $|x| \leqslant x$，则 $x \geqslant 0$；若 $|x| \leqslant -x$，则 $x \leqslant 0$；

(5) 若 $|x| < x$，则 $x \in \varnothing$；若 $|x| < -x$，则 $x \in \varnothing$.

二、经典例题

1. 绝对值的定义

> **思维点拨** 绝对值的定义分两层,第一层是代数定义,一般用来去绝对值;第二层是几何意义,一般用来解决距离的相关问题.所以考生在学习时一定要通过题目先判断考查的是哪一层含义,再进行解题.

例 22 已知 $\left|\dfrac{5x-3}{2x+5}\right|=\dfrac{3-5x}{2x+5}$,则实数 x 的取值范围是(　　).

A. $x<-\dfrac{5}{2}$ 或 $x\geqslant\dfrac{3}{5}$ B. $-\dfrac{5}{2}\leqslant x\leqslant\dfrac{3}{5}$

C. $-\dfrac{5}{2}<x\leqslant\dfrac{3}{5}$ D. $-\dfrac{3}{5}\leqslant x\leqslant\dfrac{5}{2}$

E. 以上结论均不正确

【解析】 $\dfrac{5x-3}{2x+5}$ 与 $\dfrac{3-5x}{2x+5}$ 互为相反数,故 $\dfrac{5x-3}{2x+5}\leqslant0$,解得 $-\dfrac{5}{2}<x\leqslant\dfrac{3}{5}$.故选 C.

例 23 $|b-a|+|c-b|-|c|=a$.

(1) 实数 a,b,c 在数轴上的位置为

(2) 实数 a,b,c 在数轴上的位置为

【解析】 对于条件(1),$c<b<0<a$,所以 $|b-a|+|c-b|-|c|=a-b+b-c+c=a$,充分;对于条件(2),$a<0<b<c$,所以 $|b-a|+|c-b|-|c|=b-a+c-b-c=-a\neq a$,不充分.故选 A.

例 24 已知 $g(x)=\begin{cases}1, & x>0,\\ -1, & x<0,\end{cases}$ $f(x)=|x-1|-g(x)|x+1|+|x-2|+|x+2|$,则 $f(x)$ 是与 x 无关的常数.

(1) $-1<x<0$.

(2) $1<x<2$.

【解析】 条件(1),当 $-1<x<0$ 时,

$f(x)=|x-1|+|x+1|+|x-2|+|x+2|=-(x-1)+x+1-(x-2)+x+2=6$,

与 x 无关;

条件(2),当 $1<x<2$ 时,

$f(x)=|x-1|-|x+1|+|x-2|+|x+2|=x-1-(x+1)-(x-2)+x+2=2$,

与 x 无关.故选 D.

例 25 已知 a,b,c 为三个实数,则 $\min\{|a-b|,|b-c|,|a-c|\}\leqslant 5$.

(1) $|a|\leqslant 5,|b|\leqslant 5,|c|\leqslant 5$.

(2) $a+b+c=15$.

【解析】 对于条件(1),$|a|\leqslant 5,|b|\leqslant 5,|c|\leqslant 5$,那么 a,b,c 至少有 2 个在 $[0,5]$ 或 $[-5,0]$ 上,则 $|a-b|,|b-c|,|a-c|$ 中至少有 1 个在 $[0,5]$ 上,所以 $\min\{|a-b|,|b-c|,|a-c|\}\leqslant 5$,充分;对于条件(2),$a+b+c=15$,可取特值 $a=100,b=0,c=-85$,不充分.故选 A.

2. 绝对值的性质

思维点拨 绝对值的性质在整个数学运算中占据着比较重要的位置,在真题考核中,考查非负性的频率最高,所以考生需要牢记非负性相关的量及出题模板,其他性质只需记住其简单运用即可.

例 26 若 $\sqrt{(a-60)^2}+|b+90|+(c-130)^{10}=0$,则 $a+b+c$ 的值是(　　).

A. 0　　　　　　B. 280　　　　　　C. 100　　　　　　D. -100　　　　　　E. 无法确定

【解析】 由非负性可得 $a=60,b=-90,c=130$,则 $a+b+c=100$.故选 C.

例 27 $|3x+2|+2x^2-12xy+18y^2=0$,则 $2y-3x=($　　).

A. $-\dfrac{14}{9}$　　　　B. $-\dfrac{2}{9}$　　　　C. 0　　　　D. $\dfrac{2}{9}$　　　　E. $\dfrac{14}{9}$

【解析】 由题设,得 $|3x+2|+2(x-3y)^2=0$,故 $\begin{cases}3x+2=0,\\x-3y=0,\end{cases}$ 解得 $x=-\dfrac{2}{3},y=-\dfrac{2}{9}$,所以 $2y-3x=\dfrac{14}{9}$.故选 E.

例 28 已知实数 a,b,x,y 满足 $y+|\sqrt{x}-\sqrt{2}|=1-a^2$ 和 $|x-2|=y-1-b^2$,则 $3^{x+y}+3^{a+b}=($　　).

A. 25　　　　B. 26　　　　C. 27　　　　D. 28　　　　E. 29

【解析】 $\begin{cases}y+|\sqrt{x}-\sqrt{2}|=1-a^2\Rightarrow y-1+a^2+|\sqrt{x}-\sqrt{2}|=0,\\|x-2|=y-1-b^2\Rightarrow|x-2|+b^2+1-y=0,\end{cases}$

两式相加得 $|x-2|+b^2+a^2+|\sqrt{x}-\sqrt{2}|=0$,即 $x=2,a=b=0$,再代入 $y+|\sqrt{x}-\sqrt{2}|=1-a^2$,可得 $y=1$,所以 $3^{x+y}+3^{a+b}=3^{2+1}+3^{0+0}=28$.故选 D.

例 29 $|1-x|-\sqrt{x^2-8x+16}=2x-5$.

(1) $x>2$.

(2) $x<3$.

【解析】$|1-x|-\sqrt{x^2-8x+16}=|1-x|-\sqrt{(x-4)^2}=|1-x|-|x-4|$，当且仅当 $1-x\leqslant0,x-4\leqslant0$，即 $1\leqslant x\leqslant4$ 时，$|1-x|-|x-4|=(x-1)-(4-x)=2x-5$. 显然单独均不充分，联合分析可得，$2<x<3$ 在 $1\leqslant x\leqslant4$ 的范围之内，联合充分. 故选 C.

例 30　可以确定 $\dfrac{|x+y|}{x-y}=2$.

(1) $\dfrac{x}{y}=3$.

(2) $\dfrac{x}{y}=\dfrac{1}{3}$.

【解析】$|x+y|$ 为正，由 $\dfrac{|x+y|}{x-y}=2$，可知 $x-y$ 必须为正. 对于 $\dfrac{x}{y}=3$ 和 $\dfrac{x}{y}=\dfrac{1}{3}$ 均不能保证 $x-y$ 为正. 故选 E.

例 31　$\dfrac{b+c}{|a|}+\dfrac{c+a}{|b|}+\dfrac{a+b}{|c|}=1$.

(1) 实数 a,b,c 满足 $a+b+c=0$.

(2) 实数 a,b,c 满足 $abc>0$.

【解析】由条件(1) 可得，$\dfrac{b+c}{|a|}+\dfrac{c+a}{|b|}+\dfrac{a+b}{|c|}=-\left(\dfrac{a}{|a|}+\dfrac{b}{|b|}+\dfrac{c}{|c|}\right)$，无法判定 a,b,c 的正负，不充分；条件(2)，令 $a=b=c=1$，题干中等式不成立，不充分；故联合分析，由条件(1) 和条件(2) 可得，a,b,c 必然 2 负 1 正，因此 $-\left(\dfrac{a}{|a|}+\dfrac{b}{|b|}+\dfrac{c}{|c|}\right)=1$，故联合充分. 故选 C.

3. 绝对值和本身的关系

思维点拨　本部分题目难度较大，难点在于绝对值和它本身大小关系成立的前提，特别需要注意何时恒成立，何时为空集. 本部分考生无须死记硬背，可取特值或举例子帮助记忆.

例 32　实数 a,b 满足 $|a|(a+b)>a|a+b|$.

(1) $a<0$.

(2) $b>-a$.

【解析】显然单独不充分，联合起来根据 $a<0$ 和 $a+b>0$，得到 $-a(a+b)>a(a+b)$ 是成立的. 故选 C.

例 33　$a|a-b|\geqslant a|(a-b)$.

(1) 实数 $a>0$.

(2) 实数 a,b 满足 $a>b$.

【解析】条件(1),由 $a>0$,有 $|a|=a$.所以 $a|a-b|\geqslant a(a-b)$,两侧同时约掉 a,则 $|a-b|\geqslant a-b$ 恒成立,充分;条件(2),$a>b$,有 $a-b>0$,所以 $a(a-b)\geqslant|a|(a-b)$,两侧同时约掉 $a-b$,则 $a\geqslant|a|$,此时 $a<0$ 不成立,不充分.故选 A.

例34 不等式 $|x+y|<|x-y|$ 成立.

(1)$x<|x|$,且 $y=|-y|$.

(2)$xy<|xy|$.

【解析】条件(1),由 $x<|x|$,有 $x<0$,由 $y=|-y|$,有 $y\geqslant0$.当 $y=0$ 时,$|x+y|<|x-y|$ 不成立,所以条件(1)不充分;条件(2),由 $xy<|xy|$,有 $xy<0$.可以得到 $|x+y|<|x-y|$,充分.故选 B.

第四节　技巧篇（01技－03技）

01技　余数问题三大技巧模型

适用题型	条件充分性判断题中的余数相关问题
技巧说明	(1) 确定余数 → 利用穷举法分析. (2) 确定除数 → 转化为整除分析. (3) 确定被除数 → 利用倍数特征分析
代表例题	例35 至 例37

例35 设 n 为正整数,则能确定 n 除以 5 的余数.

(1)已知 n 除以 2 的余数.

(2)已知 n 除以 3 的余数.

【解析】条件(1),假设 n 除以 2 的余数为 0,则 n 可以为 8,10 等,无法确定 n 除以 5 的余数;同理条件(2),假设 n 除以 3 的余数为 0,则 n 可以为 6,9 等,也无法确定 n 除以 5 的余数.联合分析:假设 n 除以 2 的余数为 0,n 除以 3 的余数为 0,则 n 可以为 6,12 等,依然无法确定 n 除以 5 的余数.故选 E.

> **超言超语**
>
> 若题干改为"设 n 为正整数,则能确定 n 除以 6 的余数",则选 C.若已知 n 除以 a 的余数,n 除以 b 的余数,则必然能唯一确定 n 除以 a,b 的最小公倍数的余数.

例 36　若 a 为自然数,则能确定 a 的值.

(1)72 除以 a 的余数为 3.

(2)118 除以 a 的余数为 3.

【解析】　由条件(1)可得,$72-3=69$ 一定能被 a 整除,所以 a 是 69 的约数,故 a 可以为 1,3,23,69.因为余数要小于除数,所以 a 可以为 23 和 69,因此条件(1)无法确定 a 的值;同理由条件(2)可得,$118-3=115$ 一定能被 a 整除,所以 a 是 115 的约数,故 a 可以为 1,5,23,115.因为余数要小于除数,所以 a 可以为 5,23 和 115,因此条件(2)也无法确定 a 的值.联合分析可得 $a=23$.故选 C.

例 37　若 m 是一个四位数,则 $m=1\,978$.

(1)m 除以 131 的余数为 13.

(2)m 除以 132 的余数为 130.

【解析】　单独显然均不充分,因为商不确定,所以 m 也无法确定.联合分析:设 m 除以 131 的商为 k_1,除以 132 的商为 k_2,则有 $m=131k_1+13=132k_2+130$,移项整理可得,$131k_1=132k_2+117$.由于左侧为 131 的倍数,故右侧也应该为 131 的倍数,所以整理右侧得 $132k_2+117=131k_2+k_2+117$,故 k_2+117 为 131 的倍数,由于 m 是一个四位数,因此 k_2 只能为 14,故 $m=132k_2+130=1\,978$.故选 C.

02技　比例式化简求值四大模型

适用题型	比例式化简求值
技巧说明	(1)$a:b:c=d:e:f$.(标准模板) (2)$a:b:c=\dfrac{1}{d}:\dfrac{1}{e}:\dfrac{1}{f}$.(右侧乘以 d,e,f 的最小公倍数化为整数) (3)$\dfrac{1}{a}:\dfrac{1}{b}:\dfrac{1}{c}=d:e:f$.(先左、右两侧同时取倒数,再将右侧乘以 d,e,f 的最小公倍数化为整数比) (4)若 $a:b=1:2,b:c=3:4$,则 $a:b:c=3:6:8$(先统一不变量,再分析变量)
代表例题	例 38 至例 40

例 38　某公司向银行借款 34 万元,欲按 $\dfrac{1}{2}:\dfrac{1}{3}:\dfrac{1}{9}$ 的比例分配给下属甲、乙、丙三个车间进行技术改造,则甲车间应得(　　　).

A. 17 万元　　　　B. 8 万元　　　　C. 12 万元　　　　D. 18 万元　　　　E. 19 万元

【解析】　法一:甲车间应得:$34\times\dfrac{\frac{1}{2}}{\frac{1}{2}+\frac{1}{3}+\frac{1}{9}}=18$(万元).故选 D.

法二：甲：乙：丙 $= \dfrac{1}{2} : \dfrac{1}{3} : \dfrac{1}{9} = 9 : 6 : 2$，故 17 份 $= 34$ 万元，则甲车间 9 份 $= 18$ 万元. 故选 D.

例 39 装一台机器需要甲、乙、丙三种部件各一件，现仓库中存有这三种部件共 270 件，分别用甲、乙、丙库存件数的 $\dfrac{3}{5}, \dfrac{3}{4}, \dfrac{2}{3}$ 装配若干台机器，那么原来存有甲种部件（ ）件.

A. 80   B. 90   C. 100   D. 110   E. 以上都不正确

【解析】 设甲、乙、丙部件各有 x, y, z 件，装一台机器需要甲、乙、丙部件各一件，则

$$\begin{cases} x + y + z = 270, \\ \dfrac{3}{5}x = \dfrac{3}{4}y = \dfrac{2}{3}z, \end{cases} 解得 \begin{cases} x = 100, \\ y = 80, \\ z = 90. \end{cases} 故选 C.$$

例 40 某国参加北京奥运会的男、女运动员比例为 19：12，由于先增加若干名女运动员，使男、女运动员的比例变为 20：13，后又增加了若干名男运动员，于是男、女运动员比例最终变为 30：19，如果后增加的男运动员比先增加的女运动员多 3 人，则最后运动员的总人数为（ ）.

A. 686   B. 637   C. 700   D. 661   E. 600

【解析】**法一**：设原本有男运动员 x 人，女运动员 y 人，后来增加了 a 名女运动员，$a + 3$ 名男运动员，由题意可得，$x : y = 19 : 12, x : (y + a) = 20 : 13, (x + a + 3) : (y + a) = 30 : 19$，解得 $x = 380$，$y = 240, a = 7$，因此最后运动员的总人数为 $380 + 240 + 7 + 7 + 3 = 637$. 故选 B.

法二：本题也可以利用比例法直接分析，统一不变量，分析变量.

① 男：女 $= 19 : 12 = 380 : 240$.

② 男：女 $= 20 : 13 = 380 : 247$.

③ 男：女 $= 30 : 19 = 390 : 247$.

所以后增加的男运动员比先增加的女运动员多 3 份，因为后增加的男运动员比先增加的女运动员多 3 人，所以 1 份为 1 人，故最后运动员的总人数为 $390 + 247 = 637$. 故选 B.

03技 利用绝对值的几何定义求最值三大模型

适用题型	$\lvert x-a \rvert + \lvert x-b \rvert,\ \lvert x-a \rvert + \lvert x-b \rvert + \lvert x-c \rvert,\ \lvert x-a \rvert - \lvert x-b \rvert$ 求最值： (1) 形如 $\lvert x-a \rvert + \lvert x-b \rvert$：表示点 x 到点 a 的距离加点 x 到点 b 的距离； (2) 形如 $\lvert x-a \rvert + \lvert x-b \rvert + \lvert x-c \rvert$：表示点 x 到点 a 的距离加点 x 到点 b 的距离加点 x 到点 c 的距离； (3) 形如 $\lvert x-a \rvert - \lvert x-b \rvert$：表示点 x 到点 a 的距离与点 x 到点 b 的距离之差

技巧说明	(1) 形如 $\lvert x-a \rvert + \lvert x-b \rvert$：有最小值，为 $\lvert a-b \rvert$，当 $a \leqslant x \leqslant b$ 时取到；无最大值. (2) 形如 $\lvert x-a \rvert + \lvert x-b \rvert + \lvert x-c \rvert$：有最小值，在 a,b,c 中间那个数处取到；无最大值. (3) 形如 $\lvert x-a \rvert - \lvert x-b \rvert$：有最小值，为 $-\lvert a-b \rvert$；有最大值，为 $\lvert a-b \rvert$. 注意：x 系数要相同
代表例题	例 41 至例 45

例 41 已知 $y = 2\lvert x-a \rvert + \lvert x-2 \rvert$ 的最小值为 1，则 $a = ($　　$)$.

A. 1　　　　　　B. 2　　　　　　C. 3　　　　　　D. 1 或 3　　　　　E. 2 或 3

【解析】将 $y = 2\lvert x-a \rvert + \lvert x-2 \rvert$ 变形为 $y = \lvert x-a \rvert + \lvert x-a \rvert + \lvert x-2 \rvert$，此时最小值在中间那个数处取到，三个零点 $a,a,2$ 不管从小到大排序还是从大到小排序，中间那个数都为 a，所以将 a 代入，即可得 $y = \lvert x-a \rvert + \lvert x-a \rvert + \lvert x-2 \rvert$ 的最小值，为 $\lvert a-2 \rvert$，故有 $\lvert a-2 \rvert = 1$，解得 $a = 1$ 或 3. 故选 D.

例 42 不等式 $\lvert 1-x \rvert + \lvert 1+x \rvert > a$ 对任意 x 均成立.

(1) $a \in (-\infty, 2)$.

(2) $a = 2$.

【解析】由绝对值的几何定义可得，若 $\lvert 1-x \rvert + \lvert 1+x \rvert > a$ 恒成立，则 $a < 2$ 即可. 故选 A.

例 43 不等式 $\left\lvert \dfrac{5}{2}x + 4 \right\rvert + \left\lvert \dfrac{5}{2}x - 5 \right\rvert \geqslant a$ 对任意 x 均成立.

(1) $a \leqslant 5$.

(2) $0 < a < 8$.

【解析】由绝对值的几何定义可得，若 $\left\lvert \dfrac{5}{2}x + 4 \right\rvert + \left\lvert \dfrac{5}{2}x - 5 \right\rvert \geqslant a$ 恒成立，则 $a \leqslant 9$ 即可. 故选 D.

例 44 $\lvert x-2 \rvert + \lvert x+3 \rvert + \lvert x-5 \rvert$ 的最小值为$($　　$)$.

A. 2　　　　　　B. 5　　　　　　C. 6　　　　　　D. 7　　　　　　E. 8

【解析】三个零点分别为 $2,-3,5$，从小到大排序，中间那个数为 2，所以最小值在 $x=2$ 处取到，代入原式，则 $\lvert x-2 \rvert + \lvert x+3 \rvert + \lvert x-5 \rvert$ 的最小值为 8. 故选 E.

例 45 $\lvert 2-x \rvert - \lvert x+4 \rvert$ 的最大值与最小值的差值为$($　　$)$.

A. 2　　　　　　B. 4　　　　　　C. 6　　　　　　D. 8　　　　　　E. 12

【解析】$|2-x|-|x+4|$ 等价于 $|x-2|-|x+4|$，最小值为 $-|2-(-4)|=-6$，最大值为 $|2-(-4)|=6$，则最大值与最小值的差值为 12. 故选 E.

第五节　专题测评

一、问题求解

1. 设 x,y 为有理数，且满足等式 $x^2+2y+\sqrt{2}y=17-4\sqrt{2}$，则 x^2-y 的值为（　　）.

 A. 17   B. 19   C. 23   D. 29   E. 32

2. 设 m,n 为有理数，且满足等式 $(\sqrt{5}+2)m+(3-2\sqrt{5})n+7=0$，则 $m+n$ 的值为（　　）.

 A. -3 B. -1 C. 0   D. 1   E. 3

3. 设 a,b 为有理数，且满足等式 $2a-(2-\sqrt{2})b+48+3\sqrt{2}=0$，则 $\sqrt{ab}$ 的算术平方根为（　　）.

 A. 1   B. 3   C. 6   D. 9   E. ± 9

4. 若 $\dfrac{a+b-c}{c}=\dfrac{a-b+c}{b}=\dfrac{-a+b+c}{a}=k$，则 k 的值为（　　）.

 A. 1   B. 1 或 -2 C. -1 或 2   D. -2 E. -1

5. $0.\overset{\cdot}{2}7\overset{\cdot}{5}$ 的小数部分前 100 位数字之和为（　　）.

 A. 226   B. 324   C. 464   D. 521   E. 726

6. 若纯循环小数 $0.\overset{\cdot}{a}b\overset{\cdot}{c}$ 写成最简分数时，分子与分母之和是 58，则 $a+c-b$ 的值为（　　）.

 A. 6   B. 7   C. 9   D. 12   E. 15

7. 已知三个数的和是 312，这三个数分别能被 7，8，9 整除，而且商相同，则最大的数与最小的数相差（　　）.

 A. 18   B. 20   C. 22   D. 24   E. 26

8. 已知正整数 p,q 为质数，且 $7p+q$ 与 $pq+11$ 也是质数，若 $7p+q=pq+11$，则 p^q+q^p 的值为（　　）.

 A. 11   B. 16   C. 17   D. 19   E. 21

9. 有 6 张扑克牌，画面都向上，小红每次翻转其中的 5 张，则要使得 6 张扑克牌画面都向下，小红至少要翻动（　　）次.

A. 2 　　　　B. 3 　　　　C. 4 　　　　D. 5 　　　　E. 6

10. 某天大雪后,小明和姐姐同时绕一个圆形花圃走路,他们的起点和步行的方向相同,小明每步走 54 cm,姐姐每步走 72 cm,两人脚印有重合,各走完一圈后,地面上总共留下 60 个脚印,则花圃的周长为( )cm.

A. 4 800 　　　B. 6 600 　　　C. 7 200 　　　D. 9 000 　　　E. 2 160

11. 一块长 48 cm,宽 42 cm 的布料,若不浪费边角料,则共能剪出( )块相等的最大的正方形布片.

A. 1 　　　　B. 4 　　　　C. 12 　　　　D. 24 　　　　E. 56

12. 若把 20 份数学试卷和 25 份逻辑试卷平均分给小朋友,分完后数学试卷还剩 2 份,逻辑试卷还缺 2 份,则这些试卷最多分给了( )个小朋友.

A. 5 　　　　B. 6 　　　　C. 7 　　　　D. 8 　　　　E. 9

13. 有 525 名同学分三组进行相关活动,若第一组的 $\dfrac{1}{2}$ 是第二组的 $\dfrac{1}{3}$,第二组的 $\dfrac{1}{4}$ 是第三组的 $\dfrac{1}{5}$,则第三组有( )人.

A. 75 　　　　B. 85 　　　　C. 95 　　　　D. 115 　　　　E. 225

14. 设 a,b,c 为整数,且 $|a-b|^{20}+|c-a|^{41}=1$,则 $|a-b|+|a-c|+|b-c|=$( ).

A. 0 　　　　B. 1 　　　　C. 2 　　　　D. 3 　　　　E. 4

15. 若 $a+b+c>0,abc<0$,则 $\dfrac{|a|}{a}+\dfrac{b}{|b|}+\dfrac{|c|}{c}$ 的值为( ).

A. 0 　　　　B. 1 　　　　C. 2 　　　　D. 3 　　　　E. 4

二、条件充分性判断

16. $\dfrac{n}{14}$ 是一个整数.

(1) n 是一个整数,且 $\dfrac{3n}{14}$ 也是一个整数.

(2) n 是一个整数,且 $\dfrac{n}{7}$ 也是一个整数.

17. 某公司得到一笔贷款共 68 万元,用于下属三个工厂的设备改造,结果甲、乙、丙三个工厂按比例分别得到 36 万元、24 万元和 8 万元.

(1) 甲、乙、丙三个工厂按 $\frac{1}{2}:\frac{1}{3}:\frac{1}{9}$ 的比例贷款.

(2) 甲、乙、丙三个工厂按 $9:6:2$ 的比例贷款.

18. 能确定正整数 m 除以 15 的余数.

(1) 正整数 m 除以 3 的余数为 2.

(2) 正整数 m 除以 5 的余数为 2.

19. 自然数 n 的各数位之积为 6.

(1) n 是除以 5 余 3 且除以 7 余 2 的最小自然数.

(2) n 是奇数.

20. m^2-n^2 是 4 的倍数.

(1) $m+n$ 是奇数.

(2) $m-n$ 是偶数.

21. 存在实数 m 使 $|m+1|+|4-2m|\leqslant a$ 成立.

(1) $a=3$.

(2) $a>3$.

22. 已知 a,b,c 为有理数,则 $a+\sqrt{2}b+\sqrt{3}c=\sqrt{5+2\sqrt{6}}$ 成立.

(1) $a=0,b=-1,c=1$.

(2) $a=0,b=1,c=1$.

23. 已知 a,b,c 为三角形 ABC 的三边,则 $\triangle ABC$ 为等腰三角形.

(1) a,b,c 为质数,且 $a+b+c=16$.

(2) $a^2(b-c)+b^2c-b^3=0$.

24. 可以确定 $|a+b|<|a-b|$.

(1) $|a+b|<|a|+|b|$.

(2) $|a-b|\geqslant|a|+|b|$.

25. 已知 $abcd=25$,则能确定 $|a+b|+|c+d|$ 的最大值.

(1) a,b,c,d 均为整数.

(2) $a>b>c>d$.

测评解析

1.【答案】D

【解析】整理原式得 $x^2+2y-17=-4\sqrt{2}-\sqrt{2}y$,左侧为有理数,右侧必然也为有理数,所以 $y=-4$,代入原式解得 $x^2=25$,所以 $x^2-y=29$.故选 D.

2.【答案】A

【解析】原式可变形为 $\sqrt{5}(m-2n)+(2m+3n+7)=0$,由题意,得 $\begin{cases}\sqrt{5}(m-2n)=0,\\2m+3n+7=0,\end{cases}$ 解得 $m=-2,n=-1$,所以 $m+n=-3$.故选 A.

3.【答案】B

【解析】原式可变形为 $\sqrt{2}(b+3)+(2a-2b+48)=0$,由题意得 $\begin{cases}b+3=0,\\2a-2b+48=0,\end{cases}$ 解得 $a=-27$,$b=-3$,所以 $\sqrt{ab}=\sqrt{81}=9$ 的算术平方根为 $\sqrt{9}=3$.故选 B.

4.【答案】B

【解析】若 $a+b+c\neq0$,则 $k=\dfrac{a+b+c}{a+b+c}=1$;若 $a+b+c=0$,则 $k=\dfrac{a+b-c}{c}=\dfrac{-c-c}{c}=-2$.故选 B.

5.【答案】C

【解析】小数部分前 100 位数字之和等于 $(2+7+5)\times33+2=464$.故选 C.

6.【答案】A

【解析】$0.\dot{a}b\dot{c}$ 化为分数时是 $\dfrac{\overline{abc}}{999}$,当化为最简分数时,因为分母大于分子,所以分母大于 $58\div2=29$,即分母是大于 29 的两位数. 由 $999=3\times3\times3\times37$,推知 999 大于 29 的两位数约数只有 37,所以分母是 37,分子是 $58-37=21$.因为 $\dfrac{21}{37}=\dfrac{21\times27}{37\times27}=\dfrac{567}{999}$,所以这个循环小数是 $0.\dot{5}6\dot{7}$,即 $a=5,b=6,c=7$,故 $a+c-b=6$.故选 A.

7.【答案】E

【解析】由于三个数分别能被 7,8,9 整除,而且商相同,因此可设这三个数分别是 $7n,8n,9n$. 又由于这三个数的和是 312,可得 $7n+8n+9n=312$,解得 $n=13$,所以最大的数与最小的数相差 26.故选 E.

8.【答案】C

【解析】$7p+q$ 与 $pq+11$ 都是质数说明 p,q 必然为一奇一偶,若 $p=2$,代入题干等式可得 $q=3$;若 $q=2$,代入题干等式可得 $p=\dfrac{9}{5}$,故 $p=2,q=3$,则 $p^q+q^p=17$.故选 C.

9.【答案】E

【解析】一张扑克牌翻动奇数次,画面向上变为向下,6 张扑克牌的画面都向上,每张扑克牌都需要翻动奇数次,6 个奇数的和为偶数,所以总次数为偶数时才能使 6 张扑克牌画面都向下,且每张牌都有一次翻动时保持不变,故小红至少需要翻动 6 次. 故选 E.

10.【答案】E

【解析】54 和 72 的最小公倍数为 216,设花圃周长为 s,则 $\frac{s}{54}+\frac{s}{72}-\frac{s}{216}=60$,解得 $s=2\ 160$ cm. 故选 E.

11.【答案】E

【解析】48 和 42 的最大公约数为 6,故可以剪出 $(48\times42)\div(6\times6)=56$(块). 故选 E.

12.【答案】E

【解析】$20-2=18,25+2=27,18$ 和 27 的最大公约数为 9. 故选 E.

13.【答案】E

【解析】依题意可得,第一组:第二组 $=2:3$,第二组:第三组 $=4:5$,所以第一组:第二组:第三组 $=8:12:15$,所以第三组有 225 人. 故选 E.

14.【答案】C

【解析】取特值 $a=b=0,c=1$,则 $|a-b|+|a-c|+|b-c|=2$. 故选 C.

15.【答案】B

【解析】由 $a+b+c>0,abc<0$ 说明 a,b,c 两正一负,所以 $\frac{|a|}{a}+\frac{b}{|b|}+\frac{|c|}{c}=1$. 故选 B.

16.【答案】A

【解析】条件(1),因为 n 是一个整数,且 $\frac{3n}{14}$ 也是一个整数,所以 $3n$ 是 14 的倍数,故 n 是 14 的倍数,因此 $\frac{n}{14}$ 是一个整数,充分;条件(2),可举反例,取 $n=7$,不充分. 故选 A.

17.【答案】D

【解析】对于条件(1),甲:乙:丙 $=\frac{1}{2}:\frac{1}{3}:\frac{1}{9}=9:6:2$(同乘最小公倍数 18),甲 $=68\times\frac{9}{9+6+2}=36$(万元),乙 $=68\times\frac{6}{9+6+2}=24$(万元),丙 $=68\times\frac{2}{9+6+2}=8$(万元);对于条件(2),甲:乙:丙 $=9:6:2$,与条件(1)等价. 故选 D.

18.【答案】C

【解析】两个条件显然单独都不充分,联合分析可得正整数 m 除以 3 的余数为 2,除以 5 的余数也为 2,故正整数 m 除以 15 的余数只能为 2,联合充分. 故选 C.

19.【答案】A

【解析】由条件(1)列举可得 n 只能取 23,充分;条件(2)显然不充分. 故选 A.

20.【答案】E

【解析】$m^2-n^2=(m+n)(m-n)$,由条件(1)得,$m+n$ 是奇数,故 $m-n$ 也可能为奇数,因此条件(1)单独不充分;由条件(2)得,当 $m=\frac{3}{2},n=-\frac{1}{2}$ 时,m^2-n^2 不是 4 的倍数,因此条件(2)单

独不充分.联合分析可举反例:$m=\dfrac{3}{2},n=-\dfrac{1}{2}$,故联合也不充分.故选 E.

21.【答案】D

【解析】分段讨论可得 $|m+1|+|4-2m|$ 的最小值为3.若存在实数 m 使 $|m+1|+|4-2m|\leqslant a$ 成立,则 $a\geqslant 3$ 即可.故选 D.

22.【答案】B

【解析】$a+\sqrt{2}b+\sqrt{3}c=\sqrt{5+2\sqrt{6}}=\sqrt{2}+\sqrt{3}\Rightarrow a=0,b=1,c=1$.故选 B.

23.【答案】D

【解析】由条件(1) 得 $a=2,b=c=7$,充分;由条件(2) 得 $a=b$ 或 $b=c$,充分.故选 D.

24.【答案】A

【解析】由条件(1) 得 $ab<0$,充分;由条件(2) 得 $ab\leqslant 0$,不充分.故选 A.

25.【答案】A

【解析】由条件(1) 得:$abcd=25,a,b,c,d$ 均为整数,所以当 $a=b=c=1,d=25$ 时,$|a+b|+|c+d|$ 可取到最大值,所以条件(1) 充分;条件(2),a 可以无穷大,d 可以无穷小,故没有最大值.故选 A.

专题二　　应用题

专题解读　本部分是考试的重点和核心,基础题型以比例问题、利润问题、植树问题和基本等量关系问题为主;提高题型以路程问题、工程问题、浓度问题为主;综合题型以至少至多问题、不定方程、集合问题、最值问题和线性优化为主.本专题也是大部分考生遇到问题较多的板块,因为题型多,方法多,所以导致大多数考生思维比较混乱,所以本部分内容在编排时把每类题型细分为若干命题方向.本专题要注意除基本解题方法以外,也需考生熟练掌握各类题目的解题技巧方法,迅速找到等量关系,从而极大缩减运算.从近五年的命题趋势来看,本部分题目整体难度较大.

考试范围　1.比例问题、利润问题、平均值问题、基本等量关系问题、植树问题.
2.路程问题、工程问题、杠杆原理、浓度问题、分段计费.
3.集合问题、最值问题、至少至多问题、不定方程问题、线性优化问题.
4.其他问题.

考试地位　本部分每年考试占 $6 \sim 7$ 道题目,基础题 2 道,提高题 3 道,综合题 2 道.

考试重点　1.比例问题、利润问题.
2.路程问题、工程问题、浓度问题.
3.集合问题、最值问题、至少至多问题、不定方程问题.

专题导航

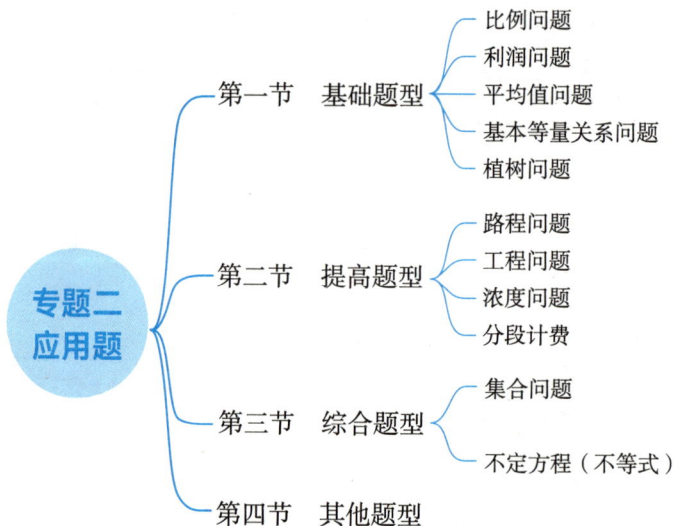

第一节　基础题型

> **本节说明**　本节题目囊括比例问题、利润问题、平均值问题、基本等量关系问题、植树问题，题目难度整体较低，只需掌握基本公式即可.

一、考点精析

1. 比例问题

1.1　原值和现值的关系

（1）现值 ＝ 原值 ×（1＋变化率）.

（2）原值 ＝ 现值 ÷（1＋变化率）.

1.2　部分量和总量的关系

（1）部分量 ＝ 总量 × 部分量对应比例.

（2）总量 ＝ 部分量 ÷ 部分量对应比例.

1.3　"比"和"是"的关系

（1）A 比 B 大（小）$p\%$ $\Leftrightarrow A = B \times (1 \pm p\%)$.

（2）A 是 B 的 $p\%$ $\Leftrightarrow A = B \times p\%$.

1.4　变化率问题

变化率 ＝ 变化量 ÷ 变前量.

2. 利润问题

2.1　基本公式

(1) 利润 ＝ 售价 － 进价.

(2) 利润率 $= \dfrac{利润}{进价} \times 100\% = \dfrac{售价 - 进价}{进价} \times 100\% = \left(\dfrac{售价}{进价} - 1\right) \times 100\%.$

(3) 售价 ＝ 进价 ×（1＋利润率）＝ 进价＋利润.

(4) 折扣价 ＝ 原价 × 折扣.

2.2　恢复原价

(1) 一件商品先提价 $p\%$ 再降价 $p\%$,或者先降价 $p\%$ 再提价 $p\%$,均无法恢复原价,会比原价小,这是因为 $a(1+p\%)(1-p\%) = a(1-p\%)(1+p\%) < a.$

(2) 要想恢复原价,则原价先降价 $p\%$,再提价 $\dfrac{p\%}{1-p\%}$ 才能恢复原价;或者先提价 $p\%$,再降价 $\dfrac{p\%}{1+p\%}$ 才能恢复原价.

3. 平均值问题

基本公式:平均值 $= \dfrac{总和}{总数量}.$

4. 基本等量关系问题

基本思路:本类问题大多需要根据题干信息直接构建等量关系进行求解.

5. 植树问题

5.1　直线型植树问题

直线长度为 l,每隔 k 米植 1 棵树,则总共可以植 $\dfrac{l}{k}+1$ 棵树.

5.2　封闭环型植树问题

环形周长为 l,每隔 k 米植 1 棵树,则总共可以植 $\dfrac{l}{k}$ 棵树.

二、经典例题

1. 比例问题

> **思维点拨**　比例问题在应用题中的难度相对较低,考生只需记住考点精析的四大基本公式即可.

例 1　钢铁厂2021年总产量的 $\dfrac{1}{6}$ 为型钢类,$\dfrac{1}{7}$ 为钢板类,钢管类的产量正好是型钢类和钢板类产量之差的14倍,钢丝类的产量正好是型钢类和钢管类产量之和的一半,而其他产品共为 3 万吨,则该钢铁厂 2021 年的总产量共计为(　　).

    A. 28 万吨   B. 32 万吨   C. 36 万吨   D. 40 万吨   E. 42 万吨

【解析】依据题意,假设总产量为 $42k$ 万吨,则型钢类为 $7k$ 万吨,钢板类为 $6k$ 万吨,钢管类为 $14k$ 万吨,钢丝类为 $10.5k$ 万吨,则 $7k+6k+14k+10.5k+3=42k$,解得 $k=\dfrac{2}{3}$,故总产量为 $42k=28$ 万吨. 故选 A.

例 2　某企业前 5 个月的销售额为全年计划的 $\dfrac{3}{8}$,6 月的销售额为 600 万元,其上半年销售额占全年计划的 $\dfrac{5}{12}$,则其下半年平均每个月要实现(　　)万元的销售额才能完成全年的销售计划.

    A. 1 600   B. 1 800   C. 1 500   D. 1 400   E. 1 300

【解析】依据题意,6 月销售额占全年计划的 $\dfrac{5}{12}-\dfrac{3}{8}=\dfrac{1}{24}$,则全年销售额为 $600\times24=14\,400$(万元),则下半年每月平均销售额为 $14\,400\times\left(1-\dfrac{5}{12}\right)\div6=1\,400$(万元). 故选 D.

例 3　甲、乙两个书架共有 1 100 本书,从甲书架借出 $\dfrac{1}{3}$,乙书架借出 75% 以后,甲书架是乙书架的 2 倍还多 150 本,则乙书架原有(　　)本书.

    A. 400   B. 500   C. 550   D. 600   E. 800

【解析】设甲书架原有 x 本书,乙书架原有 y 本书,可列方程组 $\begin{cases}x+y=1\,100,\\\dfrac{2}{3}x=\dfrac{1}{4}y\cdot2+150,\end{cases}$ 得 $x=600$, $y=500$. 故选 B.

例 4　在人工饲养条件下,新生小熊猫第一年的体重能增加 6 倍,但以后每年体重的增长率却只有前一年体重增长率的 50%,则经过三年的精心饲养,小熊猫的体重是出生时的(　　)倍.

    A. 16   B. 36   C. 56   D. 64   E. 70

【解析】设小熊猫出生时的体重为 a,则三年后的体重是 $a(1+6)(1+3)(1+1.5)=70a$,是出生时的 70 倍. 故选 E.

例 5　某市举行小学数学竞赛,结果不低于 80 分的人数比 80 分以下的人数的 4 倍还多 2 人,及格(60 分及以上算及格)的人数比不低于 80 分的人数多 22 人,恰是不及格人数的 6 倍,则参赛的总人数为(　　).

    A. 400   B. 392   C. 382   D. 314   E. 236

【解析】设不低于 80 分的有 x 人,则 80 分以下的人数是 $(x-2)\div4$,及格的人数是 $x+22$,不及格的人数是 $x+(x-2)\div4-(x+22)=(x-90)\div4$,而 $6\times\dfrac{(x-90)}{4}=x+22$,则 $x=314$,故 80

分以下的人数是 $(x-2) \div 4 = 78$,参赛的总人数为 $314 + 78 = 392$.故选 B.

例 6 学科竞赛设一等奖、二等奖和三等奖,比例为 $1:3:8$,中奖率为 30%,已知获得一等奖的人数比二等奖少 40 人,则参加竞赛的人数为(   ).

A. 300   B. 400   C. 500   D. 600   E. 800

【解析】 首先可以根据题目由 $40 \div (3-1) = 20$,可得获奖总人数为 $20 \times (1+3+8) = 240$,则参加竞赛的人数为 $240 \div 30\% = 800$.故选 E.

例 7 一个学校前年的学生人数为 5 000.

(1) 学校的学生去年增加了 2 000 人,然后今年又减少了 15%.

(2) 去年学校的学生比今年多 1 050 人.

【解析】 两条件单独均不充分,联合分析.设前年有 x 人,去年有 $(x+2\,000)$ 人,根据条件(1)和条件(2)列式:$15\%(x+2\,000) = 1\,050$,解得 $x = 5\,000$.故选 C.

2. 利润问题

> **思维点拨** 本部分的命题点有盈亏问题、求销量问题、求利润问题、求原价问题等,所有考点均依托于基本公式,所以本部分题目难度较低,考生只需掌握公式即可.

例 8 原价 a 元可购 5 件衬衫,现价 a 元可购 8 件衬衫,则该衬衫降价的百分比是(   ).

A. 25% B. 37.5% C. 40% D. 60% E. 45%

【解析】 设该衬衫降价的百分比为 x,则 $\frac{a}{5}(1-x) = \frac{a}{8}$,解得 $x = 37.5\%$.故选 B.

例 9 某商品按定价出售,每个可以获得 45 元的利润,现在按定价的八五折出售 8 个,与按定价每个减价 35 元出售 12 个,所能获得的利润一样.则这种商品每个定价为(   )元.

A. 100   B. 120   C. 180   D. 200   E. 220

【解析】 设每个定价为 x 元,进价为 y 元,可得

$$\begin{cases} x - y = 45, \\ 8 \times (0.85x - y) = 12 \times (x - 35 - y), \end{cases}$$

解得 $\begin{cases} x = 200, \\ y = 155, \end{cases}$ 所以每个定价为 200 元.故选 D.

例 10 某商品连续两次降价 10% 后的售价与调价前相差 38 元,则调价后的商品售价是(   )元.

A. 300　　　　B. 200　　　　C. 162　　　　D. 100　　　　E. 81

【解析】设调价前商品售价为 x 元,则 $x(1-10\%)^2+38=x$,得 $x=200$,故调价后的商品售价为 $200-38=162$(元). 故选 C.

例 11 某楼盘的地下停车位,第一次开盘时平均价格为 15 万元 / 个,第二次开盘时,车位的销量增加了一倍,销售额增加了 60%. 则第二次开盘时,车位的平均价格为(　　)万元 / 个.

A. 10　　　　B. 11　　　　C. 12　　　　D. 13　　　　E. 14

【解析】设第一次开盘的车位销量为 1,则销售额为 15 万元,第二次开盘的车位的销售额为 $15\times(1+60\%)=24$(万元),销量翻了一倍,则销量为 2. 故第二次开盘时,车位的平均价格为 $24\div2=12$(万元 / 个). 故选 C.

例 12 某产品去年涨价 10%,今年涨价 20%,则该产品这两年涨价(　　).

A. 15%　　　　B. 16%　　　　C. 30%　　　　D. 32%　　　　E. 33%

【解析】设原价为 100,则该产品这两年涨价 $\dfrac{100(1+10\%)(1+20\%)-100}{100}=32\%$. 故选 D.

例 13 某商品因换季打折销售,这种商品的定价是 225 元.

(1) 按定价的七五折出售将亏本 25 元.

(2) 按定价的九五折出售将赚 20 元.

【解析】单独显然都不充分,联合分析:设成本为 a 元,定价为 x 元,有 $\begin{cases} a-0.75x=25, \\ 0.95x-a=20, \end{cases}$ 解得 $x=225$. 故选 C.

3. 平均值问题

> **思维点拨** 应用题中的平均值问题会给关系量赋予实际含义,题目也较为多样化,考生需要牢牢掌握基本等量关系式,除此以外,考生也需要学会多退少补,利用整体思想、极限思想等去解决实际问题.

例 14 5 个数的平均数为 50,去掉 1 个数后,平均数变为了 60,则去掉的数为(　　).

A. 6　　　　B. 8　　　　C. 10　　　　D. 12　　　　E. 20

【解析】5 个数的平均数为 50,则总和为 250,去掉 1 个数后,平均数变为了 60,总和为 240,差值为 10. 故选 C.

例 15 甲、乙、丙、丁四个人称体重,若甲、乙、丙的平均体重为 55 千克,乙、丙、丁的平均体重为 50 千克,丁的体重为 42 千克,则甲的体重为(　　)千克.

A. 55　　　　　B. 57　　　　　C. 59　　　　　D. 60　　　　　E. 65

【解析】甲的体重＝甲、乙、丙、丁四个人的体重－乙、丙、丁三个人的体重,所以甲的体重为 $55 \times 3 + 42 - 50 \times 3 = 57$(千克).故选 B.

例 16 小明在正式考试之前进行数次模拟考试,若其前 n 次的平均成绩是 85 分,第 $n+1$ 次考试考了 100 分后,平均成绩提高到 88 分,则该次考试是第(　　)次模拟考试.

A. 3　　　　　B. 4　　　　　C. 5　　　　　D. 6　　　　　E. 8

【解析】**法一**:将选项直接代入验证. $85 \times 4 = 340, 100 + 340 = 440, 440 \div 88 = 5$. 故选 C.

法二:由 $\dfrac{85n+100}{n+1} = 88$,解得 $n=4$,故该次是第 5 次模拟考试.故选 C.

例 17 某栋老式居民楼里原来有 3 户安装了空调,后来又增加了 1 户,这样 4 台空调全部打开时就会烧断保险丝,因此为安全起见,最多同时使用 3 台空调,则在 24 小时内平均每户最多可以使用空调(　　)小时.

A. 6　　　　　B. 8　　　　　C. 10　　　　　D. 16　　　　　E. 18

【解析】1 台空调使用 24 小时,3 台可使用 72 小时,这 72 小时平均分给 4 户,则每户可使用空调最多 $72 \div 4 = 18$(小时).故选 E.

例 18 中国女足在"亚洲杯"夺冠后,球队 12 人进行合影留念,若普通彩照洗 2 张 160 元(含照相费),加洗一张 20 元,若每人需要 1 张照片,则平均每人(　　)元.

A. 20　　　　　B. 30　　　　　C. 35　　　　　D. 45　　　　　E. 50

【解析】$\dfrac{160 + 20 \times 10}{12} = 30$(元).故选 B.

4. 基本等量关系问题

> **思维点拨**　本部分题目是应用题的入门题型,本质其实是方程的实际应用,只是给未知数赋予了实际含义而已,所以本部分的难点不在于列方程,而是在于解方程,这就需要考生掌握一定的运算技巧和运算方法,从而才能更加快速地解决题目.

例 19 某小学(共六年级)在"创造杯"展览中,展品中有 36 件不是六年级的,有 37 件不是五年级的,若五、六两个年级的展品共有 45 件,则六年级的展品有(　　)件.

A. 21　　　　　B. 22　　　　　C. 23　　　　　D. 24　　　　　E. 25

【解析】设一到四年级的展品共有 x 件,五年级的展品有 y 件,六年级的展品有 z 件,由展品中有 36 件不是六年级的,得到 $x+y=36$,由 37 件不是五年级的,得到 $x+z=37$,由五、六两个年级的展品共有 45 件,得到 $y+z=45$,联立这三个方程,得到 $z=23$,所以六年级的展品有 23 件.故选 C.

例 20　把 99 枚棋子分别放在大小不同的两种盒子里,每个大盒子可装 12 枚,每个小盒子可装 5 枚,则没有空盒子.

(1) 大盒子有 6 个,小盒子有 6 个.

(2) 大盒子有 4 个,小盒子有 11 个.

【解析】　条件(1),若大盒子装满 5 个,小盒子装满 5 个,则总共装了 $12 \times 5 + 5 \times 5 = 85$(枚)棋子,还剩下 $99 - 85 = 14$(枚),而每个大盒子最多装 12 枚,每个小盒子最多装 5 枚,因此剩下的这 14 枚棋子必定要装在剩下的一个大盒子和一个小盒子当中,此时没有空盒子,条件(1)充分;

条件(2),若大盒子装满 3 个,小盒子装满 10 个,则总共装了 $12 \times 3 + 5 \times 10 = 86$(枚)棋子,还剩下 $99 - 86 = 13$(枚).因此剩下的这 13 枚棋子必定要装在剩下的一个大盒子和一个小盒子当中,此时没有空盒子,条件(2)充分.故选 D.

例 21　父亲与小明下棋(没有平局),父亲胜一盘得 2 分,小明胜一盘得 3 分,下了 10 盘后,两人得分相同,则小明胜了(　　)盘.

A. 4　　　　　B. 5　　　　　C. 6　　　　　D. 7　　　　　E. 8

【解析】　设小明胜了 x 盘,列方程可得:$3x = 2(10 - x)$,解得 $x = 4$.故选 A.

例 22　某商店有数量相同的 5 箱皮球,如果从每箱中取出 15 个,那么 5 个箱子里剩余皮球的个数正好等于原来 2 箱皮球的个数,则原来每箱装了(　　)个皮球.

A. 20　　　　　B. 25　　　　　C. 30　　　　　D. 35　　　　　E. 40

【解析】　依题意可得,每箱拿走 15 个,一共有 75 个,相当于原来 3 箱的个数,因此原来每箱装了 25 个.故选 B.

例 23　有若干堆棋子,每堆棋子数一样多,且白子都占 36%,小明从第一堆中取走一半(全是黑子),小红把余下的棋子混合在一起后发现白子恰好占 40%,则原来有(　　)堆棋子.

A. 5　　　　　B. 6　　　　　C. 7　　　　　D. 8　　　　　E. 9

【解析】　设原来有 x 堆棋子,因为白子的数量始终没有发生变化,所以列方程可得:$36\% x = 40\%(x - 0.5)$,解得 $x = 5$.故选 A.

例 24　某校教师新年来临之际举行茶话会,若每桌 12 人,则空出 1 张桌子,若每桌 10 人,还有 10 人没有位置,则该校教师比桌子数量多(　　).

A. 87　　　　　B. 92　　　　　C. 101　　　　　D. 109　　　　　E. 110

【解析】　设教师有 x 人,桌子有 y 张,列方程组可得 $\begin{cases} x = 12(y - 1), \\ x = 10y + 10, \end{cases}$ 解得 $\begin{cases} x = 120, \\ y = 11, \end{cases}$ 所以该校教师比桌子数量多 109.故选 D.

例 25 某水果店为实现利润最大化将水果进行组合销售,其中甲套餐:A 水果 2 千克,B 水果 4 千克;乙套餐:A 水果 3 千克,B 水果 6 千克,C 水果 1 千克;丙套餐:A 水果 2 千克,B 水果 4 千克,C 水果 1 千克,若 A 水果 2 元/千克,B 水果 1 元/千克,C 水果 10 元/千克,某天该水果店销售这三种套餐共 665 元,其中 A 水果的销售额为 116 元,则 C 水果的销售额为(　　).

　　A. 225　　　　B. 312　　　　C. 365　　　　D. 433　　　　E. 512

【解析】 设甲、乙、丙三种套餐各卖 x,y,z 套,依题可得 $2(2x+3y+2z)=116$,$2(2x+3y+2z)+1(4x+6y+4z)+10(y+z)=665$,解得 $10(y+z)=433$.故选 D.

5. 植树问题

> **思维点拨**　本类问题的核心是区分开直线型和封闭环型,常见的环型植树问题有三角形、正方形、圆等.

例 26 将一批树苗种在一个正方形花园边上,四角都种,如果每隔 3 米种一棵,那么剩下 10 棵树苗,如果每隔 2 米种一棵,那么恰好种满正方形的 3 条边,则这批树苗有(　　)棵.

　　A. 54　　　　B. 60　　　　C. 70　　　　D. 82　　　　E. 94

【解析】 设共有 x 棵树苗,则 $\dfrac{3(x-10)}{2(x-1)}=\dfrac{4}{3}\Rightarrow x=82$.故选 D.

例 27 在一条笔直的公路一侧植树,每隔 5 米种一棵树,一共种了 91 棵树,则从第一棵树到最后一棵树的距离为(　　)米.

　　A. 400　　　　B. 450　　　　C. 500　　　　D. 550　　　　E. 600

【解析】 设笔直的公路长度为 l 米,依据公式可得:$\dfrac{l}{5}+1=91$,解得 $l=450$.故选 B.

例 28 学校广场中央有一个圆形花坛,花坛的周长为 80 米,若在花坛边每隔 8 米摆一盆绿植,则总共可以摆(　　)盆绿植.

　　A. 5　　　　B. 6　　　　C. 7　　　　D. 8　　　　E. 10

【解析】 依据公式可得,总共可以摆 $\dfrac{80}{8}=10$(盆)绿植.故选 E.

例 29 在一条长 500 米的公路两侧植树,两端各植一棵,每隔 5 米种一棵杨树,每两棵杨树之间植 2 棵柳树,则柳树比杨树要多种(　　)棵.

　　A. 100　　　　B. 121　　　　C. 133　　　　D. 168　　　　E. 198

【解析】 公路一侧杨树需要种 $\dfrac{500}{5}+1=101$(棵),公路两侧都要植树,则共需植 $101\times2=$

202(棵);每侧的间隔数为 $101-1=100$,所以每侧需要植柳树 $100\times2=200$(棵),两侧需植树 400 棵,因此柳树比杨树要多种 198 棵. 故选 E.

第二节　提高题型

本节说明　本节题目为考试的必考点,除基本方法以外,考生也需掌握各题型的技巧方法,本节题型命题方向较多,容易出难题的题型是路程问题和浓度问题.

一、考点精析

1.路程问题

1.1　基本公式

路程 = 速度×时间$(s=v\cdot t)$.

1.2　比例关系

(1)s 一定,v 和 t 成反比.

(2)v 一定,s 和 t 成正比.

(3)t 一定,s 和 v 成正比.

1.3　直线相遇、追及模型(两人间隔为 s,同时出发,相遇或追及一次的时间为 t)

(1) 直线相遇:$s_{相遇}=s_1+s_2=v_1t+v_2t=(v_1+v_2)t$.

(2) 直线追及:$s_{追及}=s_1-s_2=v_1t-v_2t=(v_1-v_2)t$.

1.4　跑圈相遇、追及模型(从同一点同时出发,一圈周长为 s,相遇或追及一次的时间为 t)

(1) 跑圈相遇:$s=s_1+s_2=v_1t+v_2t=(v_1+v_2)t$.

(2) 跑圈追及:$s=s_1-s_2=v_1t-v_2t=(v_1-v_2)t$.

1.5　顺水、逆水模型(同时运动的两个物体无论相遇还是追及,水速均可看作 0)

(1) 顺水:$v_{顺}=v_{船}+v_{水}$.

(2) 逆水:$v_{逆}=v_{船}-v_{水}$.

(3) $v_{船}=(v_{顺}+v_{逆})\div2$.

(4) $v_{水}=(v_{顺}-v_{逆})\div2$.

1.6　相对速度(两个物体运动时,可将一个作为参照物,看成相对静止进行分析)

(1) 同向运动:$v_{同向}=v_1-v_2$.

(2) 相向运动:$v_{相向}=v_1+v_2$.

1.7　图像问题

(1) 横轴表示时间,纵轴表示速度,则对应图形的面积表示路程(见图).

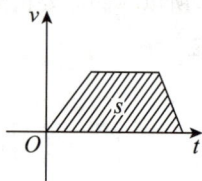

(2) 横轴表示时间,纵轴表示路程,则对应直线斜率表示速度(见图).

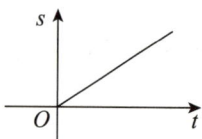

1.8　火车过桥

过桥时间 ＝(火车车长＋桥长)÷火车速度.

2. 工程问题

2.1　基本公式

工作总量 ＝ 工作效率×工作时间.

2.2　注意事项

(1)工作总量分具体量和抽象量两种,具体量一般题干会明确给出工作的具体数量,比如加工1 000 个零件;抽象量一般题干会说完成这项工作,一般情况下我们把工作总量看为单位"1"进行分析,或者为方便计算工作总量也会取时间或效率的最小公倍数进行表示.

(2)工作效率 ＝ 工作总量÷工作时间,合作的效率 ＝ 各自的效率相加,另外在部分题目中还会出现效率的正、负问题,比如进水、排水、牛吃草问题等.

3. 浓度问题

3.1　基本公式

(1)浓度 ＝ 溶质÷溶液.

(2)溶质 ＝ 浓度×溶液.

(3)溶液 ＝ 溶质＋溶剂.

3.2　两大原则

为保证浓度问题可计算,所有题目都遵循以下两大原则.

(1)均匀混合:默认所有溶液均为均匀混合状态.

(2)物质守恒:溶液混合前后溶质、溶液质量相同.

4. 分段计费

4.1　适用题型

分段计费是我们生活中比较常见的计费方式,比如个人所得税、水费、电费、燃气费、出租车费、网络流量费等均采取分段计费的方式来收取费用.

4.2　方法说明

分段计费的核心在于按段收费而不是一次性计费.

二、经典例题

1. 路程问题

思维点拨　本部分的命题点有直线定速问题、直线变速问题、多次往返相遇问题、跑圈问题、图像问题、顺水、逆水问题、相对速度问题、火车过桥问题等，所以考生一定要按类学习，通过题目训练每种题型的解题方法，熟能生巧. 直线定速问题可用基本公式或比例关系构建等量方程求解，其他问题直接套用基本公式构建等量关系求解，其中直线变速问题和多次往返相遇问题的解题方法总结在第五节技巧篇.

例 30　甲、乙两人分别从 A,B 两地同时出发相向而行,甲每分钟走 50 米,乙走完全程要 18 分钟,出发 3 分钟后,甲、乙两人相距 450 米,则 A,B 两地的距离为(　　)米.

A. 600　　　　B. 660　　　　C. 720　　　　D. 800　　　　E. 880

【解析】 依题可得,乙 15 分钟可以走 600 米,故乙的速度为 40 米／分钟,所以 A,B 两地的距离为 $18 \times 40 = 720$(米). 故选 C.

例 31　甲、乙两车分别从 A,B 两地同时出发相向而行,甲车每小时行驶 36 千米,乙车每小时行驶 30 千米,两车行驶一段时间后,在距离 A,B 中点 30 千米处相遇,则 A,B 两地的距离为(　　)千米.

A. 600　　　　B. 660　　　　C. 720　　　　D. 800　　　　E. 880

【解析】 依题可得,甲、乙路程相差 60 千米,所以相遇时间为 $\dfrac{60}{36-30} = 10$(小时),故 A,B 两地的距离为 $10(36+30) = 660$(千米). 故选 B.

例 32　有一条 1 000 米的街道,甲和乙分别从街道两端相向而行,甲提前 5 分钟出发,甲每分钟走 20 米,乙每分钟走 10 米,则乙出发(　　)分钟后和甲相遇.

A. 20　　　　B. 25　　　　C. 28　　　　D. 30　　　　E. 90

【解析】 甲提前 5 分钟出发,故此时相距的路程为 900 米,相遇时间为 $900 \div 30 = 30$(分钟). 故选 D.

例 33　一辆汽车第一天行驶了 5 个小时,第二天行驶了 600 公里,第三天比第一天少行驶 200 公里,三天共行驶了 18 个小时,若第一天的平均速度和三天全程的平均速度相同,则三天共行驶了

(   )公里.

    A. 800   B. 900   C. 1 000   D. 1 100   E. 1 200

【解析】设第一天的平均速度为 v 公里/小时,则第一天的路程为 $5v$ 公里,第三天的路程为 $5v-200$ 公里,列方程可得 $5v+600+5v-200=18v$,解得 $v=50$,所以三天共行驶了 $18\times50=900$(公里).故选 B.

例 34 小明放学回家要花 10 分钟,小红放学回家要花 14 分钟,已知小红回家所走的路程比小明回家所走的路程多 $\dfrac{1}{6}$,小明每分钟比小红多走 12 米,则小红回家所走的路程为(   )米.

    A. 620   B. 660   C. 720   D. 840   E. 960

【解析】依题可得,$t_{明}:t_{红}=5:7$,$s_{明}:s_{红}=6:7$,所以 $v_{明}:v_{红}=6:5$,速度差 1 份等价于差 12 米/分钟,所以小红的速度为 60 米/分钟,故小红回家所走的路程为 $14\times60=840$(米).故选 D.

例 35 已知甲、乙从 A,B 两地同时出发相向而行,相遇后,甲再行 8 小时可以到 B 地,乙再行 12.5 小时可以到 A 地,则甲行全程需要(   )小时.

    A. 10   B. 12   C. 14   D. 16   E. 18

【解析】设相遇时间为 t 小时,依题得 $\dfrac{v_{乙}}{v_{甲}}=\dfrac{t}{12.5}=\dfrac{8}{t}$,解得 $t=10$,故甲行全程需要的时间为 18 小时.故选 E.

例 36 甲、乙两人从相距 20 km 的两地同时出发相向而行,甲的速度为 6 km/h,乙的速度为 4 km/h,一只小狗与甲同时出发向乙跑去,遇到乙之后又立即掉头向甲跑去,遇到甲之后又立即掉头向乙跑去,…,直到甲、乙两人相遇为止,若小狗的速度为 13 km/h,则在这一奔跑过程中,小狗跑的总路程是(   )km.

    A. 26   B. 24   C. 28   D. 32   E. 34

【解析】此题可利用整体法分析,$S_{狗}=v_{狗}\,t_{狗}=13\times\dfrac{20}{6+4}=26$(km).故选 A.

例 37 甲、乙、丙三人同时从起点出发进行 1 000 米自行车比赛(假设他们全程速度不变),当甲到终点时,乙距离终点还有 40 米,丙距离终点还有 64 米,则当乙到达终点时,丙距离终点(   )米.

    A. 12   B. 15   C. 16   D. 18   E. 25

【解析】此题可利用比例法分析,设当乙到达终点时,丙跑了 x 米.因为时间相同,所以 $\dfrac{v_{乙}}{v_{丙}}=\dfrac{960}{936}=\dfrac{1\,000}{x}$,解得 $x=975$,故丙距离终点 25 米.故选 E.

例 38 一名快递员从甲地去乙地,每分钟走 80 米,走到某商店时发现有一个快递没有拿,立即返回甲地去拿,等快递员到达乙地时比原计划晚了 15 分钟,则能确定甲、乙两地的距离.

(1) 该商店距离甲地 600 米.

(2) 该商店在甲、乙两地的中点处.

【解析】 由条件(1)得,晚了 15 分钟相当于走了 1 200 米,只能得出快递员的速度,故无法确定甲、乙两地的距离;由条件(2)得,晚了 15 分钟相当于走了全程,所以甲、乙两地的距离为 $80 \times 15 = 1\ 200$(米),故条件(2)充分.故选 B.

例 39 小超和小帅两人同时从椭圆形的跑道上同一起点出发,沿着顺时针方向,小超比小帅快,则可以确定小超的速度是小帅的速度的 1.5 倍.

(1) 当小超第一次从背后追上小帅时,小帅跑了 2 圈.

(2) 当小超第一次从背后追上小帅时,小超立即转身沿逆时针方向跑去,当两人再次相遇时,小帅跑了 0.4 圈.

【解析】 由条件(1)得 $\dfrac{v_{超}}{v_{帅}} = \dfrac{3}{2}$,故充分.同理条件(2)也充分.故选 D.

例 40 甲、乙两人同时从 A 点出发,沿 400 米跑道同向匀速行走,25 分钟后乙比甲少走一圈,若乙行走一圈需要 8 分钟,则甲的速度是(   ).(单位:米/分钟)

A. 62　　　　　B. 65　　　　　C. 66　　　　　D. 67　　　　　E. 69

【解析】 依题得 $\begin{cases} 25(v_{甲} - v_{乙}) = 400, \\ v_{乙} = \dfrac{400}{8}, \end{cases}$　　解得 $v_{甲} = 66$.故选 C.

例 41 货车行驶 72 km 用时 1 h,速度 v 与行驶时间 t 的函数关系如图所示,则 $v_0 =$ (   )km/h.

A. 72　　　　　B. 80　　　　　C. 90　　　　　D. 95　　　　　E. 100

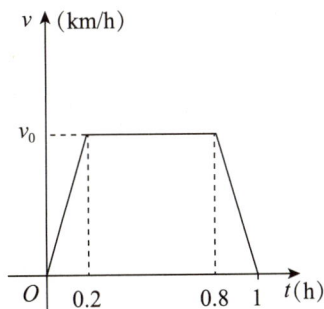

【解析】 图中的横、纵坐标分别为时间和速度,所以路程为 72 km,即为梯形的面积,上底为 0.6,下底为 1,高为 v_0,故 $\dfrac{0.6+1}{2}v_0 = 72$,解得 $v_0 = 90$.故选 C.

例42 小明骑自行车去上学时,经过一段先上坡后下坡的路,在这段路上所走的路程 S 与时间 t 之间的函数关系如图所示.小明放学后,如果按原路返回,且在往返过程中,上坡速度相同,下坡速度相同,那么他回来时,走这段路所用的时间为( )分钟.

A. 10   B. 12   C. 13   D. 14   E. 16

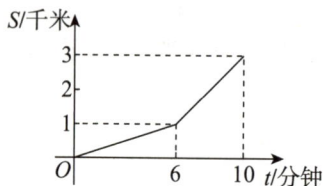

【解析】 由图可得,上坡的路程为 2 千米,下坡的路程为 1 千米,上坡的速度为每分钟 $\frac{1}{6}$ 千米,下坡的速度为每分钟 $\frac{1}{2}$ 千米,则在返回过程中需用时 $\frac{2}{\frac{1}{6}} + \frac{1}{\frac{1}{2}} = 14$(分钟). 故选 D.

例43 一艘小船在静水中每小时行驶 20 千米,水流速度为 5 千米/时,若两地相距 75 千米,则往返一次需要( )小时.

A. 8   B. 9   C. 10   D. 11   E. 12

【解析】 $\frac{75}{20+5} + \frac{75}{20-5} = 8$(小时). 故选 A.

例44 两船在水上相距 10 km,则能确定水速.

(1) 若两船相向而行,已知两船相遇的时间.

(2) 若两船同向而行,已知两船追及的时间.

【解析】 由条件(1)得,设两船相遇的时间为 t,则 $10 = (v_1 + v_2) \cdot t$,故无法确定水速,不充分;由条件(2)得,设两船追及时间为 t,则 $10 = (v_1 - v_2) \cdot t$,故也无法确定水速.联合也不能确定水速. 故选 E.

例45 小明和小红沿着与铁轨平行的方向相向而行,两人行走的速度均为 2 m/s,恰有一列火车从他们身旁驶过,火车与小明相向而行,从小明身旁驶过用了 10 s;火车与小红同向而行,从小红身旁驶过用了 12 s,则火车的车长为( )m.

A. 186   B. 210   C. 225   D. 240   E. 296

【解析】 设火车的车长为 s m,依题可得,$\begin{cases} \dfrac{s}{v_火 + 2} = 10, \\ \dfrac{s}{v_火 - 2} = 12, \end{cases}$ 解得 $\begin{cases} v_火 = 22, \\ s = 240. \end{cases}$ 故选 D.

例 46 一支队伍排成长度为 800 米的队列行军,速度为 80 米/分钟,在队首的通信员以行军 3 倍的速度跑步到队尾,花一分钟传达首长的命令后,立即以同样的速度跑回到队首,则在这往返全过程中通信员所花费的时间为(　　)分钟.

A. 6.5　　　　B. 7.5　　　　C. 8　　　　D. 8.5　　　　E. 10

【解析】 通信员由队首跑到队尾,与行军队列做相向运动,故所用时间为 $\dfrac{800}{240+80}$ 分钟;通信员由队尾跑回到队首,与行军队列做同向运动,故所用时间为 $\dfrac{800}{240-80}$ 分钟. 所以共用时间为 $\dfrac{800}{320}+\dfrac{800}{160}+1=8.5$(分钟). 故选 D.

例 47 一列火车匀速行驶时,通过一座长为 250 米的桥梁需要 10 秒,通过一座长为 450 米的桥梁需要 15 秒,则火车通过长为 1 050 米的桥梁需要(　　)秒.

A. 22　　　　B. 25　　　　C. 28　　　　D. 30　　　　E. 35

【解析】 设火车车身长度为 x 米,火车车速为 y 米/秒,则 $\begin{cases}\dfrac{x+250}{y}=10,\\\dfrac{x+450}{y}=15,\end{cases}$ 解得 $\begin{cases}x=150,\\y=40,\end{cases}$ 所以通过长为 1 050 米的桥梁需要 $\dfrac{150+1\,050}{40}=30$(秒). 故选 D.

2. 工程问题

思维点拨 本部分的命题点有定效工程问题、变效工程问题、轮流工作问题、牛吃草问题、效率最优问题等,题目难度要低于路程问题,其中变效工程问题和牛吃草问题的解题方法总结在第五节技巧篇.

例 48 一份工作,甲、乙两人合作需要 2 天完成,人工费 2 900 元;乙、丙两人合作需要 4 天完成,人工费 2 600 元;甲、丙两人合作 2 天完成了全部工作量的 $\dfrac{5}{6}$,人工费 2 400 元,则甲单独做该工作需要的时间与人工费分别为(　　).

A. 3 天,3 000 元　　　　B. 3 天,2 850 元　　　　C. 3 天,2 700 元

D. 4 天,3 000 元　　　　E. 4 天,2 850 元

【解析】 设甲、乙、丙单独完成该工作分别需要 x,y,z 天,每天的人工费分别为 a,b,c 元,则

$$\begin{cases}\dfrac{2}{x}+\dfrac{2}{y}=1,\\[4pt]\dfrac{4}{y}+\dfrac{4}{z}=1,\\[4pt]\dfrac{2}{x}+\dfrac{2}{z}=\dfrac{5}{6},\end{cases}\Rightarrow\begin{cases}x=3,\\y=6,\\z=12,\end{cases}$$

$$\begin{cases} 2a + 2b = 2\,900, \\ 4b + 4c = 2\,600, \Rightarrow \\ 2a + 2c = 2\,400 \end{cases} \begin{cases} a = 1\,000, \\ b = 450, \\ c = 200. \end{cases}$$

故选 A.

例 49 有一条公路,甲队单独修需要 12 天,乙队单独修需要 15 天,一开始两队一起修路,但是中间甲队休息,结果前后共用了 10 天才把整条公路修完,则甲队一共修了(   )天.

A. 3   B. 4   C. 5   D. 6   E. 7

【解析】乙队从头到尾一直在工作,所以完成的工作量为 $\frac{1}{15} \times 10 = \frac{2}{3}$,故甲队完成的工作量为 $\frac{1}{3}$,因此甲队一共工作了 $\frac{1}{3} \div \frac{1}{12} = 4$(天). 故选 B.

例 50 一项工程由甲、乙两队合作 30 天可完成. 甲队单独做 24 天后,乙队加入,两队合作 10 天后,甲队调走,乙队继续做了 17 天才完成. 若这项工程由甲队单独完成,则需要(   ).

A. 60 天   B. 70 天   C. 80 天   D. 90 天   E. 100 天

【解析】设甲队的效率为 $\frac{1}{m}$,乙队的效率为 $\frac{1}{n}$,由题意可得,$\begin{cases} \dfrac{34}{m} + \dfrac{27}{n} = 1, \\ \dfrac{1}{m} + \dfrac{1}{n} = \dfrac{1}{30}, \end{cases}$ 解得 $m = 70, n =$

52.5. 故选 B.

例 51 有 A, B 两个同样容量的仓库,搬运一个仓库里的货物,甲需要 10 小时,乙需要 12 小时,丙需要 15 小时,若一开始甲和丙在 A 仓库,乙在 B 仓库,同时开始搬运,中途丙又到 B 仓库帮助乙搬运,最后两个仓库同时搬完,则丙帮助乙比帮助甲多用(   )小时.

A. 2   B. 3   C. 4   D. 5   E. 6

【解析】设每个仓库的工作量为 60,所以甲、乙、丙的效率分别为 6,5,4,故 A, B 两个仓库总的工作时间为 $\frac{120}{6+5+4} = 8$(小时),甲 8 小时完成的工作量为 48,所以丙需要帮助甲做的工作量为 12,因此丙需要帮助甲做 $\frac{12}{4} = 3$(小时);乙 8 小时完成的工作量为 40,所以丙需要帮助乙做的工作量为 20,因此丙需要帮助乙做 $\frac{20}{4} = 5$(小时),故丙帮助乙比帮助甲多用 2 小时. 故选 A.

例 52 完成某项任务,甲单独做需要 4 天,乙单独做需要 6 天,丙单独做需要 8 天,现甲、乙、丙三人依次一日一轮换地工作,则完成这项任务共需的天数为(   ).

A. $6\frac{2}{3}$ B. $5\frac{1}{3}$ C. 6   D. $4\frac{2}{3}$ E. 4

【解析】甲做一天的效率为 $\frac{1}{4}$，即 $\frac{6}{24}$；乙做一天的效率为 $\frac{1}{6}$，即 $\frac{4}{24}$；丙做一天的效率为 $\frac{1}{8}$，即 $\frac{3}{24}$；所以甲、乙、丙各做一天后，完成的工作量为 $\frac{13}{24}$，甲、乙再各做一天，完成的工作量为 $\frac{10}{24}$，剩余的工作量为 $\frac{1}{24}$，所以丙需要再做 $\frac{\frac{1}{24}}{\frac{1}{8}} = \frac{1}{3}$（天），故完成这项任务共需 $3+2+\frac{1}{3}=5\frac{1}{3}$（天）．故选 B.

例 53 一项工程，甲工程队单独做完需要 150 天，乙工程队单独做完需要 180 天，两队合作时，甲队做 5 天，休息 2 天，乙队做 6 天，休息 1 天，则两队合作完成这项工程需要（　　）天.

A. 210 　　　B. 208 　　　C. 156 　　　D. 105 　　　E. 104

【解析】设这项工程的工作量为 1．甲队的工作效率为 $\frac{1}{150}$，乙队的工作效率为 $\frac{1}{180}$，两队合作需要 $1 \div \left(\frac{1}{150} \times 5 + \frac{1}{180} \times 6 \right) = 15$（周），故两队合作完成这项工程需要 $15 \times 7 - 1 = 104$（天）．故选 E.

例 54 甲、乙两项工作，小张单独完成甲工作要 10 天，单独完成乙工作要 15 天；小李单独完成甲工作要 8 天，单独完成乙工作要 20 天，如果每项工作都可以由两人合作，那么这两项工作都完成最少需要（　　）天.

A. 12 　　　B. 13 　　　C. 14 　　　D. 15 　　　E. 16

【解析】先让小李单独做甲工作 8 天，小张单独做乙工作 8 天，剩下的再由两人合作，这样所需时间最少，故需要 $8 + \frac{\frac{7}{15}}{\frac{1}{15} + \frac{1}{20}} = 12$（天）．故选 A.

例 55 某车间每天能生产甲种或者乙种零件（生产时间均为整数天）．甲、乙两种零件分别取 3 个、2 个才能配成一套，要在 30 天内生产最多的成套产品，则需安排生产甲种零件 17 天.

(1) 车间每天能生产甲种零件 120 个.

(2) 车间每天能生产乙种零件 100 个.

【解析】条件(1)和条件(2)单独显然不充分．联合条件(1)和条件(2)．设生产甲、乙两种零件的天数分别为 x,y，则有 $\begin{cases} x+y=30, \\ \dfrac{120x}{100y} = \dfrac{3}{2}, \end{cases}$ 解得 $x = \dfrac{50}{3}, y = \dfrac{40}{3}$.

当 $x=16, y=14$ 时，成套产品数为 640 个；

当 $x=17, y=13$ 时，成套产品数为 650 个.

所以当 $x=17$ 时，能生产最多的成套产品，充分．故选 C.

3. 浓度问题

> **思维点拨**   本部分的命题点有一个变一个不变(蒸发、稀释、加浓)问题、2种溶液混合问题、多次溶液混合问题、等量溶液置换问题等. 针对一个变一个不变问题可以以不变的量列方程、2种溶液混合问题可以列方程也可以利用杠杆定理分析, 其中多次溶液混合问题和等量溶液置换问题的解题方法总结在第五节技巧篇.

例 56   含盐 12.5％ 的盐水 40 千克蒸发掉部分水分后变成了含盐 20％ 的盐水,则蒸发掉的水分质量为(   )千克.

A. 19   B. 18   C. 17   D. 16   E. 15

【解析】 设蒸发掉的水分质量为 x 千克,则 $40×12.5％＝(40-x)×20％$,解得 $x＝15$. 故选 E.

例 57   两个瓶子中分别装有浓度为 20％ 和 50％ 的酒精溶液,将它们倒在一起成浓度为 30％ 的酒精溶液,再倒入 150 克浓度为 20％ 的酒精溶液,则浓度变为 25％ 的酒精溶液,则原有浓度为 50％ 的酒精溶液(   )克.

A. 35   B. 40   C. 45   D. 50   E. 60

【解析】 依题可得,由于 30％ 和 20％ 的平均值恰好为 25％,故浓度为 30％ 的酒精溶液质量也为 150 克. 设浓度为 50％ 的酒精溶液质量为 x 克,列方程可得 $(150-x)·20％＋50％x＝150·30％$,解得 $x＝50$. 故选 D.

例 58   在某实验中,三个试管各盛水若干克. 现将浓度为 12％ 的盐水 10 克倒入 A 试管中,混合后,取 10 克倒入 B 试管中,混合后再取 10 克倒入 C 试管中,结果 A,B,C 三个试管中盐水的浓度分别为 6％,2％,0.5％,那么三个试管中原来盛水最多的试管及其盛水量各是(   ).

A. A 试管,10 克   B. B 试管,20 克

C. C 试管,30 克   D. B 试管,40 克

E. C 试管,50 克

【解析】 设 A 试管中原本有水 x 克,B 试管中原本有水 y 克,C 试管中原本有水 z 克. 依题可得,$\frac{12％·10}{10+x}·100％＝6％,\frac{6％·10}{10+y}·100％＝2％,\frac{2％·10}{10+z}·100％＝0.5％$,解得 $x＝10,y＝20,z＝30$. 故选 C.

4. 分段计费

> **思维点拨**   本部分题目在真题中考查较少, 只需简单了解其计费规则即可.

例 59   为了调节个人收入,减少中低收入者的赋税负担,国家调整了个人工资薪金所得税的征

收方案.已知原方案的起征点为 2 000 元／月,税费分九级征收,前四级税率见下表:

级数	全月应纳税所得额 q(元)	税率(%)
1	$0 < q \leqslant 500$	5
2	$500 < q \leqslant 2\,000$	10
3	$2\,000 < q \leqslant 5\,000$	15
4	$5\,000 < q \leqslant 20\,000$	20

新方案的起征点为 3 500 元／月,税费分七级征收,前三级税率见下表:

级数	全月应纳税所得额 q(元)	税率(%)
1	$0 < q \leqslant 1\,500$	3
2	$1\,500 < q \leqslant 4\,500$	10
3	$4\,500 < q \leqslant 9\,000$	20

若某人在新方案下每月缴纳的个人工资薪金所得税是 345 元,则此人每月缴纳的个人工资薪金所得税比原方案减少了( )元.

A. 825   B. 480   C. 345   D. 280   E. 135

【解析】首先由新方案算出此人的税前工资薪金:$1\,500 \times 3\% = 45$(元),$345 - 45 = 300$(元),$\dfrac{300}{10\%} = 3\,000$(元),所以此人的税前工资薪金为 $3\,500 + 1\,500 + 3\,000 = 8\,000$(元).按照原方案缴税:$8\,000 = 2\,000 + 500 + 1\,500 + 3\,000 + 1\,000$,应缴税 $500 \times 5\% + 1\,500 \times 10\% + 3\,000 \times 15\% + 1\,000 \times 20\% = 825$(元),故减少了 $825 - 345 = 480$(元).故选 B.

例 60 某市出租车的计费方式如下:路程在 2 公里以内(含 2 公里)为 8 元;达到 2 公里后,每增加 1 公里收费 1.9 元;达到 8 公里后,每增加 1 公里收费 2.1 元,增加不足 1 公里时按四舍五入计算.某天小超乘坐出租车付了 44.6 元车费,则小超乘坐该出租车行驶的路程为( )公里.

A. 18   B. 19   C. 20   D. 24   E. 25

【解析】设路程为 x 公里,依据题意得 $8 + (8 - 2) \cdot 1.9 + (x - 8) \cdot 2.1 = 44.6$,解得 $x = 20$.故选 C.

例 61 某市按以下规定收取每月煤气费:煤气用量如果不超过 60 立方米,按每立方米 0.8 元收费;如果超过 60 立方米,超过部分按每立方米 1.2 元收费.已知某用户 4 月份的煤气费平均每立方米 0.88 元,那么 4 月份该用户应交煤气费( ).

A. 60 元   B. 66 元   C. 75 元   D. 78 元   E. 80 元

【解析】设该用户 4 月份煤气用量为 $(60 + x)$ 立方米,则有 $60 \times 0.8 + 1.2x = 0.88(60 + x)$,解得 $x = 15$,即 4 月份的煤气用量为 75 立方米,煤气费为 $0.88 \times 75 = 66$(元).故选 B.

第三节　**综合题型**

一、考点精析

1. 集合问题

基本公式

（1）两个集合.

$$A \cup B = A + B - A \cap B,$$
$$A \cup B = \Omega - \overline{A} \cap \overline{B}.$$

（2）三个集合.

$$A \cup B \cup C = A + B + C - (A \cap B + B \cap C + A \cap C) + A \cap B \cap C,$$
$$A \cup B \cup C = \Omega - \overline{A} \cap \overline{B} \cap \overline{C}.$$

2. 不定方程（不等式）

2.1　题型说明

不定方程是指未知数的个数大于方程的个数.

2.2　方法说明

这类题目无法通过常规的解方程进行求解，大多利用实数的特征、方程和不等式的特征进行讨论求解.

二、经典例题

1. 集合问题

思维点拨　集合问题的难点在于三个集合，考生在学习时一定要理解清楚公式每部分的具体含义，除此以外本部分也会结合至少至多问题进行命题.

例 62　某公司有 46 名财务人员,现在统计他们持有初级会计证和中级会计证的情况,统计发现,持有初级会计证的有 22 人,只有中级会计证的人数与两种证都有的人数之比为 5：3,两种证都没有的人数为 14,则只有初级会计证的有(　　)人.

A. 8　　　　　　B. 10　　　　　　C. 12　　　　　　D. 14　　　　　　E. 16

【解析】　设只有中级会计证的人数为 $5x$,两种证都有的人数为 $3x$.根据题意,有 $5x+22+14=46$,解得 $x=2$,则两种证都有的人数为 6.所以,只有初级会计证的有 $22-6=16$(人).故选 E.

例 63　某单位有 90 人,每人至少参加一门培训,其中 65 人参加外语培训,72 人参加计算机培训,已知参加外语培训而未参加计算机培训的有 8 人,则参加计算机培训而未参加外语培训的人数是(　　).

A. 5　　　　　　B. 8　　　　　　C. 10　　　　　　D. 12　　　　　　E. 15

【解析】　设参加计算机培训而未参加外语培训的有 a 人,两者都参加的有 b 人.依题可得,$\begin{cases} a+b=72, \\ b+8=65, \end{cases}$ 解得 $a=15,b=57$.故选 E.

例 64　某班 28 名同学参加各科目竞赛,有 15 人参加数学竞赛,有 8 人参加英语竞赛,有 14 人参加语文竞赛,没有同时参加三项竞赛的人,则只参加英语竞赛的有 2 人.

(1) 同时参加数学竞赛和英语竞赛的有 3 人.

(2) 同时参加数学竞赛和语文竞赛的有 3 人.

【解析】　设只参加数学竞赛的有 a 人,只参加英语竞赛的有 b 人,只参加语文竞赛的有 c 人,同时参加数学竞赛和英语竞赛的有 d 人,同时参加英语竞赛和语文竞赛的有 e 人,同时参加数学竞赛和语文竞赛的有 f 人.依题得,$\begin{cases} 28=a+b+c+d+e+f, \\ 15+8+14=a+b+c+2(d+e+f) \end{cases} \Rightarrow d+e+f=9.$

由条件(1)得,$d=3$,无法推出只参加英语竞赛的有 2 人,故条件(1)不充分;由条件(2)得,$f=3 \Rightarrow d+e=6 \Rightarrow b=8-(d+e)=2$,充分.故选 B.

2. 不定方程（不等式）

> **思维点拨**　不定方程是近五年真题考试的重点,不定方程大多利用奇偶的组合性质、倍约特征、个位特征、质数特征等方法进行讨论求解;不定不等式需要根据题干信息列出连不等式,进而锁定未知数的区间再讨论求解.

例 65　在年底的献爱心活动中,某单位共有 100 人参加捐款,经统计,捐款总额是 19 000 元,个人捐款数额有 100 元、500 元和 2 000 元三种.则该单位捐款 500 元的人数为(　　).

A. 13　　　　　　B. 18　　　　　　C. 25　　　　　　D. 30　　　　　　E. 38

【解析】 设有 x 人捐款 100 元，y 人捐款 500 元，z 人捐款 2 000 元. 依题可得，

$$\begin{cases} x+y+z=100, \\ 100x+500y+2\,000z=19\,000 \end{cases} \Rightarrow \begin{cases} x+y+z=100, \\ x+5y+20z=190 \end{cases} \Rightarrow 4y+19z=90,$$

由于 $4y$ 和 90 都是偶数，故 z 为偶数，讨论可得 $\begin{cases} y=13, \\ z=2. \end{cases}$ 故选 A.

例 66 买 20 支铅笔、3 块橡皮擦、2 本笔记本需要 32 元，买 39 支铅笔、5 块橡皮擦、3 本笔记本需要 58 元，则买 5 支铅笔、5 块橡皮擦、5 本笔记本需要（　　）元.（商品单价均为整数）

A. 15　　　　　B. 20　　　　　C. 25　　　　　D. 30　　　　　E. 35

【解析】 设铅笔、橡皮擦、笔记本的单价分别为 x 元、y 元、z 元，依题可得，$\begin{cases} 20x+3y+2z=32, \\ 39x+5y+3z=58, \end{cases}$ 消去 z 得 $18x+y=20$，解得 $x=1,y=2$，代入原式得 $z=3$，故买 5 支铅笔、5 块橡皮擦、5 本笔记本需要 $5\times1+5\times2+5\times3=30$（元）. 故选 D.

例 67 某车间有一批工人去搬饮料，已知每人搬 9 箱，最后一名工人需要搬 6 箱才能搬完，则能确定这批工人的总人数.

(1) 每人搬 K 箱，则有 20 箱无人搬运.

(2) 每人搬 4 箱，则需再派 28 人才能恰好搬完.

【解析】 由条件(1)得，设共有 x 人，则 $9(x-1)+6=Kx+20$，解得 $x=23$，故条件(1)充分；由条件(2)得，设共有 x 人，则 $9(x-1)+6=4(x+28)$，解得 $x=23$，故条件(2)充分. 故选 D.

例 68 数学测试卷有 20 道题，做对一道得 7 分，做错一道扣 4 分，不答得 0 分，则小明只有一道没答.

(1) 小明得了 100 分.

(2) 小明答错了 3 道题.

【解析】 设做对的有 x 道，做错的有 y 道，不答的有 z 道. 由条件(1)得，$\begin{cases} x+y+z=20, \\ 7x-4y=100, \end{cases}$ 按奇、偶性讨论得 $x=16,y=3 \Rightarrow z=1$，充分；条件(2) 明显不充分. 故选 A.

例 69 某单位计划采购甲、乙、丙三种商品，采购价分别为 10 元、9 元和 6 元，已知该单位总共花费了 120 元，三种商品采购的数量均不相同，并且甲商品的数量最少，丙商品的数量最多，则该单位共采购商品（　　）件.

A. 16　　　　　B. 15　　　　　C. 14　　　　　D. 13　　　　　E. 12

【解析】 依题可得，甲商品采购的数量可能为 3,6,9，经讨论可得，甲商品购买 3 件，乙商品购买 4 件，丙商品购买 9 件符合题意. 故选 A.

例 70 在某次考试中,甲、乙、丙三个班的平均成绩分别为 80,81 和 81.5,三个班的学生得分之和为 6 952,则三个班共有学生( ).

A. 85 名   B. 86 名   C. 87 名   D. 88 名   E. 90 名

【解析】设甲班有 x 名学生,乙班有 y 名学生,丙班有 z 名学生. 依题得,$80x + 81y + 81.5z = 6\,952$,故 $\dfrac{6\,952}{81.5} < x + y + z < \dfrac{6\,952}{80}$,故 $x + y + z = 86$. 故选 B.

例 71 几个朋友外出游玩,购买了一些瓶装水,则能确定购买的瓶装水数量.

(1) 若每人分 3 瓶,则剩余 30 瓶.

(2) 若每人分 10 瓶,则只有一人不够.

【解析】条件(1) 和条件(2) 明显单独不充分. 联合分析,设共有 x 人,故有 $3x + 30$ 瓶水,再由条件(2) 得,$10(x-1) < 3x + 30 < 10x$,因为 $x \in \mathbf{Z}^+$,所以 $x = 5$. 故选 C.

第四节   其他题型

> **本节说明** 除常规题型以外,真题中也会出现部分非常规题型,比如龟兔赛跑、循环比赛、铺砖问题、年龄问题、还原问题等,这类题型数学思维要求较高,方法多变,但考试频率较低,考生简单了解即可.

例 72 龟兔赛跑全程 5.2 千米,兔子每小时跑 20 千米,乌龟每小时跑 3 千米. 乌龟不停地跑. 兔子边跑边玩,它先跑了 1 分钟后玩了 15 分钟,又跑了 2 分钟后玩了 15 分钟,再跑 3 分钟后玩了 15 分钟,……. 那么先到达终点比后到达终点的快( )分钟.

A. 12   B. 12.5   C. 13   D. 13.4   E. 15

【解析】乌龟跑完全程需要 $\dfrac{5.2}{3} \times 60 = 104$(分钟),兔子跑完全程需要 $\dfrac{5.2}{20} \times 60 + 5 \times 15 = 90.6$(分钟),故先到达终点比后到达终点的快 13.4 分钟. 故选 D.

例 73 小明对爸爸说:当我像你这么大时,你已经 70 岁了;爸爸对小明说,当我像你这么大时,你才 1 岁,则现在爸爸比小明大( )岁.

A. 12   B. 16   C. 17   D. 18   E. 23

【解析】年龄问题遵循同步增长和年龄差不变两大原则,所以爸爸与小明相差的年龄为 $\dfrac{70-1}{3} = 23$. 故选 E.

例 74 在某次乒乓球单打比赛中,先将 8 名选手分为 2 组进行小组单循环比赛,若一名选手只打了1场比赛后因故退赛,则小组赛的实际比赛场数是(   ).

A. 24   B. 19   C. 12   D. 11   E. 10

【解析】8名选手分为2组进行小组单循环比赛,每组4人,每组共打6场,每人打3场,由于一名选手只打了1场比赛后因故退赛,所以小组赛的实际比赛场数是 $6+6-2=10$(场). 故选 E.

例75 一家游泳馆的游泳收费标准为30元/次,若购买会员年卡,可享受如下优惠:

会员年卡类型	办卡费用(元)	每次游泳收费(元)
A 类	50	25
B 类	200	20
C 类	400	15

若一年内在该游泳馆游泳的次数在 $40\sim 50$ 次之间,则最省钱的方式为(   ).

A. 购买 A 类会员年卡   B. 购买 B 类会员年卡

C. 购买 C 类会员年卡   D. 不购买会员年卡

E. 购买 B 类或 C 类会员年卡

【解析】很明显,游泳次数越多,则会员等次就应该越高. 若游泳次数为40次,A 类可省 $40\times(30-25)-50=150$(元),B 类可省 $40\times(30-20)-200=200$(元),C 类可省 $40\times(30-15)-400=200$(元);若游泳次数为40次以上,则 C 类最划算. 故选 C.

第五节   技巧篇(04 技 — 16 技)

04技 直线变速或变效工程秒杀模型

适用题型	直线变速问题、变效工程问题
技巧说明	以 v_1 和 v_2 两个不同速度(效率)行驶同一段路程(做同一件事)s,产生的时间差 Δt 和速度差(效率差)Δv,必满足 $v_1 \cdot v_2 = \dfrac{s}{\Delta t} \cdot \Delta v$
代表例题	例76 至例80

例 76　某人驾车从 A 地赶往 B 地,前一半路程比计划多用时 45 分钟,平均速度只有计划的 80%,若后一半路程的平均速度为 120 千米／时,此人还能按原定时间到达 B 地.则 A,B 两地的距离为(　　).

　　A. 450 千米　　　　B. 480 千米　　　　C. 520 千米　　　　D. 540 千米　　　　E. 600 千米

　　【解析】**法一**:设 A,B 两地距离为 s 千米,计划的平均速度为 v 千米／时,则 $\begin{cases} \dfrac{0.5s}{0.8v}=\dfrac{0.5s}{v}+\dfrac{45}{60}, \\ \dfrac{0.5s}{120}=\dfrac{0.5s}{v}-\dfrac{45}{60}, \end{cases}$ 解

得 $\begin{cases} s=540, \\ v=90. \end{cases}$ 故选 D.

　　法二:设 A,B 两地距离为 s 千米,计划的平均速度为 v 千米／时,则 $\begin{cases} 0.8v \cdot v=\dfrac{\frac{1}{2}s}{\frac{3}{4}} \cdot 0.2v, \\ 120v=\dfrac{\frac{1}{2}s}{\frac{3}{4}} \cdot (120-v), \end{cases}$ 解

得 $\begin{cases} s=540, \\ v=90. \end{cases}$ 故选 D.

例 77　甲和乙同时驾车从 A 地到 B 地,两地之间相差 500 km,甲的车速比乙的车速快 20 km/h,且甲早到 1 小时 15 分钟,则甲的车速是乙的(　　)倍.

　　A. 1.2　　　　B. 1.25　　　　C. 1.3　　　　D. 1.5　　　　E. 1.65

　　【解析】设乙的车速为 v km/h,则甲的车速为 $v+20$ km/h. 列方程可得 $v(v+20)=\dfrac{500}{\frac{5}{4}}\times 20$,

解得 $v=80$. 故选 B.

例 78　一辆车从甲地开往乙地,如果把车速提高 20% 可以比原定时间提前 1 小时到达,如果以原速行驶 120 千米以后,再将车速提高 25%,则可提前 40 分钟到达,那么甲、乙两地相距(　　)千米.

　　A. 210　　　　B. 230　　　　C. 250　　　　D. 260　　　　E. 270

　　【解析】设计划速度为 v 千米／时,路程为 S 千米. 列方程可得, $\begin{cases} v \cdot 1.2v=\dfrac{S}{1} \cdot 0.2v, \\ v \cdot 1.25v=\dfrac{S-120}{\frac{2}{3}} \cdot 0.25v, \end{cases}$ 解

得 $S=270,v=45$. 故选 E.

例 79 某施工队承担了开凿一条长为 2 400 m 隧道的工程,在掘进了 400 m 后,由于改进了施工工艺,每天比原计划多掘进 2 m,最后提前 50 天完成了施工任务. 则原计划施工工期是(   ).

A. 200 天   B. 240 天   C. 250 天   D. 300 天   E. 350 天

【解析】 法一: 设原计划每天掘进 x m. 依题可得,$\dfrac{400}{x} + \dfrac{2\,400 - 400}{x + 2} = \dfrac{2\,400}{x} - 50$,解得 $x = 8$,因此原计划施工工期是 $\dfrac{2\,400}{8} = 300$(天). 故选 D.

法二: 设原计划每天掘进 x m. 依题可得,$x(x + 2) = \dfrac{2\,000}{50} \times 2$,解得 $x = 8$,因此原计划施工工期是 $\dfrac{2\,400}{8} = 300$(天). 故选 D.

例 80 某车间计划 10 天完成一项任务,工作 3 天后因故停工 2 天,但仍要按计划完成任务,则工作效率需要提高(   ).

A. 20%   B. 30%   C. 40%   D. 50%   E. 60%

【解析】 法一: 假设总工作量为 10,则原来的效率为 1,后来的效率为 $\dfrac{10 - 3}{5} = \dfrac{7}{5} = 1.4$,所以工作效率需提高 $\dfrac{1.4 - 1}{1} \times 100\% = 40\%$. 故选 C.

法二: 假设总工作量为 10,工作效率需要提高 x,原来的效率为 1,根据 04 技得,$1 \cdot (1 + x) = \dfrac{7}{2} \cdot x$,解得 $x = 40\%$. 故选 C.

05技 在起点处追及相遇秒杀模型

适用题型	在起点处追及相遇的跑圈问题,求跑的圈数
技巧说明	速度的最简整数比是第一次在起点处追上或相遇各自跑的圈数之比,即 $$\dfrac{v_1}{v_2} = \dfrac{n_1}{n_2}$$
代表例题	例 81

例 81 甲、乙两位长跑爱好者沿花园环路慢跑,若两人同时、同向从同一点 A 出发且甲跑 9 米的时间乙只能跑 7 米,则当甲恰好在 A 点第二次追及乙时,乙共沿花园环路跑了(   )圈.

A. 14   B. 15   C. 16   D. 17   E. 18

【解析】 由时间相同,路程和速度成正比,得 $\dfrac{v_{甲}}{v_{乙}} = \dfrac{9}{7}$,故当甲恰好在 A 点第二次追及乙时,乙共沿花园环路跑了 14 圈. 故选 A.

06技 多次往返相遇（同端点同时出发）模型

适用题型	多次往返相遇（同端点同时出发）问题
技巧说明	（1）两人从同端点同时出发迎面相遇（假设 A,B 两地的距离为 S）： 第一次迎面相遇：两人路程之和为 $2S$； 第二次迎面相遇：两人路程之和为 $4S$； 第 n 次迎面相遇：两人路程之和为 $2nS$. （2）两人从同端点同时出发追及相遇（假设 A,B 两地的距离为 S）： 第一次追及相遇：两人路程之差为 $2S$； 第二次追及相遇：两人路程之差为 $4S$； 第 n 次追及相遇：两人路程之差为 $2nS$
代表例题	例82、例83

例82 小明和小红同时从 A 地出发，在相距120千米的 A,B 两地之间不断往返骑车，已知小明的速度为56千米/时，小红的速度为24千米/时，求

（1）出发后多长时间两人第一次迎面相遇？第一次迎面相遇的地点距离 A 地多少千米？

（2）出发后多长时间两人第三次迎面相遇？第三次迎面相遇的地点距离 B 地多少千米？

【解析】（1）第一次迎面相遇时，两人路程之和为 $2\times120=240$（千米），所以相遇时间为 $\frac{240}{56+24}=3$（小时），小红走的路程为 $24\times3=72$（千米），所以第一次迎面相遇的地点距离 A 地72千米.

（2）第三次迎面相遇时，两人路程之和为 $6\times120=720$（千米），所以相遇时间为 $\frac{720}{56+24}=9$（小时），小红走的路程为 $24\times9=216$（千米），所以第三次迎面相遇的地点距离 B 地 $216-120=96$（千米）.

例83 小明和小红同时从 A 地出发，在相距120千米的 A,B 两地之间不断往返骑车，已知小明的速度为56千米/时，小红的速度为24千米/时，求

（1）出发后多长时间小明第一次追上小红？第一次追上小红的地点距离 A 地多少千米？

（2）出发后多长时间小明第三次追上小红？第三次追上小红的地点距离 B 地多少千米？

【解析】（1）第一次小明追上小红时，两人路程之差为 $2\times120=240$（千米），所以追及时间为 $\frac{240}{56-24}=7.5$（小时），小红走的路程为 $24\times7.5=180$（千米），所以第一次小明追上小红的地点距离 A 地60千米.

（2）第三次小明追上小红时，两人路程之差为 $6\times120=720$（千米），所以追及时间为 $\frac{720}{56-24}=$

22.5(小时),小红走的路程为 $24 \times 22.5 = 540$(千米),所以第三次小明追上小红的地点距离 B 地 60 千米.

07技　多次往返相遇（两端点同时出发）模型

适用题型	多次往返相遇(两端点同时出发)问题
技巧说明	(1) 两人从两端点同时出发迎面相遇(假设 A,B 两地的距离为 S): 第一次迎面相遇:两人路程之和为 S; 第二次迎面相遇:两人路程之和为 $3S$; 第 n 次迎面相遇:两人路程之和为 $(2n-1)S$. (2) 两人从两端点同时出发追及相遇(假设 A,B 两地的距离为 S): 第一次追及相遇:两人路程之差为 S; 第二次追及相遇:两人路程之差为 $3S$; 第 n 次追及相遇:两人路程之差为 $(2n-1)S$
代表例题	例 84 至例 86

例 84　小明和小红分别从 A,B 两地同时出发,在相距 120 千米的 A,B 两地之间不断往返骑车,已知小明的速度为 36 千米/时,小红的速度为 24 千米/时,求

(1) 出发后多长时间两人第一次迎面相遇?第一次迎面相遇的地点距离 A 地多少千米?

(2) 出发后多长时间两人第三次迎面相遇?第三次迎面相遇的地点距离 B 地多少千米?

【解析】(1) 第一次迎面相遇时,两人路程之和为 120 千米,所以相遇时间为 $\dfrac{120}{36+24} = 2$(小时),小红走的路程为 $24 \times 2 = 48$(千米),所以第一次迎面相遇的地点距离 A 地 72 千米.

(2) 第三次迎面相遇时,两人路程之和为 $5 \times 120 = 600$(千米),所以相遇时间为 $\dfrac{600}{36+24} = 10$(小时),小红走的路程为 $24 \times 10 = 240$(千米),所以第三次迎面相遇的地点距离 B 地 0 千米.

例 85　小明和小红分别从 A,B 两地同时出发,在相距 60 千米的 A,B 两地之间不断往返骑车,已知小明的速度为 21 千米/时,小红的速度为 9 千米/时,求

(1) 出发后多长时间小明第一次追上小红?第一次追上小红的地点距离 A 地多少千米?

(2) 出发后多长时间小明第五次追上小红?第五次追上小红的地点距离 B 地多少千米?

【解析】(1) 小明第一次追上小红时,两人路程之差为 60 千米,所以追及时间为 $\dfrac{60}{21-9} = 5$(小时),小红走的路程为 $9 \times 5 = 45$(千米),所以小明第一次追上小红的地点距离 A 地 15 千米.

（2）小明第五次追上小红时，两人路程之差为 $9 \times 60 = 540$（千米），所以追及时间为 $\dfrac{540}{21-9} = 45$（小时），小红走的路程为 $45 \times 9 = 405$（千米），所以小明第五次追上小红的地点距离 B 地 45 千米．

例 86　A,B 两辆汽车分别从甲、乙两地同时出发相向而行，在距离甲地 50 千米处两车第一次迎面相遇，相遇后两车继续以原速行驶，各自到达乙、甲两地后立即沿原路返回，在距离乙地 30 千米处第二次迎面相遇，则甲、乙两地的距离为（　　）千米．

　　A. 100　　　　　　B. 120　　　　　　C. 150　　　　　　D. 180　　　　　　E. 200

【解析】 第一次相遇两人路程之和为 S 千米，第二次相遇两人路程之和为 $3S$ 千米，同理，第一次相遇 A 走了 50 千米，所以第二次相遇时 A 应该走 150 千米，则 $S+30 = 150$，故 $S = 120$（千米）．故选 B．

08技　相遇次数—柳卡图模型

适用题型	多次往返相遇问题中求解相遇次数
技巧说明	相遇次数可以画柳卡图看交点，交点个数即为相遇次数
代表例题	例 87

例 87　小明、小红两人在一条长为 30 米的直路上往返跑步，小明的速度是 1 米／秒，小红的速度是 0.6 米／秒，若他们同时分别从直路的两端同时出发，当他们跑了 10 分钟后，总共相遇了（　　）次．

　　A. 20　　　　　　B. 21　　　　　　C. 22　　　　　　D. 23　　　　　　E. 24

【解析】 **法一**：两人路程之和为 $600 \times (1+0.6) = 960$（米），$960 \div 30 = 32$，第 n 次迎面相遇两人路程之和为 $(2n-1)$ 个全程，所以 $2n-1 = 32$，$n = 16.5$，故迎面相遇 16 次；两人路程之差为 $600(1-0.6) = 240$（米），$240 \div 30 = 8$，第 n 次追及相遇两人路程之差为 $(2n-1)$ 个全程，所以 $2n-1 = 8$，$n = 4.5$，故追及相遇 4 次．所以总共相遇 20 次．故选 A．

法二：画柳卡图．

依题可得，小明跑全程需要 30 秒，小红跑全程需要 50 秒．先分析 150 秒内两人的相遇次数．

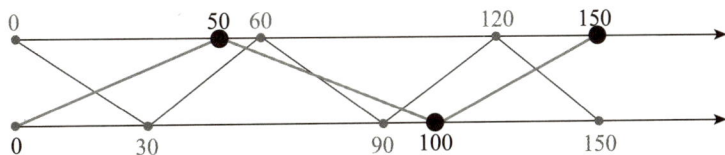

如图所示，150 秒内共有 5 个交点即相遇 5 次，所以 10 分钟等于 600 秒即相遇 20 次．故选 A．

09技 **牛吃草模型**

适用题型	牛吃草问题
技巧说明	(1) 小牛吃草草也生模型：小牛吃的草 ＝ 原来的草 ＋ 新长的草. (2) 小牛吃草草也枯模型：小牛吃的草 ＝ 原来的草 － 枯掉的草
代表例题	例88、例89

例88 有一片草原，草每天都均匀地生长，若在草原上放养 18 头牛，那么 10 天能把草吃完；若在草原上放养 24 头牛，那么 7 天就能把草吃完，则放养(　　)头牛才能恰好 14 天把草吃完.

A. 12　　　　　　B. 13　　　　　　C. 14　　　　　　D. 15　　　　　　E. 16

【解析】 设每头牛每天吃 1 份草，则 $\begin{cases} 18 \times 10 = 原草 + 新草 \times 10, \\ 24 \times 7 = 原草 + 新草 \times 7, \end{cases}$ 解得 $\begin{cases} 新草 = 4, \\ 原草 = 140, \end{cases}$ 设放养 x 头牛才能恰好 14 天把草吃完，所以列方程 $14x = 140 + 14 \times 4$，解得 $x = 14$. 故选 C.

例89 受干旱影响，有一片草原上的草每天开始均匀地枯萎，若在草原上放养 38 只羊，把草吃完需要 25 天；若在草原上放养 30 只羊，把草吃完需要 30 天，则若在草原上放养 20 只羊，这片草原可以吃(　　)天.

A. 25　　　　　　B. 30　　　　　　C. 35　　　　　　D. 40　　　　　　E. 45

【解析】 设每只羊每天吃 1 份草，则 $\begin{cases} 38 \times 25 = 原草 - 枯草 \times 25, \\ 30 \times 30 = 原草 - 枯草 \times 30, \end{cases}$ 解得 $\begin{cases} 枯草 = 10, \\ 原草 = 1\,200, \end{cases}$ 设在草原上放养 20 只羊，这片草原可以吃 x 天，所以列方程 $20x = 1\,200 - 10x$，解得 $x = 40$. 故选 D.

10技 **杠杆原理（十字交叉法）模型**

适用题型	一个整体按某个标准分为两类，求解某类具体数量；两种溶液混合问题. 模板图：(设 $A > P > B$，交叉减，大减小)
技巧说明	交叉减，大减小，得到的比值即为两种物品的数量之比
代表例题	例90、例91

例 90　公司有职工 50 人,理论知识考核平均成绩为 81 分,将公司职工按成绩分为优秀与非优秀两类,优秀职工的平均成绩为 90 分,非优秀职工的平均成绩是 75 分,则非优秀职工的人数为(　　).

A. 30 人　　　　B. 25 人　　　　C. 20 人　　　　D. 15 人　　　　E. 10 人

【解析】**法一**:设优秀职工 m 人,非优秀职工 n 人.依题可得, $\begin{cases} 90m+75n=50\times 81, \\ m+n=50, \end{cases}$ 解得 $\begin{cases} m=20, \\ n=30. \end{cases}$ 故选 A.

法二:杠杆原理.

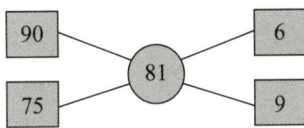

优秀职工与非优秀职工的数量比为 2:3,所以非优秀职工有 30 人.故选 A.

例 91　王女士将一笔资金分别投入股市和基金,但因故需抽回一部分资金,若从股市中抽回 10%,从基金中抽回 5%,则其总投资额减少 8%.若从股市和基金的投资额中各抽回 15% 和 10%,则其总投资额减少 130 万元.其总投资额为(　　)万元.

A. 1 000　　　　B. 1 500　　　　C. 2 000　　　　D. 2 500　　　　E. 3 000

【解析】**法一**:设股市投资 m 万元,基金投资 n 万元,依题可得, $\begin{cases} 0.1m+0.05n=(m+n)\cdot 0.08, \\ 0.15m+0.1n=130, \end{cases}$ 解得 $\begin{cases} m=600, \\ n=400, \end{cases}$ 所以总投资额为 $m+n=1\ 000$(万元).故选 A.

法二:杠杆原理.设从股市和基金的投资额中各抽回 15% 和 10%,则其总投资额减少 $m\%$.

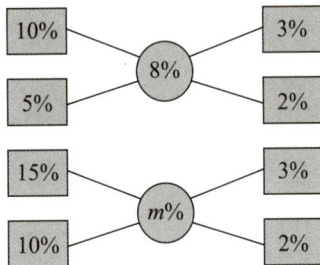

由于投资数量比不变,因此 $m\%=13\%$,因此总投资额为 $\dfrac{130}{13\%}=1\ 000$(万元).故选 A.

11技 多次溶液混合—列表格模型

适用题型	已知混合前各溶液的质量及浓度,多次或反复溶液混合问题
技巧说明	列表格分析
代表例题	例92

例92 甲杯中有浓度为20%的盐水1000克,乙杯中有1000克水.把甲杯中盐水的一半倒入乙杯中,混合后再把乙杯中盐水的一半倒入甲杯中,混合后又把甲杯中的一部分盐水倒入乙杯中,使得甲、乙两杯中的盐水同样多,则最后乙杯盐水的浓度为(   ).

A.6%　　　　B.7%　　　　C.8%　　　　D.9%　　　　E.10%

【解析】 由于溶液均匀混合,故列表分析:

	第一次混合	第二次混合	第三次混合
甲溶液:1 000(200)	500(100)	1 250(150)	1 000(120)
乙溶液:1 000(0)	1 500(100)	750(50)	1 000(80)

由表可知,第三次混合后,乙的浓度为8%.故选 C.

12技 等量溶液置换秒杀模型

适用题型	等量溶液置换问题(用水置换溶液)
技巧说明	v 表示溶液的体积,m,n 表示第一次和第二次置换的量,则 原浓度 $\cdot \dfrac{v-m}{v} \cdot \dfrac{v-n}{v} =$ 现浓度
代表例题	例93

例93 某容器中装满了浓度为90%的酒精,倒出1升后用水将容器充满,搅拌均匀后又倒出1升,再用水将容器注满,已知此时的酒精浓度为40%,则该容器的体积是(   ).

A.2.5升　　　　B.3升　　　　C.3.5升　　　　D.4升　　　　E.4.5升

【解析】 设体积为 v 升,根据公式法可得,$90\% \cdot \dfrac{v-1}{v} \cdot \dfrac{v-1}{v} = 40\%$,解得 $v=3$.故选 B.

13技　欧拉图示秒杀模型

适用题型	两个集合问题、三个集合问题、利用集合求最值问题
技巧说明	在集合问题中,最快的方法是画欧拉图,将每部分标在图中求解
代表例题	例 94 至例 96

例 94 某班一次期末考试,每名学生至少有一个科目考试优秀,其中外语优秀的学生 24 名,数学优秀的学生 25 名,计算机优秀的学生 30 名,在以上三科中恰有两个科目优秀的学生共 21 名,三科都优秀的学生人数为最小的质数,则该班共有学生(　　)名.

A. 79　　　　　B. 60　　　　　C. 54　　　　　D. 56　　　　　E. 58

【解析】 如图所示.

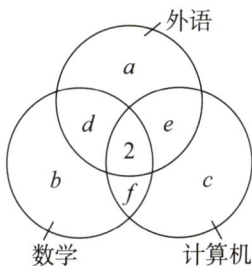

依题可得,$24 + 25 + 30 = a + b + c + 2(d + e + f) + 3 \times 2$. 因为恰有两个科目优秀的学生有 21 名,所以 $d + e + f = 21$,代入解得 $a + b + c = 31$,故该班共有学生 $a + b + c + d + e + f + 2 = 31 + 21 + 2 = 54$(名). 故选 C.

例 95 联欢会上,有 24 人吃冰激凌、30 人吃蛋糕、38 人吃水果,其中既吃冰激凌又吃蛋糕的有 12 人,既吃冰激凌又吃水果的有 16 人,既吃蛋糕又吃水果的 18 人,三样都吃的仅有 6 人,若所有人都吃了东西,则只吃一样东西的人数为(　　).

A. 12　　　　　B. 18　　　　　C. 24　　　　　D. 30　　　　　E. 32

【解析】 如图所示.

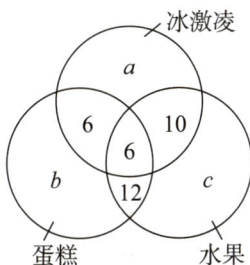

依题可得,$a=24-6-10-6=2,b=30-6-12-6=6,c=38-10-12-6=10$,所以只吃一样东西的人数为 $a+b+c=2+6+10=18$. 故选 B.

例96 某学校举行运动会,对操场上的同学询问得知,参加短跑项目的有 24 人,参加铅球项目的有 27 人,参加跳远项目的有 19 人;同时参加短跑和铅球两项目的有 8 人,同时参加短跑和跳远两项目的有 7 人,同时参加铅球和跳远两项目的有 6 人;三个项目都参加的有 3 人.那么参加运动会的学生共有(　　)人.

A. 50　　　　　B. 51　　　　　C. 52　　　　　D. 53　　　　　E. 54

【解析】 如图所示.

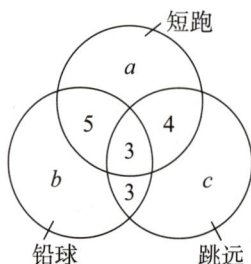

依题可得,$a=24-5-4-3=12,b=27-5-3-3=16,c=19-3-4-3=9$,所以参加运动会的总人数为 $a+b+c+5+3+4+3=52$. 故选 C.

14技 最值问题秒杀模型

适用题型	利用二次函数求最值问题
技巧说明	根据题干写出二次表达式 $f(x)=a(x-x_1)(x-x_2)$,则对称轴可秒写为 $\dfrac{x_1+x_2}{2}$
代表例题	例 97、例 98

例97 商场将每台进价为 2 000 元的冰箱以 2 400 元销售时,每天销售 8 台,调研表明这种冰箱的售价每降低 50 元,每天就能多销售 4 台,若要每天销售利润最大,则该冰箱的定价应为(　　)元.

A. 2 200　　　　B. 2 250　　　　C. 2 300　　　　D. 2 350　　　　E. 2 400

【解析】 设该冰箱定价应为 x 元,利润为 $f(x)$ 元.依题可得,
$$f(x)=(x-2\,000)\left(8+\frac{2\,400-x}{50}\cdot 4\right),$$
故当 $x=2\,250$ 时,利润最大. 故选 B.

例 98 甲商店销售某种商品,该商品的进价为每件 90 元,若每件定价为 100 元,则一天内能售出 500 件,在此基础上,定价每增加 1 元,一天便少售出 10 件,甲商店欲获得最大利润,则该商品的定价应为(　　)元.

A. 115　　　　　B. 120　　　　　C. 125　　　　　D. 130　　　　　E. 135

【解析】 设定价增加了 x 元,利润为 y 元. 则 $y = (10+x)(500-10x)$,故在对称轴处取最大值,即 $x = \dfrac{-10+50}{2} = 20$,所以定价为 $100 + 20 = 120$(元). 故选 B.

15技　至少至多问题六大技巧模型

适用题型	至少至多问题
技巧说明	(1) 构造不等式(方程):题干明确给出不等式或方程的描述语言; (2) 反面求解法(总量一定):求某部分至多(少)可分析反面至少(多); (3) 欧拉图示法(集合):题干结合集合问题求解某部分至少至多; (4) 给与最值法:取极限情况进行分析; (5) 抽屉原理:抽屉原理常用的原则有两个,分别是最不利原则和平均分原则; (6) $L+O+V+E-3n$:若 4 类个体都满足某条件,求解其公共部分的最小值
代表例题	例 99 至例 105

例 99 甲班共有 30 名学生,在一次满分为 100 分的考试中,全班平均成绩为 90 分,则成绩低于 60 分的同学至多有(　　)名.

A. 8　　　　　B. 7　　　　　C. 6　　　　　D. 5　　　　　E. 4

【解析】 从失分角度分析,全班共失分 300,要想使成绩低于 60 分的同学至多,则每个成绩低于 60 分的同学失分最少,最少为 41,故成绩低于 60 分的同学至多有 $\dfrac{300}{41} \approx 7$(名). 故选 B.

例 100 某年级共有 8 个班,在一次年级考试中,共有 21 名学生不及格,每班不及格的学生最多有 3 名,则一班至少有 1 名学生不及格.

(1) 二班不及格人数多于三班.

(2) 四班不及格的学生有 2 名.

【解析】 条件(1) 中,由题干知,8 个班共有 21 名学生不及格,每班不及格的学生最多有 3 名,二班不及格人数多于三班,则二班最多有 3 名学生不及格,三班最多有 2 名,其他班每班最多 3 名,故一班至少有 1 名学生不及格,所以条件(1) 充分. 同理条件(2) 充分. 故选 D.

例 101 小超、小好和小帅三人一起参加一次英语考试,已知考试共有 100 道题,且小超做对了 68 道题,小好做对了 58 道题,小帅做对了 78 道题,则三人都做对的题目至少有( )道.

A. 4　　　　　 B. 5　　　　　 C. 8　　　　　 D. 10　　　　　 E. 16

【解析】 **法一**:$68+58+78-2\times100=4$(道). 故选 A.

法二:从反面分析可得,小超做错 32 道题,小好做错 42 道题,小帅做错 22 道题,三人错的题目至多有 $32+42+22=96$(道),故三人都做对的题目至少有 4 道题. 故选 A.

例 102 某公司有 10 个股东,他们任意 6 个股东所持股份和都不少于总股份 50%,则持股最多股东占总股份最大的百分比是( ).

A. 25%　　　　 B. 45%　　　　 C. 55%　　　　 D. 70%　　　　 E. 75%

【解析】 设小股东占股比例为 x,大股东占股比例为 y,故依题可得 $\begin{cases} 9x+y=100\%, \\ 6x\geqslant50\%, \end{cases}$ 解得 $y\leqslant$ 25%,故持股最多股东占总股份最大的百分比是 25%. 故选 A.

例 103 某店在 10 个城市共有 100 个分店,每个城市的分店数量均不相同,如果分店数量排名第 5 多的城市有 12 个分店,则分店数量排名最后的城市至多有( )个分店.

A. 2　　　　　 B. 3　　　　　 C. 4　　　　　 D. 5　　　　　 E. 6

【解析】 设分店数量排名最后的城市至多有 x 个分店,则依题可得:$16+15+14+13+12+(x+4)+(x+3)+(x+2)+(x+1)+x=100$,解得 $x=4$. 故选 C.

例 104 某单位 2022 年招聘了 65 名毕业生,拟分配到该单位的 7 个不同部门. 假设行政部门分得的毕业生人数比其他部门都多,则行政部门分得毕业生人数至少有( )名.

A. 10　　　　　 B. 11　　　　　 C. 12　　　　　 D. 13　　　　　 E. 14

【解析】 根据平均值原理可得,$65\div7=9\cdots\cdots2$,因为行政部门分得的毕业生人数比其他部门都多,所以行政部门分得毕业生人数至少有 $9+2=11$(名). 故选 B.

例 105 某校为九年级数学竞赛获奖选手购买以下三种奖品,其中小笔记本每本 5 元,大笔记本每本 7 元,钢笔每支 10 元,购买的大笔记本的数量是钢笔数量的 2 倍,共花费 346 元,若使购买的奖品总数最多,则这三种奖品的购买数量共为( ).

A. 62　　　　　 B. 55　　　　　 C. 53　　　　　 D. 49　　　　　 E. 44

【解析】 设购买小笔记本 x 本,大笔记本 y 本,钢笔 z 支,则有 $\begin{cases} y=2z, \\ 5x+7y+10z=346, \end{cases}$ 整理得 $x=\dfrac{346-24z}{5}$,$x+y+z=\dfrac{346-24z}{5}+2z+z=69+\dfrac{1-9z}{5}$,所以 z 越小,购买数量越多. 则 $z=4$,$y=2\times4=8$,$x=\dfrac{346-24\times4}{5}=50$,即 $x+y+z=62$. 故选 A.

16技　线性优化三步走模型

适用题型	线性优化问题:本类题目所解决的问题是在资源一定的情况下,通过合理分配使得成本最低、耗能最少、利润最高
技巧说明	第一步根据题干罗列不等式组,第二步取等求交点,第三步将交点代入目标函数求最值(若交点不是整数需要讨论附近取值)
代表例题	例 106、例 107

例 106　某企业生产甲、乙两种产品,已知生产每吨甲产品要用 A 原料 3 吨,B 原料 2 吨;生产每吨乙产品要用 A 原料 1 吨,B 原料 3 吨.销售每吨甲产品可获得利润 5 万元,每吨乙产品可获得利润 3 万元.该企业在一个生产周期内消耗 A 原料不超过 13 吨,B 原料不超过 18 吨,则该企业可获得最大利润是(　　)万元.

A. 12　　　　B. 18　　　　C. 20　　　　D. 25　　　　E. 27

【解析】 设生产甲产品 x 吨,生产乙产品 y 吨,则有 $\begin{cases} x>0, \\ y>0, \\ 3x+y\leqslant 13, \\ 2x+3y\leqslant 18, \end{cases}$

目标函数为 $z=5x+3y$,如图所示,由 $z=5x+3y$,知 $y=-\dfrac{5}{3}x+\dfrac{z}{3}$,

作出直线 $y=-\dfrac{5}{3}x+\dfrac{z}{3}$,当直线经过可行域上的点 M 时,纵截距达到最

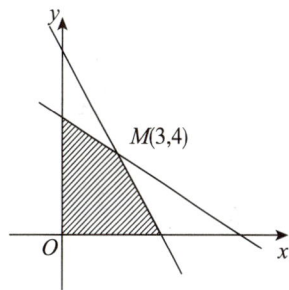

大,即 z 达到最大,由 $\begin{cases} 3x+y=13, \\ 2x+3y=18, \end{cases}$ 解得 $\begin{cases} x=3, \\ y=4, \end{cases}$ 此时,$z_{\max}=5\times3+3\times4=27$,所以,当生产甲产品 3 吨,生产乙产品 4 吨时,企业获得最大利润,最大利润为 27 万元.故选 E.

例 107　有一批水果需要装箱,一名熟练工单独装箱需要 10 天,每天报酬为 200 元,一名普通工单独装箱需要 15 天,每天报酬为 120 元.由于场地限制,最多可同时安排 12 人装箱,若要求一天内完成装箱任务,则支付的最少报酬为(　　)元.

A. 1 800　　　B. 1 840　　　C. 1 920　　　D. 1 960　　　E. 2 000

【解析】 设雇佣 x 名熟练工,y 名普通工,依题得 $\begin{cases} x+y\leqslant 12, \\ 1\left(\dfrac{1}{10}x+\dfrac{1}{15}y\right)\geqslant 1, \end{cases}$ 取等得 $\begin{cases} x+y=12, \\ 3x+2y=30, \end{cases}$ 解

得 $\begin{cases} x=6, \\ y=6, \end{cases}$ 代入目标函数 $z=200x+120y=1\,920$.故选 C.

第六节　**专题测评**

一、问题求解

1. 超哥买了两只色号的口红,分别是阿玛尼 405 和迪奥 999,将其装入两个礼盒,装好后其质量之比为 3∶2,去除礼盒后其质量之比为 9∶5,若两个礼盒的质量均为 120 g,则这两只口红的净重相差(　　).

   A. 100 g　　　　　B. 120 g　　　　　C. 140 g　　　　　D. 160 g　　　　　E. 180 g

2. 某小学男、女生人数之比是 16∶13,后来有几位女生转学到这所学校,男、女生人数之比变成为 6∶5,这时全校学生共有 880 人,则转学来的女生有(　　)人.

   A. 8　　　　　　　B. 10　　　　　　　C. 12　　　　　　　D. 15　　　　　　　E. 20

3. 某地劳动部门租用甲、乙两个教室开展农村实用人才培训,两教室均有 5 排座位,甲教室每排可坐 10 人,乙教室每排可坐 9 人.两教室当月共举办该培训 27 次,每次培训均座无虚席,当月共培训 1 290 人次,则甲教室当月共举办了(　　)次这项培训.

   A. 8　　　　　　　B. 10　　　　　　　C. 12　　　　　　　D. 15　　　　　　　E. 16

4. 甲、乙、丙三个办公室的职工参加植树活动,三个办公室人均植树分别为 4,5,6 棵且三个办公室植树总数相同,则这三个办公室总共至少有(　　)名职工.

   A. 37　　　　　　　B. 41　　　　　　　C. 43　　　　　　　D. 45　　　　　　　E. 51

5. 某水池可以用甲、乙两个水管注水,单开甲管,要 10 小时把空池注满;单开乙管,要 20 小时把空池注满.现在要求用 8 小时把空池注满,并且甲、乙两管合开的时间要尽可能地少,则甲、乙两管合开最少要(　　)小时.

   A. 2　　　　　　　B. 3　　　　　　　C. 4　　　　　　　D. 5　　　　　　　E. 6

6. 某种鸡尾酒的酒精浓度为 20%,由 A 酒、B 酒和浓度为 10% 的 C 酒按照 1∶3∶1 的比例(质量比)调制而成,已知 B 酒的浓度是 A 酒的一半,则 A 酒的浓度是(　　).

   A. 18%　　　　　B. 25%　　　　　C. 30%　　　　　D. 36%　　　　　E. 40%

7. 某单位举办设有 A,B,C 三个项目的趣味运动会,每位员工都可以报名参加这三个项目.经统计,共有 72 名员工报名,其中参加 A,B,C 三个项目的人数分别为 26,32,38,三个项目都参加的有 4 人,则仅参加一个项目的员工人数是(　　).

   A. 48　　　　　　　B. 40　　　　　　　C. 52　　　　　　　D. 44　　　　　　　E. 16

8. A,B 两容器均装有 400 L 的浓度为 50% 的酒精溶液,第一次从 B 中倒出一半给 A,混合后再从 A

中倒出一半给 B,混合后再从 B 中倒出一半给 A,则此时 B 容器中含酒精(　　).

A. 75 L　　　　B. 85 L　　　　C. 95 L　　　　D. 115 L　　　　E. 125 L

9. 经技术升级改造,A,B 两城间列车的运行速度由 150 千米 / 时提升到 250 千米 / 时,且运行时间缩短了 48 分钟,则 A,B 两城间的距离为(　　)千米.

A. 540　　　　B. 450　　　　C. 420　　　　D. 300　　　　E. 270

10. 蓄水池有一进水管甲和两个出水管乙、丙. 如果单开甲,3 小时可以蓄满水池;只开甲、乙,4 小时可以蓄满水池;只开甲、丙,6 小时可以蓄满水池,则甲、乙、丙同时开(　　)小时可以蓄满水池.

A. 10　　　　B. 11　　　　C. 12　　　　D. 13　　　　E. 14

11. 小明每天从家中出发骑车先经过一段平路,再经过一道斜坡后到达学校. 某天早上,小明从家中骑车出发,一到学校门口就发现忘带课本,马上返回,从离家到赶回家中共用了 1 小时. 假设小明当天平路骑行速度为 9 千米 / 时,上坡速度为 6 千米 / 时,下坡速度为 18 千米 / 时,则小明家到学校的距离为(　　)千米.

A. 3.5　　　　B. 4.5　　　　C. 5.5　　　　D. 6.5　　　　E. 7.5

12. 甲、乙、丙、丁四人同时同地出发,绕一椭圆形环湖栈道行走. 甲顺时针行走,其余三人逆时针行走. 已知乙的行走速度为 60 米 / 分钟,丙的速度为 48 米 / 分钟. 甲在出发 6 分钟、7 分钟、8 分钟时分别与乙、丙、丁三人相遇,则丁的行走速度为(　　)米 / 分钟.

A. 31　　　　B. 36　　　　C. 39　　　　D. 42　　　　E. 45

13. 某宾馆客房部有 60 个房间供游客居住,每个房间定价为每天 200 元时,房间可住满,每个房间每天的定价增加 10 元时,就会有一个房间空闲,对有游客入住的房间,宾馆需对每个房间每天支出 20 元的各种费用,则每个房间定价为(　　)元时利润最大.

A. 510　　　　B. 410　　　　C. 310　　　　D. 210　　　　E. 110

14. A,B 两辆汽车分别从甲、乙两地同时出发相向而行,在距离甲地 50 千米处两车第一次迎面相遇,相遇后两车继续以原速行驶,各自到达乙、甲两地后立即沿原路返回,在距离甲地 30 千米处第二次迎面相遇,则甲、乙两地的距离为(　　)千米.

A. 90　　　　B. 120　　　　C. 150　　　　D. 180　　　　E. 200

15. 袋子中有黄、红、黑、白四种颜色的小球各 6 个,现从袋中取出一些球,要求至少有 3 种不同的颜色,则取出球的数量至少有(　　)个.

A. 3　　　　B. 6　　　　C. 7　　　　D. 13　　　　E. 18

二、条件充分性判断

16. 某人投资股市,用 3 万元买进 A,B 各若干股,则在交易中的收益是 1 500 元.
    (1) 某人在 A,B 股上的投资额之比是 3:2.
    (2) 当 A 股升值 15%,B 股下跌 10% 时全部抛出.

17. 一项工程,乙先单独做 4 天,继而甲、丙合作 6 天,剩下的工程甲又单独做 9 天才全部完成.已知乙完成的工程量是甲的 $\frac{1}{3}$,则丙单独做需 18 天.
    (1) 丙完成的工程量是乙的 2 倍.
    (2) 甲完成全部工程需要 30 天.

18. 根据某商场 6 天交易人数显示,每日最少购物人数为 80 人,则这 6 日平均购物人数多于 90 人.
    (1) 在购物人数最多的 4 天,平均每日购物人数为 100 人.
    (2) 在购物人数最少的 3 天,平均每日购物人数为 80 人.

19. 某次射击比赛采用积分制,比赛规定射中一次得 8 分,射空一次扣 5 分,则可以确定甲射空的次数.
    (1) 甲得了 46 分.
    (2) 甲射击 15 次共得了 55 分.

20. 四只小猴吃桃,第一只小猴吃的是另外三只吃的总数的 $\frac{1}{3}$,第二只小猴吃的是另外三只吃的总数的 $\frac{1}{4}$,第三只小猴吃的是另外三只吃的总数的 $\frac{1}{5}$,第四只小猴将剩下的桃全吃了,则能确定四只小猴一共吃桃的数量.
    (1) 已知第四只小猴吃的桃的数量.
    (2) 已知第一只小猴比第二只小猴多吃的桃的数量.

21. 小明从家出发,先骑了 20 分钟的自行车,后又步行了 8 分钟到达公司,则能确定小明家到公司的距离.
    (1) 已知小明骑车的平均速度是步行的 3 倍.
    (2) 已知小明骑车与步行的距离差.

22. 某校有 100 名学生参加数学竞赛,平均分为 63 分,则能确定男生的数量.
    (1) 男生的平均分是 60 分.
    (2) 女生的平均分是 70 分.

23. 某商品单价先上调后,经过一次降价回到原价,则该商品单价上调了 25%.
    (1) 降价 25% 回到原价.
    (2) 降价 20% 回到原价.

24. 在某小学各年级都参加的一次书法比赛中,四年级与五年级共有 20 人获奖,在获奖者中有 a 人不是四年级的,有 b 人不是五年级的,则该校书法比赛获奖的总人数是 24 人.
    (1) $a = 16, b = 12$.
    (2) $a + b = 28$.

25. 现有一批足球分配给若干个班级,若每班分 5 个,那么剩余 2 个足球,若每班分 8 个,那么有一个班不够,则能确定这批足球的数量.
    (1) 已知班级数多于 2 个.
    (2) 已知班级数少于 4 个.

测评解析

1.【答案】D

【解析】设两只口红的净重分别是 $9x, 5x$,则根据题意可得 $\dfrac{9x+120}{5x+120}=\dfrac{3}{2}$,解得 $x=40$,因此这两只口红的净重分别为 360 g 和 200 g,相差 160 g. 故选 D.

2.【答案】B

【解析】最终男生人数为 $880 \times \dfrac{6}{11} = 480$(人),而前后男生人数不变,可得原有学生共 $480 \div \dfrac{16}{29} = 870$(人),即增加了 10 名女生. 故选 B.

3.【答案】D

【解析】根据题干可知,甲教室可坐 50 人,乙教室可坐 45 人,当月共培训 1 290 人次,设甲教室举办了 x 次培训,乙教室举办了 y 次,则可列方程组 $\begin{cases} x+y=27, \\ 50x+45y=1\,290, \end{cases}$ 得 $x=15, y=12$. 或由 $x+y=27$,可推知,x, y 奇偶性不同,则 x 是奇数,选项中只有 D 为奇数. 故选 D.

4.【答案】A

【解析】要想让办公室职工数量最少,则应让办公室所种树的数量最少,三个办公室植树总数相同,则每个办公室植树数量应为 4,5,6 的最小公倍数即 60 棵,故三个办公室的人数分别为 15,12 和 10,计计 37 人. 故选 A.

5.【答案】C

【解析】要使甲、乙两管合开时间最少,就要甲管 8 小时一直开放,剩下的量由乙单独补充完成即可，$\left(1-\dfrac{1}{10}\times 8\right)\div \dfrac{1}{20}=4$. 故选 C.

6.【答案】A

【解析】假设鸡尾酒的溶液质量为 100，则溶质的质量为 20，并且 A 酒、B 酒、C 酒的质量分别为 20，60，20，设 A 酒的浓度为 $2m$，则 B 酒的浓度为 m，由混合前后溶质不变，故 $20\cdot 2m+60m+20\cdot 0.1=20$，解得 $m=18\%$. 故选 A.

7.【答案】C

【解析】设参加两项运动的人数为 x，可以得到：$26+32+38-x-2\times 4=72\Rightarrow x=16$，那么只参加一项的人数为 $72-16-4=52$. 故选 C.

8.【答案】E

【解析】依题可得 A,B 两容器各有酒精 200 L，第一次倒出后，B 容器有 100 L，第二次倒出后，B 容器有 250 L，第三次倒出后，B 容器还剩 125 L. 故选 E.

9.【答案】D

【解析】设技术改造后行车时间为 t 小时，则列方程得 $150\left(t+\dfrac{4}{5}\right)=250t$，$t=\dfrac{6}{5}$，则 A,B 两城间的距离为 $250\times \dfrac{6}{5}=300$（千米）. 故选 D.

10.【答案】C

【解析】由题意可得，甲、乙、丙的效率为 $\dfrac{1}{3},\dfrac{1}{12},\dfrac{1}{6}$，所以同时开的时间为 $\dfrac{1}{\dfrac{1}{3}-\dfrac{1}{12}-\dfrac{1}{6}}=12$（小时）.

故选 C.

11.【答案】B

【解析】设小明家距离学校为 a 千米，其中平路长 x 千米，$\dfrac{x}{9}+\dfrac{a-x}{6}+\dfrac{a-x}{18}+\dfrac{x}{9}=1$，解得 $a=4.5$. 故选 B.

12.【答案】C

【解析】根据题干可知，甲与乙相遇，甲与丙相遇，甲与丁相遇均为两人合走完一个环湖的全程. 根据总路程相等，可得方程

$$(V_\text{甲}+60)\times 6=(V_\text{甲}+48)\times 7,$$

解得 $V_\text{甲}=24$ 米 / 分钟. $(V_\text{甲}+60)\times 6=(V_\text{甲}+V_\text{丁})\times 8$，解得 $V_\text{丁}=39$ 米 / 分钟. 故选 C.

13.【答案】B

【解析】设定价增加 x 个 10 元，则利润为

$$(60-x)(200+10x)-20(60-x)=-10x^2+420x+10\,800,$$

当 $x=21$ 时，利润最大，定价为 $200+210=410$（元）. 故选 B.

14.【答案】A

【解析】本题可以用比例法，因为不管从出发到第一次相遇，还是从出发到第二次相遇，A,B 两辆汽车所用的时间相同，所以两车的路程之比即为速度之比. 设甲、乙两地的距离为 S，A,B 两辆车

的速度分别为 v_A,v_B，则从出发到第一次相遇有 $\dfrac{v_A}{v_B}=\dfrac{50}{S-50}$，从出发到第二次相遇有 $\dfrac{v_A}{v_B}=\dfrac{2S-30}{S+30}$，所以有 $\dfrac{50}{S-50}=\dfrac{2S-30}{S+30}$，解得 $S=90$. 故选 A.

15.【答案】D

【解析】取出 12 个球至少有 2 种不同颜色，再任取 1 个则至少有 3 种不同颜色，所以至少取 $12+1=13$（个）. 故选 D.

16.【答案】C

【解析】单独均不充分，联合可得：A 股投资 1.8 万，收益 2 700 元. B 股投资 1.2 万，亏损 1 200 元. 故在交易中的收益是 1 500 元. 故选 C.

17.【答案】D

【解析】设甲、乙、丙的效率分别为 x,y,z，由条件(1)有 $\begin{cases}15x+4y+6z=1,\\ 4y=5x,\\ 4y=3z,\end{cases}$ 解得 $z=\dfrac{1}{18}$，即丙单独做需 18 天完成全部工程，充分.

条件(2)，$\begin{cases}15x+4y+6z=1,\\ 4y=5x,\\ x=\dfrac{1}{30},\end{cases}$ 解得 $z=\dfrac{1}{18}$，也充分. 故选 D.

18.【答案】A

【解析】由条件(1)可得这 6 日平均购物人数最少为 94 人，故条件(1)充分；由条件(2)可得这 6 日平均购物人数最少为 80 人，故条件(2)不充分. 故选 A.

19.【答案】B

【解析】由条件(1)可得，$8x-5y=46$，y 无法确定，故不充分，由条件(2)列方程组可得共射空 5 次. 故选 B.

20.【答案】D

【解析】根据题干得第一只小猴吃了总数量的 $\dfrac{1}{4}$，第二只小猴吃了总数量的 $\dfrac{1}{5}$，第三只小猴吃了总数量的 $\dfrac{1}{6}$，第四只小猴吃了总数量的 $1-\dfrac{1}{4}-\dfrac{1}{5}-\dfrac{1}{6}=\dfrac{23}{60}$.

条件(1)，总数 $=\dfrac{\text{第四只小猴吃的数量}}{\dfrac{23}{60}}$，充分；

条件(2)，总数 $=\dfrac{\text{第一只小猴吃的数量}-\text{第二只小猴吃的数量}}{\dfrac{1}{4}-\dfrac{1}{5}}$，充分. 故选 D.

21.【答案】C

【解析】题干 $S=20v_1+8v_2$，条件(1)，$v_1=3v_2$，没有具体值，不充分；条件(2)，已知 $20v_1-8v_2$，不充分；联合，可求出 v_1,v_2 的值，充分. 故选 C.

22.【答案】C

【解析】显然单独都不充分,根据杠杆原理联合两条件可得男、女数量之比,故联合可确定男生的数量. 故选 C.

23.【答案】B

【解析】设原价为 100,上涨 25% 后为 125,则降价 20% 后就回到原价 100,条件(2) 充分. 故选 B.

24.【答案】D

【解析】设四、五年级获奖人数分别为 x 人、y 人,其余年级的获奖人数为 z 人.

则 $\begin{cases} x+z=b, \\ x+y=20, \\ y+z=a \end{cases} \Rightarrow x+y+z=\dfrac{20+a+b}{2}$,即 $a+b=28$ 时,有 $x+y+z=24$,所以条件(1) 和条件(2) 都充分. 故选 D.

25.【答案】A

【解析】设班级数量为 x 个,依题可得:$8(x-1)<5x+2<8x$,解得 $\dfrac{2}{3}<x<\dfrac{10}{3}$,因为 $x\in \mathbf{Z}^+$,所以 $x=1,2,3$,由(1) 得 $x=3$;由(2) 得 $x=1,2,3$. 故选 A.

专题三　代数式和函数

专题解读　代数式相关题目较为灵活多变,考生学习时应该熟练掌握表达式化简求值的常用套路及方法,真题考核往往以公式法、特值法和换元法为主,考生需熟练掌握六大核心公式及其变形.函数相关题目以二次函数、指对函数、绝对值函数和max/min函数为主,题目在思维层面要求较高,部分题目运算量较大,其中二次函数是每年的必考点,所以考生在学习本专题时应全面掌握二次函数的命题方向和重难点,加强题目训练,其他函数只需掌握基本性质和方法即可,从近五年的命题趋势来看,本部分题目整体难度较大.

考试范围　1.整式.
(1) 整式及其运算;(2) 整式的因式与因式分解.
2.分式及其运算.
3.集合.
4.函数.
(1) 一元二次函数;(2) 指数函数、对数函数;(3) 其他函数.

考试地位　本部分每年考试大约占 3 道题目,题目难度较大.

考试重点　1.六大核心公式及其变形应用.
2.十字相乘因式分解.
3.整式、分式表达式化简求值.
4.集合相关性质及其运算.
5.一元二次函数的性质及最值问题.

专题导航

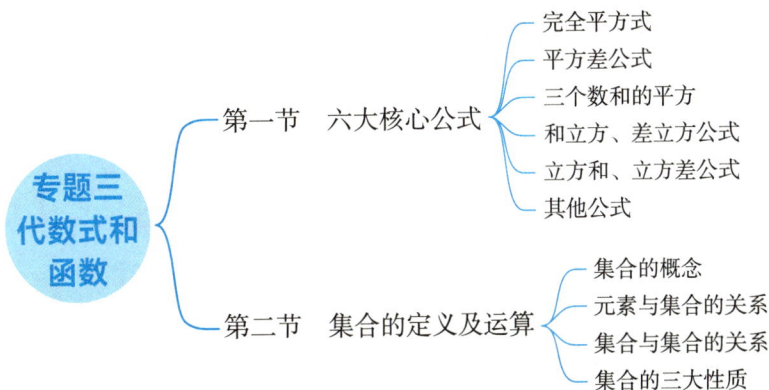

```
                              ┌─ 一元二次函数
                              ├─ 指对函数
                              ├─ 绝对值函数
         第三节    函数 ◄──────┼─ max/min 函数
                              ├─ 奇偶函数
                              ├─ 分段函数
                              └─ 复合函数

                              ┌─ 17技：十字相乘四大模型
                              ├─ 18技：换元法模型
                              ├─ 19技：特殊赋值法模型
  专题三                       ├─ 20技：倒数模型
  代数式和   第四节  技巧篇（17技—25技）◄─┼─ 21技：分式化整模型
  函数                         ├─ 22技：裂项相消法模型
                              ├─ 23技：表达式求系数问题的三大命题模型
                              ├─ 24技：因式定理与余式定理模型
                              └─ 25技：二次函数对称模型

         第五节    专题测评
```

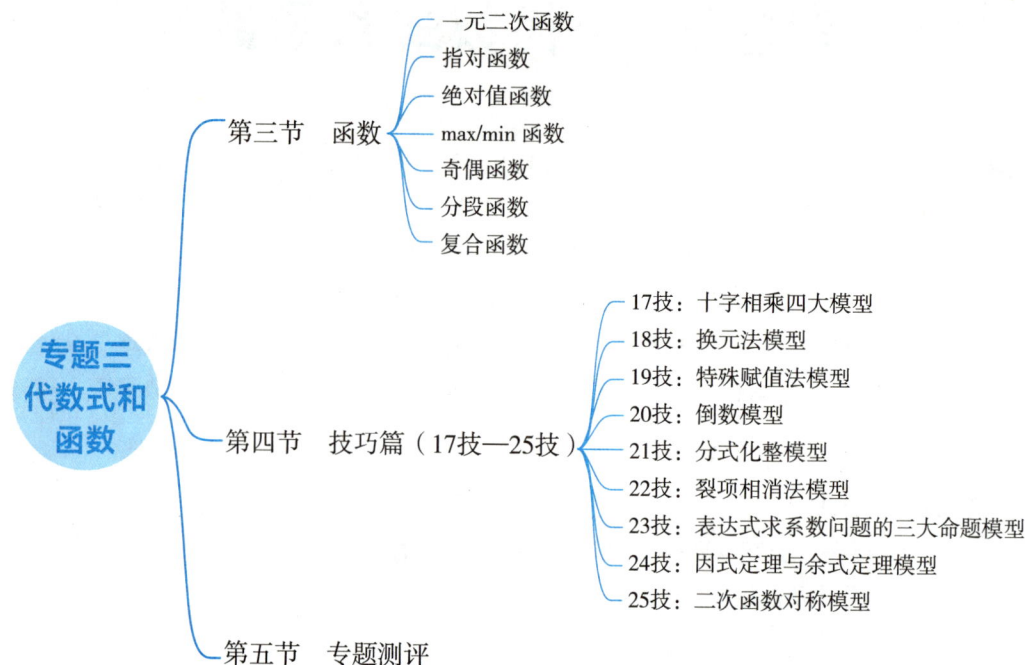

第一节　六大核心公式

> **本节说明**　六大核心公式是考试的必考点，也是因式分解最重要的方法之一，考生在记住公式本身的同时也要熟练掌握相关变形公式及其应用.

一、考点精析

1. 完全平方式

$a^2 \pm 2ab + b^2 = (a \pm b)^2$.

(1) $(a+b)^2 = (a-b)^2 + 4ab$.

(2) $(a-b)^2 = (a+b)^2 - 4ab$.

(3) $a^2 + b^2 = (a+b)^2 - 2ab$.

(4) $a^2 + b^2 = (a-b)^2 + 2ab$.

(5) $a^2 + b^2 = \dfrac{(a+b)^2 + (a-b)^2}{2}$.

(6) $ab = \dfrac{(a+b)^2 - (a-b)^2}{4}$.

(7) $a \pm 2\sqrt{ab} + b = (\sqrt{a} \pm \sqrt{b})^2$.

(8) $2a^2 + 2b^2 + 2c^2 \pm 2ab \pm 2bc \pm 2ac = (a \pm b)^2 + (b \pm c)^2 + (a \pm c)^2$.

2. 平方差公式

$a^2 - b^2 = (a+b)(a-b)$.

(1) $\dfrac{1}{\sqrt{n+1}+\sqrt{n}} = \sqrt{n+1} - \sqrt{n}$.

(2) 题干出现 a^2, b^2,要想到作减法构造平方差公式.

3. 三个数和的平方

$(a+b+c)^2 = a^2 + b^2 + c^2 + 2ab + 2bc + 2ac$.

(1) $ab + bc + ac = \dfrac{(a+b+c)^2 - (a^2+b^2+c^2)}{2}$.

(2) 当 $\dfrac{1}{a} + \dfrac{1}{b} + \dfrac{1}{c} = 0$ 时,$(a+b+c)^2 = a^2 + b^2 + c^2$.

4. 和立方、差立方公式

(1) $(a+b)^3 = a^3 + 3a^2b + 3ab^2 + b^3 = a^3 + b^3 + 3ab(a+b)$.

(2) $(a-b)^3 = a^3 - 3a^2b + 3ab^2 - b^3 = a^3 - b^3 - 3ab(a-b)$.

5. 立方和、立方差公式

(1) $a^3 + b^3 = (a+b)(a^2 - ab + b^2)$.

(2) $a^3 - b^3 = (a-b)(a^2 + ab + b^2)$.

6. 其他公式

(1) $a^3 + b^3 + c^3 - 3abc = (a+b+c)(a^2 + b^2 + c^2 - ab - bc - ac)$.

(2) $x^n - 1 = (x-1)(x^{n-1} + x^{n-2} + \cdots + 1)$.

(3) $(a+b)^n = C_n^0 a^n b^0 + C_n^1 a^{n-1} b^1 + \cdots + C_n^n a^0 b^n$.

二、经典例题

思维点拨　六大核心公式是表达式化简求值和因式分解的重要组成部分,考试的重点是完全平方式、平方差公式以及立方和、立方差公式,真题大多以公式的应用为主,难度较低,部分题目还需结合换元法、整体代入法等进行简化运算.

例 1　若 $(2x - 3y)^2 = 16, (2x + 3y)^2 = 64$,则 xy 的值为(　　).

A. 2　　　　　　B. 3　　　　　　C. 4　　　　　　D. 5　　　　　　E. 6

【解析】$2x \cdot 3y = \dfrac{(2x+3y)^2 - (2x-3y)^2}{4} = \dfrac{64-16}{4} = 12$,所以 $xy = 2$.故选 A.

例 2　若 a, b, c 满足 $a^2 + 2b = 7, b^2 - 2c = -1, c^2 - 6a = -17$,则 $a+b+c$ 的值为(　　).

A. 2　　　　　　B. 3　　　　　　C. 4　　　　　　D. 5　　　　　　E. 6

【解析】依题可得，$a^2+2b+b^2-2c+c^2-6a=7-1-17$，将式子整理可得：

$$a^2-6a+b^2+2b+c^2-2c+11=0,$$

配方得$(a-3)^2+(b+1)^2+(c-1)^2=0$，利用非负性可得$a=3,b=-1,c=1$，所以$a+b+c=3$. 故选 B.

例3 若$a+b=5,ab=3$，则$2a^2+2b^2$ 的值为(   ).

A. 32   B. 34   C. 36   D. 38   E. 42

【解析】因为$a+b=5$，所以$(a+b)^2=a^2+b^2+2ab=25$，又因为$ab=3$，所以$a^2+b^2=19$，故$2a^2+2b^2=38$. 故选 D.

例4 已知$x^2+y^2=25,x+y=7$，则$x-y$ 的值为(   ).

A. -1 B. -2 C. 1   D. 2   E. ±1

【解析】因为$x^2+y^2=25,x+y=7$，所以$xy=12$，故$(x-y)^2=(x+y)^2-4xy=49-48=1$，所以$x-y=\pm1$. 故选 E.

例5 若$x^2-7x+1=0$，则$x^2+\dfrac{1}{x^2}$ 的值为(   ).

A. 7   B. 14   C. 21   D. 28   E. 47

【解析】$x^2-7x+1=0$ 两边同除以 x 得 $x+\dfrac{1}{x}=7$，所以$x^2+\dfrac{1}{x^2}=\left(x+\dfrac{1}{x}\right)^2-2=47$. 故选 E.

例6 已知$x^2+y^2=6$，则$(x-y)^2$ 的最大值为(   ).

A. 1   B. 3   C. 6   D. 12   E. 18

【解析】$(x-y)^2=x^2+y^2-2xy=6-2xy$，因为$(x+y)^2=x^2+y^2+2xy\geqslant0,x^2+y^2=6$，所以$2xy\geqslant-6$，故$(x-y)^2=x^2+y^2-2xy=6-2xy$ 的最大值为12. 故选 D.

例7 已知$a^2=a+1,b^2=b+1$，且$a\neq b$，则a^2+b^2 的值为(   ).

A. 3   B. 4   C. 5   D. 6   E. 7

【解析】$a^2=a+1,b^2=b+1$，两式作差得$a^2-b^2=a-b$，因为$a\neq b$，所以$a+b=1$，故$a^2+b^2=a+b+2=3$. 故选 A.

例8 已知n 为正整数，且$n+20$ 和$n-21$ 都是完全平方数，则n 的值为(   ).

A. 121   B. 196   C. 225   D. 311   E. 421

【解析】设$n+20=a^2,n-21=b^2$，两式相减得$a^2-b^2=41$，所以$(a+b)(a-b)=41$，故$a+$

$b=41,a-b=1$,解得 $a=21,b=20$,所以 $n=421$.故选 E.

超言超语

$a+b$ 和 $a-b$ 不管哪个为1,哪个为41均不影响 n 的值.

例 9 已知 m,n 互为相反数,且满足 $(m+4)^2-(n+4)^2=16$,则 m^2+n^2-16mn 的值为(   ).

A. 12　　　　B. 18　　　　C. 24　　　　D. 28　　　　E. 32

【解析】 依题可得,$m=-n$,代入 $(m+4)^2-(n+4)^2=16$,得 $(4-n)^2-(4+n)^2=16$,利用平方差公式可得 $8\times(-2n)=16$,解得 $n=-1,m=1$,故 $m^2+n^2-16mn=18$.故选 B.

例 10 $\left(1-\dfrac{1}{2^2}\right)\left(1-\dfrac{1}{3^2}\right)\left(1-\dfrac{1}{4^2}\right)\cdots\left(1-\dfrac{1}{9^2}\right)\left(1-\dfrac{1}{10^2}\right)=$(   ).

A. $\dfrac{11}{50}$　　　B. $\dfrac{11}{40}$　　　C. $\dfrac{11}{30}$　　　D. $\dfrac{11}{20}$　　　E. $\dfrac{11}{10}$

【解析】 利用平方差公式化简可得,原式 $=\dfrac{3}{2}\times\dfrac{4}{3}\times\cdots\times\dfrac{11}{10}\times\dfrac{1}{2}\times\dfrac{2}{3}\times\cdots\times\dfrac{9}{10}=\dfrac{11}{20}$.故选 D.

例 11 已知 $x^2+y^2=5,x^2-y^2=3$,则 $(x^2-1)(x^2+1)+y^2-y(y^3+y)$ 的值为(   ).

A. 16　　　　B. 15　　　　C. 14　　　　D. 13　　　　E. 12

【解析】 $(x^2-1)(x^2+1)+y^2-y(y^3+y)=x^4-y^4-1=(x^2+y^2)(x^2-y^2)-1=14$.故选 C.

例 12 已知 $a^2+b^2+c^2=8,ab-bc-ac=4$,则 $a+b-c$ 的值为(   ).

A. -1　　　B. -2　　　C. 1　　　　D. 2　　　　E. ±4

【解析】 $(a+b-c)^2=a^2+b^2+c^2+2ab-2bc-2ac=a^2+b^2+c^2+2(ab-bc-ac)$,所以 $(a+b-c)^2=8+2\times4=16$,故 $a+b-c=\pm4$.故选 E.

例 13 已知 $x+y+z=5,\dfrac{1}{x}+\dfrac{1}{y}+\dfrac{1}{z}=5,xyz=1$,则 $x^2+y^2+z^2$ 的值为(   ).

A. 5　　　　B. 10　　　　C. 15　　　　D. 20　　　　E. 25

【解析】 $\dfrac{1}{x}+\dfrac{1}{y}+\dfrac{1}{z}=5$,则 $\dfrac{yz+xz+xy}{xyz}=5$,因为 $xyz=1$,所以 $yz+xz+xy=5$,则 $x^2+y^2+z^2=(x+y+z)^2-2(xy+yz+xz)=25-10=15$.故选 C.

例 14 若 $a,b,c\in\mathbf{R}$,且 $a+b+c=\sqrt{3}$,则 $a^2+b^2+c^2$ 的最小值为(   ).

A. 1　　　　B. 3　　　　C. 5　　　　D. 7　　　　E. 9

【解析】因为 $a^2+b^2+c^2 \geq ab+bc+ac$，$ab+bc+ac=\dfrac{(a+b+c)^2-(a^2+b^2+c^2)}{2}$，所以

$a^2+b^2+c^2 \geq \dfrac{(a+b+c)^2-(a^2+b^2+c^2)}{2}$，故 $3(a^2+b^2+c^2) \geq (a+b+c)^2$，又因为 $a+b+c=\sqrt{3}$，

所以 $a^2+b^2+c^2 \geq 1$。故选 A.

例 15 已知 $a+b=1$，则 a^3+b^3+3ab 的值为(   ).

A. 1   B. 3   C. 5   D. 7   E. 9

【解析】因为 $a+b=1$，所以 $a^3+b^3=a^2-ab+b^2$，左、右两侧同时加 $3ab$ 得 $a^3+b^3+3ab=$ $a^2-ab+b^2+3ab=(a+b)^2=1$。故选 A.

例 16 已知实数 x 满足 $x^2+\dfrac{1}{x^2}-3x-\dfrac{3}{x}+2=0$，则 $x^3+\dfrac{1}{x^3}=($).

A. 12   B. 15   C. 18   D. 24   E. 27

【解析】令 $x+\dfrac{1}{x}=t$，依题得 $t^2-3t=0$，解得 $t=0$(舍) 或 $t=3$，即 $x+\dfrac{1}{x}=3$，故 $x^3+\dfrac{1}{x^3}=$

$\left(x+\dfrac{1}{x}\right)\left(x^2-1+\dfrac{1}{x^2}\right)=3 \times 6=18$。故选 C.

例 17 设 x 是非零实数，则 $x^3+\dfrac{1}{x^3}=18$.

(1)$x+\dfrac{1}{x}=3$.

(2)$x^2+\dfrac{1}{x^2}=7$.

【解析】由(1)得，$x+\dfrac{1}{x}=3$，$x^2+\dfrac{1}{x^2}=7$，故 $x^3+\dfrac{1}{x^3}=18$，充分；由(2)得 $x^2+\dfrac{1}{x^2}=7$，$x+\dfrac{1}{x}=$ ± 3，故 $x^3+\dfrac{1}{x^3}=\pm 18$，不充分。故选 A.

例 18 已知 $x(1-kx)^3=a_1x+a_2x^2+a_3x^3+a_4x^4$ 对所有实数 x 都成立，则 $a_1+a_2+a_3+a_4=-8$.

(1)$a_2=-9$.

(2)$a_3=27$.

【解析】$f(x)=x(1-kx)^3=x-3kx^2+3k^2x^3-k^3x^4=a_1x+a_2x^2+a_3x^3+a_4x^4$，因此 a_1+ $a_2+a_3+a_4=f(1)=(1-k)^3$。条件(1)，$a_2=-9 \Rightarrow -3k=-9 \Rightarrow k=3 \Rightarrow f(1)=(1-3)^3=-8$，充分；条件(2)，$a_3=27 \Rightarrow 3k^2=27 \Rightarrow k=\pm 3 \Rightarrow f(1)=(1\mp 3)^3=-8$ 或 64，不充分。故选 A.

例 19 a,b,c 为三角形三边，则能确定三角形为等边三角形.

(1)$a^3+b^3+c^3=3abc$.

(2)$a^2+b^2+c^2=ab+bc+ac$.

【解析】由条件(1)得 $a^3+b^3+c^3-3abc=(a+b+c)(a^2+b^2+c^2-ab-bc-ac)=0$,所以 $a^2+b^2+c^2-ab-bc-ac=0$,故 $a=b=c$,所以条件(1)充分;同理条件(2)也充分.故选 D.

第二节　集合的定义及运算

本节说明　本节简单了解集合的性质及相关符号即可,集合及其运算往往会结合方程、不等式等内容进行命题.

一、考点精析

1. 集合的概念

1.1　集合

将能够确切指定的一些对象看成一个整体,这个整体就叫作集合.

1.2　元素

集合中各个对象叫作这个集合的元素.

2. 元素与集合的关系

2.1　属于

如果 a 是集合 A 的元素,就说 a 属于 A,记作 $a\in A$.

2.2　不属于

如果 a 不是集合 A 的元素,就说 a 不属于 A,记作 $a\notin A$.

3. 集合与集合的关系

假设集合 $A=\{a_1,a_2,a_3,\cdots,a_n\}$(集合 A 中共有 n 个元素).

3.1　子集

从集合 A 中一个元素都不取、任取一个元素、任取两个元素、$\cdots$、n 个元素都取而组成的集合,都叫作集合 A 的子集,共有 2^n 个子集,通常用 $\subseteq$ 符号表示,比如 $B\subseteq A$,则称 B 是 A 的子集.

3.2　非空子集

从子集中除去一个元素都不取的集合,即空集,其余的是非空子集,共有 2^n-1 个非空子集.

3.3　真子集

从子集中除去 n 个元素都取的集合,其余的是真子集,共有 2^n-1 个真子集,通常用 $\subsetneqq$ 符号表示,比如 $B\subsetneqq A$,则称 B 是 A 的真子集.

3.4　非空真子集

从真子集中除去空集,其余的是非空真子集,共有 2^n-2 个非空真子集.

4.集合的三大性质

4.1　确定性

集合中的元素必须有明确的界限来区分,每一个元素都唯一确定.

4.2　互异性

集合中不能有相同的元素.

4.3　无序性

集合中的元素没有顺序,可任意排列.

二、经典例题

> **思维点拨**　集合问题在真题中考查频率较低,考试大多以集合的三大性质为命题点,除此以外,考生也需要记住集合的相关符号.

例20 集合 $\left\{1,a,\dfrac{b}{a}\right\}$ 和集合 $\{0,a^2,a+b\}$ 相等,则 $a^{2\,022}+b^{2\,022}$ 的值为(　　).

A. -1　　　　B. 0　　　　C. 1　　　　D. 4　　　　E. 6

【解析】 由集合的三大性质可知,$b=0,a=-1$,故 $a^{2\,022}+b^{2\,022}=1$.故选 C.

例21 设集合 $A=\{1,a,3\},B=\{1,a^2-a+1\}$,且 $B\subsetneqq A$,则 a 的值为(　　).

A. -1　　　B. 0　　　C. ±1　　　D. -1 或2　　　E. ±1 或2

【解析】 因为 B 是 A 的真子集,所以 $a^2-a+1=3$ 或 $a^2-a+1=a$,解得 $a=-1,1,2$,逐一验证,当 $a=-1$ 时,集合 $A=\{1,-1,3\},B=\{1,3\}$,符合题意;当 $a=1$ 时,集合 $A=\{1,1,3\},B=\{1,1\}$,不满足集合的互异性,舍去;当 $a=2$ 时,集合 $A=\{1,2,3\},B=\{1,3\}$,符合题意,故 a 的值为 -1 或2.故选 D.

例22 设集合 $A=\{x\mid ax^2+x+1=0,x\in\mathbf{R}\},B=\{2\}$,若 $A\subseteq B$,则 a 的取值范围为(　　).

A. $a<1$　　　B. $a\geqslant1$　　　C. $a<\dfrac{1}{4}$　　　D. $a>\dfrac{1}{4}$　　　E. $\dfrac{1}{4}<a<1$

【解析】 因为 A 是 B 的子集,所以分类讨论,若集合 $A=\varnothing$,则 $a\neq0,\Delta<0$,解得 $a>\dfrac{1}{4}$;若集合 $A=\{2\}$,则 $a\neq0,\Delta=0,4a+2+1=0$,无解,所以 $a>\dfrac{1}{4}$.故选 D.

第三节　　函数

> **本节说明**　函数是考试的重中之重,函数有三要素:定义域、值域和对应法则.考生在学习本部分的时候一定要多角度理解问题的本质,本部分一般出难题,函数种类也比较多,在我们考试中出现过一元二次函数、指对函数、最值函数、分段函数、绝对值函数、复合函数等,其中一元二次函数是每年的必考点.

一、考点精析

1.一元二次函数

1.1　定义

形如 $y = ax^2 + bx + c(a \neq 0)$.

1.2　核心参数的意义

(1)a 决定开口方向,若 $a > 0$,抛物线开口向上;若 $a < 0$,抛物线开口向下.

(2)a,b 决定对称轴,抛物线的对称轴为 $x = -\dfrac{b}{2a}$.

(3)c 决定在 y 轴上的截距,抛物线与 y 轴的交点坐标为$(0,c)$.

1.3　顶点坐标

顶点坐标为 $\left(-\dfrac{b}{2a}, \dfrac{4ac - b^2}{4a}\right)$.

1.4　最值本质

越接近对称轴越接近最值.

1.5　三种表现形式

(1) 标准式:$y = ax^2 + bx + c$.

(2) 零点式:$y = a(x - x_1)(x - x_2)$.

(3) 顶点式:$y = a\left(x + \dfrac{b}{2a}\right)^2 + \dfrac{4ac - b^2}{4a}$.

1.6　与 x 轴的交点数量

利用 $\Delta = b^2 - 4ac$ 和 0 作比较.

(1)$\Delta = b^2 - 4ac > 0$,抛物线与 x 轴有两个交点.

(2)$\Delta = b^2 - 4ac = 0$,抛物线与 x 轴有一个交点.

(3)$\Delta = b^2 - 4ac < 0$,抛物线与 x 轴没有交点.

1.7　特殊的抛物线:$y = ax^2 + bx + c(a \neq 0)$

(1) 若 $b = 0$,则 $y = ax^2 + c$,抛物线的对称轴为 y 轴.

(2) 若 $c = 0$,则 $y = ax^2 + bx$,抛物线过原点.

(3) 若 $b = c = 0$,则 $y = ax^2$,抛物线的对称轴为 y 轴且过原点.

2. 指对函数

2.1　指数函数的定义

形如 $y = a^x (a > 0, a \neq 1)$.

2.2　指数函数的图像(见图)

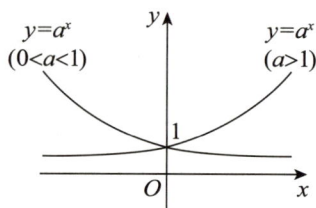

2.3　指数函数的性质

(1) 定义域:**R**.

(2) 值域:$(0, +\infty)$.

(3) 恒过点 $(0,1)$.

(4) 当 $a > 1$ 时,在 **R** 上是增函数;当 $0 < a < 1$ 时,在 **R** 上是减函数.

2.4　指数函数的运算公式

(1) $a^m \cdot a^n = a^{m+n}$.

(2) $a^m \div a^n = a^{m-n}$.

(3) $(a^m)^n = (a^n)^m = a^{mn}$.

(4) $a^m b^m = (ab)^m$.

(5) $a^0 = 1, a^{-n} = \dfrac{1}{a^n}$.

(6) $\sqrt[n]{a^m} = a^{\frac{m}{n}}$.

2.5　指对互换

$a^b = N \Leftrightarrow \log_a N = b (a > 0, a \neq 1, N > 0)$.

2.6　对数函数的定义

形如 $y = \log_a x (a > 0, a \neq 1)$.

2.7　对数函数的图像(见图)

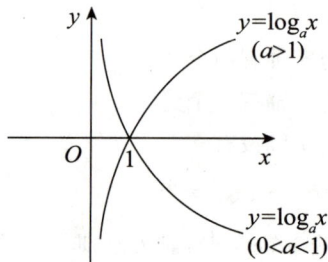

2.8　对数函数的性质

(1) 定义域:$(0,+\infty)$.

(2) 值域:$\mathbf{R}$.

(3) 恒过点$(1,0)$.

(4) 当$a>1$时,在$(0,+\infty)$上是增函数;当$0<a<1$时,在$(0,+\infty)$上是减函数.

2.9　对数函数的运算公式

(1) $\log_a M+\log_a N=\log_a(MN)$.

(2) $\log_a M-\log_a N=\log_a\dfrac{M}{N}$.

(3) $\log_{a^n}b^m=\dfrac{m}{n}\log_a b$.

(4)(换底公式) $\log_a N=\dfrac{\log_b N}{\log_b a}$.

(5) $\log_a b\cdot\log_b a=1$.

(6) $a^{\log_a b}=b$.

3. 绝对值函数 （见表）

函数	大致图像
$f(x)=\lvert x-b\rvert$	
$f(x)=\lvert x-a\rvert+\lvert x-b\rvert$	
$f(x)=\lvert x-a\rvert-\lvert x-b\rvert$	
$f(x)=\lvert x-a\rvert+\lvert x-b\rvert+\lvert x-c\rvert$	

续表

函数	大致图像
$f(x) = \mid ax^2 + bx + c \mid (a > 0)$	
$\mid ax \pm b \mid + \mid cy \pm d \mid = e$	

4. max/min **函数**

方法说明：第一步画图像，第二步找交点，第三步定函数.

5. 奇偶函数

5.1　奇函数的性质

(1) 定义域关于原点对称.

(2) 图像关于原点对称.

(3) $f(-x) = -f(x)$.

5.2　偶函数的性质

(1) 定义域关于原点对称.

(2) 图像关于 y 轴对称.

(3) $f(-x) = f(x)$.

6. 分段函数

方法说明：先根据参数的值锁定函数，再根据函数运算法则求解相关表达式的值.

7. 复合函数

方法说明：先对公共部分进行换元表示，注意换元前后的范围，再利用函数性质求解.

二、经典例题

1. 一元二次函数

> **思维点拨**　一元二次函数是考试的必考点，命题点有抛物线的定义及核心参数、抛物线的最值问题、抛物线与 x 轴的交点问题、抛物线不同形式的相互转化、抛物线的性质、抛物线的图像问题. 其中考生务必熟练掌握一元二次函数一般式和零点式的相互转化、最值本质以及与 x 轴的交点判定方法，本部分也容易出难题，其命题点有对称轴位置的讨论、结合复合函数的最值问题等，所以本部分题目考生一定要加强训练，多思考多总结才是学好数学的法宝.

例 23　已知一元二次函数 $f(x) = ax^2 + bx + c$，则能确定 a, b, c 的值.

(1) 曲线 $y = f(x)$ 经过点 $(0,0)$ 和点 $(1,1)$.

(2) 曲线 $y = f(x)$ 与直线 $y = a + b$ 相切.

【解析】 两条件明显单独均不充分，联合分析可得 $\begin{cases} c = 0, \\ a + b = 1, \\ \dfrac{4ac - b^2}{4a} = a + b, \end{cases} \Rightarrow \begin{cases} a = -1, \\ b = 2, \\ c = 0, \end{cases}$ 故联合充分.

故选 C.

例 24　直线 $y = x + b$ 是抛物线 $y = x^2 + a$ 的切线.

(1) $y = x + b$ 与 $y = x^2 + a$ 有且仅有一个交点.

(2) $x^2 - x \geqslant b - a \, (x \in \mathbf{R})$.

【解析】 条件(1)，直线的斜率已经确定，并且仅有一个交点，所以只能相切，不会出现只有一个交点但不相切的情况，故充分；由条件(2)只能得到 $x^2 + a \geqslant x + b$，说明直线在抛物线的下方，并不一定相切，还可能相离. 故选 A.

例 25　已知 $f(x) = x^2 + ax + b$，则 $0 \leqslant f(1) \leqslant 1$.

(1) $f(x)$ 在区间 $[0,1]$ 中有两个零点.

(2) $f(x)$ 在区间 $[1,2]$ 中有两个零点.

【解析】 设抛物线 $f(x) = x^2 + ax + b$ 与 x 轴的两个交点的横坐标分别为 x_1 和 x_2，则 $f(x) = (x - x_1)(x - x_2)$，那么 $f(1) = (1 - x_1)(1 - x_2)$. 条件(1)，$f(x)$ 在区间 $[0,1]$ 中有两个零点，可得 $0 \leqslant x_1 \leqslant 1, 0 \leqslant x_2 \leqslant 1$，从而 $0 \leqslant 1 - x_1 \leqslant 1, 0 \leqslant 1 - x_2 \leqslant 1$，两式相乘故有 $0 \leqslant f(1) = (1 - x_1)(1 - x_2) \leqslant 1$，充分；条件(2)，$f(x)$ 在区间 $[1,2]$ 中有两个零点，可得 $1 \leqslant x_1 \leqslant 2, 1 \leqslant x_2 \leqslant 2$，从而 $-1 \leqslant 1 - x_1 \leqslant 0, -1 \leqslant 1 - x_2 \leqslant 0$，两式相乘故有 $0 \leqslant f(1) = (1 - x_1)(1 - x_2) \leqslant 1$，充分. 故选 D.

例 26 设函数 $f(x) = (ax-1)(x-4)$，则函数 $f(x)$ 在 $x=4$ 的左侧附近有 $f(x) < 0$.

(1) $a > \dfrac{1}{4}$.

(2) $a < 4$.

【解析】条件(1)，依题可得，函数 $f(x) = (ax-1)(x-4)$ 的两个零点分别为 $x=4$ 和 $x=\dfrac{1}{a}$.

因为 $a > \dfrac{1}{4}$，所以该抛物线的开口向上，且 $\dfrac{1}{a} < 4$，可画出草图(见图).

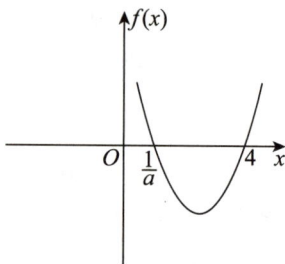

因此在 $x=4$ 左侧附近有 $f(x) < 0$，条件(1) 充分；

条件(2)，不妨令 $a=0$，此时 $f(x) = (ax-1)(x-4) = -x+4$，显然当 $x<4$ 时，$f(x) > 0$ 恒成立，因此条件(2) 不充分. 故选 A.

例 27 已知函数 $y = x^2 - 4x - 4$，当 $0 \leqslant x \leqslant a$ 时，$-8 \leqslant y \leqslant -4$，则 a 的取值范围是(　　).

A. $[0,2]$　　　B. $[0,2)$　　　C. $(2,4]$　　　D. $[2,4]$　　　E. $[0,4]$

【解析】画图可得，当 $0 \leqslant x \leqslant a$ 时，$-8 \leqslant y \leqslant -4$，$a$ 的取值范围是 $[2,4]$. 故选 D.

例 28 若 $y = x(x+1)(x+2)(x+3)$，则 y 的最小值为(　　).

A. 1　　　　　B. 2　　　　　C. 3　　　　　D. -1　　　　　E. -3

【解析】整理表达式得 $y = [x(x+3)][(x+1)(x+2)] = (x^2+3x)(x^2+3x+2)$，令 $x^2 + 3x = t$，$t \geqslant -\dfrac{9}{4}$，则 $y = t(t+2)$，开口向上，对称轴为 $t = -1$，代入得 y 的最小值为 -1. 故选 D.

2. 指对函数

思维点拨　指对函数在考试中考查频率较低，考生只需要记住指对函数的运算公式、图像以及性质即可.

例 29 函数 $y = \left(\lg \dfrac{x}{3}\right) \cdot \left(\lg \dfrac{x}{12}\right)$ 的最小值为(　　).

A. $\lg^2 2$　　　B. $\lg^2 4$　　　C. $-\lg^2 2$　　　D. $-\lg^2 4$　　　E. 无法确定

【解析】$y = \left(\lg \dfrac{x}{3}\right) \cdot \left(\lg \dfrac{x}{12}\right) = (\lg x - \lg 3)(\lg x - \lg 12)$，故当 $x=6$ 时 y 最小，为 $-\lg^2 2$. 故选 C.

例30　$|\log_a x|>1$.

$(1)x\in[2,4],\dfrac{1}{2}<a<1$.

$(2)x\in[4,6],1<a<2$.

【解析】　$|\log_a x|>1\Rightarrow\log_a x>1=\log_a a$ 或 $\log_a x<-1=\log_a\dfrac{1}{a}$.

条件(1)，$\dfrac{1}{2}<a<1$，则 $1<\dfrac{1}{a}<2$，函数单调递减，因为 $x\in[2,4]$，所以 $x>\dfrac{1}{a}$，故 $\log_a x<\log_a\dfrac{1}{a}=-1$，充分；条件(2)，$1<a<2$，函数单调递增，因为 $x\in[4,6]$，所以 $x>a$，故 $\log_a x>\log_a a=1$，充分. 故选 D.

3. 绝对值函数

思维点拨　绝对值函数除常规的去绝对值方法以外，还需掌握常见绝对值函数的图像，很多复杂的题目往往通过画图法可以快速解决.

例31　函数 $f(x)\geqslant|x-1|-|x-3|$ 对所有实数 x 都成立.

$(1)f(x)=2$.

$(2)f(x)\geqslant2$.

【解析】　由绝对值的几何意义可知 $|x-1|-|x-3|$ 的最大值为 2，因为 $f(x)\geqslant|x-1|-|x-3|$ 恒成立，所以 $f(x)\geqslant(|x-1|-|x-3|)_{\max}$，故 $f(x)\geqslant2$，所以两条件均充分. 故选 D.

例32　方程 $|x+1|+|x+3|+|x-5|=9$ 存在唯一解.

$(1)|x-2|\leqslant3$.

$(2)|x-2|\geqslant2$.

【解析】　由条件(1)得，$-3\leqslant x-2\leqslant3$，$-1\leqslant x\leqslant5$，故 $|x+1|+|x+3|+|x-5|=9$ 去绝对值可得 $x+1+x+3+5-x=9$，解得 $x=0$，故方程存在唯一解，充分；同理由条件(2)得 $x\geqslant4$ 或 $x\leqslant0$，去绝对值后解不唯一，不充分. 故选 A.

例33　$|x^2-4x|=\dfrac{\pi}{3}$ 的所有实根之和为(　　).

A. 2　　　　　B. 4　　　　　C. 6　　　　　D. 8　　　　　E. 9

【解析】　画图可得，$f(x)=|x^2-4x|$ 与 $g(x)=\dfrac{\pi}{3}$ 的图像有 4 个交点，中间的两个交点关于 $x=2$ 对称，首尾的两个交点也关于 $x=2$ 对称，所以所有实根之和为 8. 故选 D.

例 34　已知 $x,y\in\mathbf{R}$，$|x|+|y|=6$，则能确定 x^2+y^2 的值.

(1)$y=5x$.

(2)$xy=5$.

【解析】 由条件(1)得，$\begin{cases}|x|+|y|=6,\\y=5x,\end{cases}$ 解得 $\begin{cases}x=1,\\y=5,\end{cases}\begin{cases}x=-1,\\y=-5,\end{cases}$ 故 $x^2+y^2=26$，充分；同理，由条件(2)得，$\begin{cases}|x|+|y|=6,\\xy=5,\end{cases}$ 解得 $\begin{cases}x=1,\\y=5,\end{cases}\begin{cases}x=5,\\y=1,\end{cases}\begin{cases}x=-1,\\y=-5,\end{cases}\begin{cases}x=-5,\\y=-1,\end{cases}$ 故 $x^2+y^2=26$，也充分. 故选 D.

4. max/min 函数

> **思维点拨**　max/min 函数属于近五年考试的创新题型，本部分题目需要结合函数图像进行分析. 关于 max/min 函数的题目大多会依托于一次函数、二次函数、指对函数等常规函数进行命题，除此以外，考生还需要明确 max 和 min 的具体含义，max 是取图像靠上的部分，min 是取图像靠下的部分.

例 35　函数 $f(x)=\max\{|x+1|,|x-2|\}(x\in\mathbf{R})$ 的最小值为（　　）.

A. 1　　　　B. $\dfrac{6}{5}$　　　　C. $\dfrac{3}{2}$　　　　D. 2　　　　E. $\dfrac{5}{2}$

【解析】 分别画出函数图像，由图像可得，当且仅当 $2-x=x+1$ 时，$f(x)=\max\{|x+1|,|x-2|\}(x\in\mathbf{R})$ 取到最小值，为 $\dfrac{3}{2}$. 故选 C.

例 36　函数 $f(x)=\min\{x^2,-x^2+8\}$ 的最大值为（　　）.

A. 8　　　　B. 7　　　　C. 6　　　　D. 5　　　　E. 4

【解析】 画出 $f(x)=\min\{x^2,-x^2+8\}$ 的图形，观察得当 $x^2=-x^2+8$ 时，$f(x)$ 取得最大值，为 4. 故选 E.

5. 奇偶函数

> **思维点拨**　奇偶函数目前在真题中没有出现过，考生只需记住奇偶函数的三大性质即可.

例 37　设函数 $f(x)=ax^2+(b-1)x+3a$ 是定义在 $[a-3,2a]$ 上的偶函数，则 $a+b$ 的值是（　　）.

A. 0　　　　B. -1　　　　C. 1　　　　D. -2　　　　E. 2

【解析】 因为 $f(x)=ax^2+(b-1)x+3a$ 是定义在 $[a-3,2a]$ 上的偶函数，所以函数对称轴为 y 轴，$a-3=-2a$，解得 $a=1,b=1,a+b=2$. 故选 E.

6. 分段函数

思维点拨　分段函数在真题中考查频率较低,其核心在于根据自变量的范围确定函数属于哪一段,再套对应的函数计算函数值.

例 38　已知函数 $f(x) = \begin{cases} \log_2(1-x), & x \leqslant 0, \\ f(x-1)+1, & x > 0, \end{cases}$ 则 $f(2\,022) = ($　　$)$.

A. 2 022　　　　　　B. $-2\,022$　　　　　C. 1　　　　　　D. -1　　　　　E. 0

【解析】依题可得,$f(2\,022) = f(2\,021)+1 = f(2\,020)+2 = \cdots = f(0)+2\,022 = 2\,022$. 故选 A.

7. 复合函数

思维点拨　复合函数容易出难题,命题点有两类,第一类是单调性:同增异减,若内层函数和外层函数单调性相同,则复合函数为增函数,若内层函数和外层函数单调性相反,则复合函数为减函数;第二类是利用换元法求函数的值域,此类题目一定要注意换元前后的取值范围,考试考查的重点是第二类.

例 39　函数 $y = \sqrt{x^2 - 2x}$ 的单调区间为(　　).

A. $[-1,1]$　　　　　　　　　B. $(-\infty,1]$　　　　　　　　　C. $(-\infty,0]$

D. $[2,+\infty)$　　　　　　　　E. $(-\infty,0]$ 或 $[2,+\infty)$

【解析】令 $t = x^2 - 2x(x \leqslant 0$ 或 $x \geqslant 2)$,外层函数 $\sqrt{t}(t \geqslant 0)$ 为单调递增函数;内层函数 $x^2 - 2x$ 的对称轴为 $x = 1$,开口向上,所以内层函数在 $x \leqslant 1$ 时单调递减,在 $x \geqslant 1$ 时单调递增,所以依据复合函数同增异减可知,复合函数的单调递增区间为 $x \leqslant 0, x \geqslant 2$ 和 $x \geqslant 1$ 的交集,即 $x \geqslant 2$;复合函数的单调递减区间为 $x \leqslant 0, x \geqslant 2$ 和 $x \leqslant 1$ 的交集,即 $x \leqslant 0$. 故选 E.

例 40　设函数 $f(x) = x + \dfrac{1}{x}(x > 0)$,$g(x) = x^2 - 2x + 3$,则 $g[f(x)]$ 的最小值为(　　).

A. 0　　　　　B. 1　　　　　C. 2　　　　　D. 3　　　　　E. 4

【解析】令 $f(x) = h$,则 $h \geqslant 2$,故 $g(h) = h^2 - 2h + 3(h \geqslant 2)$,当 $h \geqslant 2$ 时,$g(h)$ 单调递增,因此 $g[f(x)] = g(h)$ 的最小值为 3. 故选 D.

例 41　设函数 $f(x) = x^2 + ax$,则 $f(x)$ 的最小值与 $f[f(x)]$ 的最小值相等.

(1) $a \geqslant 2$.

(2) $a \leqslant 0$.

【解析】$f(x) = x^2 + ax$ 的最小值在 $x = -\dfrac{a}{2}$ 处取到,最小值为 $-\dfrac{a^2}{4}$. $f[f(x)] = (x^2+ax)^2 + a(x^2+ax)$,要使得 $f[f(x)]$ 与 $f(x)$ 的最小值相等,则需 $x^2 + ax$ 的值域取到 $-\dfrac{a}{2}$,即 $x^2 + ax$ 的最小值 $-\dfrac{a^2}{4} \leqslant -\dfrac{a}{2}$,解得 $a \geqslant 2$ 或 $a \leqslant 0$. 故选 D.

第四节   技巧篇（17技－25技）

17技 十字相乘四大模型

适用题型	表达式因式分解:将表达式由加减运算转化为乘法运算,在因式分解的结果中,每个因式都必须是整式,因式分解要分解到不能再分解为止,其本质是相当于作恒等变形
技巧说明	(1)$ax^2 + bx + c$. $$ax^2 + bx + c$$ $$a_1 x \diagdown c_1$$ $$a_2 x \diagdown c_2$$ 满足 $a_1 \cdot a_2 = a, c_1 \cdot c_2 = c, a_1 \cdot c_2 + a_2 \cdot c_1 = b$,则分解正确,即 $$ax^2 + bx + c = (a_1 x + c_1)(a_2 x + c_2).$$ (2)$ax^2 + bxy + cy^2$. $$ax^2 + bxy + cy^2$$ $$a_1 x \diagdown c_1 y$$ $$a_2 x \diagdown c_2 y$$ 满足 $a_1 \cdot a_2 = a, c_1 \cdot c_2 = c, a_1 \cdot c_2 + a_2 \cdot c_1 = b$,则分解正确,即 $$ax^2 + bxy + cy^2 = (a_1 x + c_1 y)(a_2 x + c_2 y).$$ (3)$ax + bxy + cy + d$. $$ax + bxy + cy + d$$ $$a_1 \diagdown c_1 y$$ $$a_2 x \diagdown c_2$$ 满足 $a_1 \cdot a_2 = a, c_1 \cdot c_2 = c, a_1 \cdot c_2 = d, a_2 \cdot c_1 = b$,则分解正确,即 $$ax + bxy + cy + d = (a_1 + c_1 y)(a_2 x + c_2).$$ (4)$ax^2 + bxy + cy^2 + dx + ey + f$. $$ax^2 + bxy + cy^2 + dx + ey + f$$ $$a_1 x \diagdown c_1 y \diagdown f_1$$ $$a_2 x \diagdown c_2 y \diagdown f_2$$ 满足 $a_1 \cdot a_2 = a, c_1 \cdot c_2 = c, f_1 \cdot f_2 = f, a_1 \cdot c_2 + a_2 \cdot c_1 = b, f_1 c_2 + f_2 c_1 = e, f_1 a_2 + f_2 a_1 = d$,则分解正确,即 $$ax^2 + bxy + cy^2 + dx + ey + f = (a_1 x + c_1 y + f_1)(a_2 x + c_2 y + f_2)$$
代表例题	例42

例 42 将以下表达式完成因式分解.

(1)$5x^2 + 3x - 2$.

(2)$x^2 - 6xy + 8y^2$.

(3)$4x + 6xy - 9y - 6$.

(4)$x^2 - 3xy - 10y^2 + x + 9y - 2$.

【解析】(1)$5x^2 + 3x - 2 = (5x - 2)(x + 1)$.

(2)$x^2 - 6xy + 8y^2 = (x - 2y)(x - 4y)$.

(3)$4x + 6xy - 9y - 6 = (2 + 3y)(2x - 3)$.

(4)$x^2 - 3xy - 10y^2 + x + 9y - 2 = (x - 5y + 2)(x + 2y - 1)$.

18技　换元法模型

适用题型	题干多次出现相同或类似的表达式
技巧说明	将相同部分统一用字母代替
代表例题	例43、例44

例 43 已知 $x > 0$，$f(x) = \dfrac{\left(x + \frac{1}{x}\right)^6 - \left(x^6 + \frac{1}{x^6}\right) - 2}{\left(x + \frac{1}{x}\right)^3 + \left(x^3 + \frac{1}{x^3}\right)}$，则 $f(x)$ 的取值范围为（　　）.

A. $[3,6]$　　　B. $[3,6)$　　　C. $[3, +\infty)$　　　D. $[6, +\infty)$　　　E. $(6, +\infty)$

【解析】令 $\left(x + \frac{1}{x}\right)^3 = h$，$x^3 + \frac{1}{x^3} = c$，化简原式可得 $f(x) = 3\left(x + \frac{1}{x}\right) \geqslant 6$. 故选 D.

例 44 已知 $M = (a_1 + a_2 + \cdots + a_{n-1})(a_2 + a_3 + \cdots + a_n)$，$N = (a_1 + a_2 + \cdots + a_n)(a_2 + a_3 + \cdots + a_{n-1})$，则 $M > N$.

(1)$a_1 > 0$.

(2)$a_1 a_n > 0$.

【解析】令 $h = a_2 + a_3 + \cdots + a_{n-1}$，则 $M - N = (a_1 + h)(h + a_n) - (a_1 + h + a_n)h = a_1 a_n$，故若要 $M > N$，则需 $M - N = a_1 a_n > 0$. 显然条件(1)不能推出 $M > N$，不充分；条件(2)可以推出 $M > N$，充分. 故选 B.

19技 特殊赋值法模型

适用题型	题干限制条件较少或出现"任意"字样
技巧说明	取满足题干条件的任意特值,再代入待求表达式求解
代表例题	例45、例46

例45 设 a,b,c 为整数,且 $|a-b|^{20}+|c-a|^{41}=1$,则 $|a-b|+|a-c|+|b-c|=(\quad)$.

A. 0　　　　　B. 1　　　　　C. 2　　　　　D. 3　　　　　E. 4

【解析】取特值 $a=b=0,c=1$,则 $|a-b|+|a-c|+|b-c|=2$. 故选 C.

例46 已知整数 x,y,z 满足 $\sqrt{2x-1}+|y+2|+(y+z)^2=1$,则 $x+y+z=(\quad)$.

A. 1　　　　　B. 2　　　　　C. 3　　　　　D. 4　　　　　E. 7

【解析】取特值 $x=1,y=-2,z=2$,则 $x+y+z=1$. 故选 A.

20技 倒数模型

适用题型	题干出现 $\dfrac{1}{p}+\dfrac{1}{q}$,$\dfrac{p+q}{pq}$,$\dfrac{pq}{p+q}$
技巧说明	$\dfrac{1}{p}+\dfrac{1}{q}=\dfrac{p+q}{pq}$,$\dfrac{pq}{p+q}$ 取倒数可转化为 $\dfrac{p+q}{pq}=\dfrac{1}{p}+\dfrac{1}{q}$
代表例题	例47、例48

例47 已知 p,q 为非零实数,则能确定 $\dfrac{p}{q(p-1)}$ 的值.

(1) $p+q=1$.

(2) $\dfrac{1}{p}+\dfrac{1}{q}=1$.

【解析】条件(1),由 $p+q=1$,则 $q=1-p$,从而 $\dfrac{p}{q(p-1)}=\dfrac{p}{-(p-1)^2}$,不能确定其值,不充分;条件(2),由 $\dfrac{1}{p}+\dfrac{1}{q}=1$,则 $p+q=pq$,从而 $\dfrac{p}{q(p-1)}=\dfrac{p}{pq-q}=\dfrac{p}{(p+q)-q}=1$,可以确定其值,充分. 故选 B.

例48 若 $a,b,c\in\mathbf{R}$,$\dfrac{ab}{a+b}=\dfrac{1}{3}$,$\dfrac{bc}{b+c}=\dfrac{1}{4}$,$\dfrac{ac}{a+c}=\dfrac{1}{5}$,则 $\dfrac{abc}{ab+bc+ac}=(\quad)$.

A. $\dfrac{1}{2}$　　　B. $\dfrac{1}{3}$　　　C. $\dfrac{1}{4}$　　　D. $\dfrac{1}{5}$　　　E. $\dfrac{1}{6}$

【解析】依题意得,$\dfrac{1}{a}+\dfrac{1}{b}=3,\dfrac{1}{b}+\dfrac{1}{c}=4,\dfrac{1}{a}+\dfrac{1}{c}=5$,因此$\dfrac{abc}{ab+bc+ac}=\dfrac{1}{\dfrac{1}{a}+\dfrac{1}{b}+\dfrac{1}{c}}=$

$\dfrac{1}{6}$.故选 E.

21技　分式化整模型

适用题型	$\dfrac{a}{x}+\dfrac{b}{y}=1$ 或 $\dfrac{a}{x}-\dfrac{b}{y}=1$
技巧说明	$\dfrac{a}{x}+\dfrac{b}{y}=1\Rightarrow(x-a)(y-b)=ab;\dfrac{a}{x}-\dfrac{b}{y}=1\Rightarrow(x-a)(y+b)=-ab$
代表例题	例 49

例 49　已知 m,n 是正整数,则能确定 $m+n$ 的值.

(1) $\dfrac{1}{m}+\dfrac{3}{n}=1$.

(2) $\dfrac{1}{m}+\dfrac{2}{n}=1$.

【解析】由 21 技可得,条件(1)通分化整为 $(m-1)(n-3)=3$,由于 m,n 是正整数,故可得 $\begin{cases}m=2,\\n=6\end{cases}$ 或 $\begin{cases}m=4,\\n=4,\end{cases}$ 所以可确定 $m+n=8$,因此条件(1)充分,同理条件(2)也充分.故选 D.

22技　裂项相消法模型

适用题型	长串表达式化简求值
技巧说明	(1) 分式裂项:$\dfrac{1}{n(n+k)}=\dfrac{1}{k}\left(\dfrac{1}{n}-\dfrac{1}{n+k}\right)$. (2) 根式裂项:$\dfrac{1}{\sqrt{n+k}+\sqrt{n}}=\dfrac{1}{k}(\sqrt{n+k}-\sqrt{n})$. (3) 阶乘裂项:$n\cdot n!=(n+1-1)\cdot n!=(n+1)!-n!$; $\dfrac{n}{(n+1)!}=\dfrac{n+1-1}{(n+1)!}=\dfrac{1}{n!}-\dfrac{1}{(n+1)!}$
代表例题	例 50 至例 52

例 50 若数列 $a_n = \dfrac{1}{n+1} + \dfrac{2}{n+1} + \cdots + \dfrac{n}{n+1}$，$b_n = \dfrac{2}{a_n \cdot a_{n+1}}$，则数列 $\{b_n\}$ 的前 100 项的和为（   ）.

A. $\dfrac{800}{99}$ B. $\dfrac{800}{101}$ C. $\dfrac{128}{25}$ D. $\dfrac{125}{99}$ E. 3

【解析】依题可得 $a_n = \dfrac{\frac{n}{2}(n+1)}{n+1} = \dfrac{n}{2}$，故 $b_n = 8 \cdot \dfrac{1}{n(n+1)} = 8\left(\dfrac{1}{n} - \dfrac{1}{n+1}\right)$，因此数列 $\{b_n\}$ 的

前 100 项的和为 $\dfrac{800}{101}$. 故选 B.

例 51 $\left(\dfrac{1}{1+\sqrt{2}} + \dfrac{1}{\sqrt{2}+\sqrt{3}} + \cdots + \dfrac{1}{\sqrt{2\ 019}+\sqrt{2\ 020}} + \dfrac{1}{\sqrt{2\ 020}+\sqrt{2\ 021}}\right)(1+\sqrt{2\ 021})$ 的

值为（   ）.

A. 2 020   B. $-2\ 020$ C. 2 021   D. $-2\ 021$ E. 1

【解析】原式 $= (\sqrt{2\ 021}-1)(\sqrt{2\ 021}+1) = 2\ 020$. 故选 A.

例 52 $10 \cdot 10! + 11 \cdot 11! + 12 \cdot 12! + \cdots + 100 \cdot 100!$ 的值为（   ）.

A. $101! - 1$ B. $101! - 10$ C. $100! - 1$ D. $100! - 10$ E. $101! - 10!$

【解析】
$$10 \cdot 10! + 11 \cdot 11! + 12 \cdot 12! + \cdots + 100 \cdot 100!$$
$$= (11! - 10!) + (12! - 11!) + \cdots + (101! - 100!)$$
$$= 101! - 10!.$$

故选 E.

23 技   表达式求系数问题的三大命题模型

适用题型	表达式求系数问题
技巧说明	(1) 两个不同式子相乘求系数 → 搭配求系数法. (2) 若干相同式子相乘求系数 → 组合选取法. (3) 高次展开式求系数 → 特殊赋值法
代表例题	例 53 至例 55

例 53 $ax^2 + bx + 1$ 与 $3x^2 - 4x + 5$ 的积不含 x 的一次方项和三次方项.

(1) $a : b = 3 : 4$.

$(2) a = \dfrac{3}{5}, b = \dfrac{4}{5}.$

【解析】$(ax^2 + bx + 1)(3x^2 - 4x + 5)$ 得到一次项系数为 $5b - 4 = 0$,三次项系数为 $3b - 4a = 0$,

解得 $a = \dfrac{3}{5}, b = \dfrac{4}{5}$,因此条件(1)不充分,条件(2)充分. 故选 B.

例 54 $(x^2 + 2x - 1)^4$ 的展开式中 x^4 项的系数为(　　).

A. -26　　　　　B. 26　　　　　C. 34　　　　　D. -34　　　　　E. 72

【解析】根据多项式乘法规则,多项式展开时需要每个式子出一项相乘再相加,要想出现 x^4 项,
有三种方法,第一种是选两个式子出 x^2,剩下的两个式子出常数 -1;第二种是选一个式子出 x^2,再
选两个式子出一次项 $2x$,最后一个式子出常数 -1;第三种是四个式子都出一次项 $2x$. 所以 x^4 项为
$C_4^2 \cdot x^2 \cdot x^2 \cdot C_2^2 \cdot (-1) \cdot (-1) + C_4^1 \cdot x^2 \cdot C_3^2 \cdot 2x \cdot 2x \cdot (-1) + C_4^4 \cdot 2x \cdot 2x \cdot 2x \cdot 2x = -26x^4.$
故选 A.

例 55 若 $(2x + \sqrt{3})^4 = a_0 + a_1 x + a_2 x^2 + a_3 x^3 + a_4 x^4$,则 $(a_0 + a_2 + a_4)^2 - (a_1 + a_3)^2$ 的值
为(　　).

A. 0　　　　　B. 1　　　　　C. 2　　　　　D. -1　　　　　E. -2

【解析】分别令 $x = 1, x = -1$,则 $\begin{cases} a_0 + a_1 + a_2 + a_3 + a_4 = (2 + \sqrt{3})^4, \\ a_0 - a_1 + a_2 - a_3 + a_4 = (-2 + \sqrt{3})^4, \end{cases}$ 即

$$\begin{cases} (a_0 + a_2 + a_4) + (a_1 + a_3) = (2 + \sqrt{3})^4, \\ (a_0 + a_2 + a_4) - (a_1 + a_3) = (-2 + \sqrt{3})^4, \end{cases}$$

所以 $(a_0 + a_2 + a_4)^2 - (a_1 + a_3)^2 = (2 + \sqrt{3})^4 \times (-2 + \sqrt{3})^4 = 1.$ 故选 B.

24技　因式定理与余式定理模型

适用题型	表达式整除与非整除问题
技巧说明	(1) 因式定理. 若 $f(x)$ 能被 $ax - b$ 整除或者 $f(x)$ 含有因式 $ax - b$,则必有 $f\left(\dfrac{b}{a}\right) = 0.$ (2) 余式定理. 若多项式 $f(x)$ 除以 $ax - b$ 的余式为 $r(x)$,则必有 $f\left(\dfrac{b}{a}\right) = r\left(\dfrac{b}{a}\right)$
代表例题	例56、例57

例 56 $ax^3 - bx^2 + 23x - 6$ 能被 $(x-2)(x-3)$ 整除.

(1) $a = 3, b = -16$.

(2) $a = 3, b = 16$.

【解析】令 $f(x) = ax^3 - bx^2 + 23x - 6$,根据因式定理,需有 $\begin{cases} f(2) = 8a - 4b + 40 = 0, \\ f(3) = 27a - 9b + 63 = 0, \end{cases}$ 解得 $\begin{cases} a = 3, \\ b = 16. \end{cases}$ 故选 B.

例 57 已知 a,b 均为整数,函数 $f(x) = (ax+b)^3$,若多项式 $f(x)$ 除以 $x-2$ 恰好余 8,除以 $x+3$ 恰好余 -27,则 $a^3 + 3^b$ 的值为( ).

A. 0　　　　　　B. 1　　　　　　C. 2　　　　　　D. 8　　　　　　E. -27

【解析】依题可得 $\begin{cases} f(x) = (x-2) \cdot g(x) + 8, \\ f(x) = (x+3) \cdot h(x) - 27, \end{cases}$ 根据余式定理可得 $\begin{cases} f(2) = 8, \\ f(-3) = -27, \end{cases}$ 代入函数表达式可得 $\begin{cases} (2a+b)^3 = 8, \\ (-3a+b)^3 = -27, \end{cases}$ 解得 $\begin{cases} a = 1, \\ b = 0, \end{cases}$ 所以 $a^3 + 3^b = 1^3 + 3^0 = 2$. 故选 C.

25技 二次函数对称模型

适用题型	在抛物线中出现 $f(m) = f(n)$
技巧说明	设 $f(x) = ax^2 + bx + c(a \neq 0)$,若 $f(m) = f(n)$ 且 $m \neq n$,则 $-\dfrac{b}{2a} = \dfrac{m+n}{2}$
代表例题	例 58

例 58 设二次函数 $f(x) = x^2 + bx + c$,若 $f(x_1) = f(x_2)(x_1 \neq x_2)$,则能唯一确定 $f(x_1 + x_2)$ 的值.

(1) 已知 b 的值.

(2) 已知 c 的值.

【解析】因为 $f(x_1) = f(x_2)(x_1 \neq x_2)$,所以 $-\dfrac{b}{2} = \dfrac{x_1 + x_2}{2}$,则 $x_1 + x_2 = -b$,故 $f(x_1 + x_2) = f(-b) = c$. 故选 B.

第五节　专题测评

一、问题求解

1. 已知 $2^{48}-1$ 能被 60 与 70 之间的两个整数整除,则这两个数的差为(　　).

　A. 2　　　　　B. 3　　　　　C. 4　　　　　D. 9　　　　　E. 12

2. 已知 $a-b=5,c+d=2$,则 $(b+c)-(a-d)$ 的值为(　　).

　A. -3　　　　B. 3　　　　　C. 1　　　　　D. -1　　　　E. 0

3. 设实数 a,b 满足 $\dfrac{a+b}{a-b}=\dfrac{4}{3}$,则 $\dfrac{a^2+b^2}{ab}=($　　).

　A. 6　　　　　B. 7　　　　　C. $\dfrac{50}{7}$　　　　D. $\dfrac{51}{8}$　　　　E. $\dfrac{62}{9}$

4. 已知 $x+\dfrac{1}{x}=9(0<x<1)$,则 $\sqrt{x}-\dfrac{1}{\sqrt{x}}$ 的值为(　　).

　A. $-\sqrt{7}$　　　　B. $-\sqrt{5}$　　　　C. $\sqrt{7}$　　　　D. $\sqrt{5}$　　　　E. $\pm\sqrt{7}$

5. 函数 $f(x)=\min\{x^2+2x-8,\mathrm{e}^x\}$ 的最小值为(　　).

　A. -5　　　　B. -6　　　　C. -7　　　　D. -8　　　　E. -9

6. $(x^2+x+2)^3$ 的展开式中的 x^4 的系数为(　　).

　A. 3　　　　　B. 4　　　　　C. 5　　　　　D. 6　　　　　E. 9

7. 若函数 $f(x)$ 满足 $f(xy)=f(x)+f(y)$,且 $f(2)=3,f(3)=2$,则 $f(36)$ 的值为(　　).

　A. 10　　　　B. 13　　　　C. 25　　　　D. 37　　　　E. 42

8. 已知 $\sqrt{x}+\dfrac{1}{\sqrt{x}}=\sqrt{5}$,则 $\dfrac{x^2+x^{-2}-6}{x+x^{-1}-5}$ 的值为(　　).

　A. $-\dfrac{1}{2}$　　　　B. $\dfrac{1}{2}$　　　　C. 2　　　　　D. -2　　　　E. 以上均不正确

9. 设 $f(x)=\begin{cases}x-2, & x\geqslant 10,\\ f[f(x+6)], & x<10,\end{cases}$ 则 $f(5)$ 的值为(　　).

　A. 9　　　　　B. 10　　　　C. 11　　　　D. 12　　　　E. 13

10. 若 $|x-1|+(xy-2)^2=0$,则 $\dfrac{1}{(x+1)(y+1)}+\dfrac{1}{(x+2)(y+2)}+\cdots+\dfrac{1}{(x+100)(y+100)}$ 的值为（   ）.

A. $\dfrac{13}{50}$ B. $\dfrac{13}{51}$ C. $\dfrac{25}{51}$ D. $\dfrac{13}{52}$ E. $\dfrac{17}{52}$

11. 若 $a=2$,则 $\dfrac{1}{1-a}+\dfrac{1}{1+a}+\dfrac{2}{1+a^2}+\dfrac{4}{1+a^4}$ 的值为（   ）.

A. $-\dfrac{16}{255}$ B. $-\dfrac{2}{255}$ C. $-\dfrac{6}{255}$ D. $-\dfrac{4}{255}$ E. $-\dfrac{8}{255}$

12. 已知 $\dfrac{1}{a}-\dfrac{1}{b}=2$,则代数式 $\dfrac{-3a+4ab+3b}{2a-3ab-2b}$ 的值为（   ）.

A. $-\dfrac{10}{7}$ B. $\dfrac{10}{7}$ C. $\dfrac{10}{9}$ D. $-\dfrac{10}{9}$ E. 10

13. 当 $0<x<4$ 时,函数 $y=x(8-2x)$ 的最大值为（   ）.

A. 8   B. 6   C. 4   D. 2   E. 1

14. 若代数式 $|a+b|=4$,$|a^3+b^3|=28$,则 a^2+b^2 的值为（   ）.

A. 6   B. 8   C. 10   D. 12   E. 17

15. 当 $1\leqslant x\leqslant 6$ 时,$|x-1|+|x-3|+|x-5|$ 的最大值与最小值之差为（   ）.

A. 1   B. 2   C. 3   D. 4   E. 5

二、条件充分性判断

16. a,b 为正整数,则能唯一确定 $a+b$ 的值.

(1) $\dfrac{a}{11}+\dfrac{b}{3}=\dfrac{31}{33}$.

(2) $\dfrac{a}{18}+\dfrac{b}{27}=\dfrac{1}{3}$.

17. 已知 $a+b+c=2$ 且 $abc\neq 0$,则 $a^2+b^2+c^2=4$.

(1) $2b=a+c$.

(2) $\dfrac{bc}{a}+b+c=0$.

18. 已知 x,y 为实数,则 $x^2+y^2\leqslant 4$.

(1) $|x|+|y|\leqslant 4$.

(2) $|x| + |y| \leqslant 2$.

19. $f\left(-\dfrac{1}{4}\right) > f\left(\dfrac{11}{4}\right)$.

  (1) $f(x) = \dfrac{1}{2}x^2 - 3x + c$.

  (2) 一元二次函数 $f(x) = ax^2 + bx + c$ 对任意实数 x 都有 $f(x+3) = f(x-3)$.

20. 已知 a,b,c,d 是互不相等的非零实数,则 $ab(c^2 + d^2) + cd(a^2 + b^2) = 0$.

  (1) $\dfrac{a}{b} = \dfrac{c}{d}$.

  (2) $ac + bd = 0$.

21. 若集合 $A = \{x \mid x^2 + x - 2 < 0\}$,$B = \{x \mid x^2 < a\}$,则 $A \supset B$.

  (1) $a = 4$.

  (2) $a < 4$.

22. 已知函数 $f(x) = -x^2 + 4x + a$,则 $f(x)$ 在所给区间内的最大值是 1.

  (1) 当 $x \in (1,3]$ 时,$f(x)$ 有最小值 -2.

  (2) 当 $x \in [0,1]$ 时,$f(x)$ 有最小值 -2.

23. 设二次函数 $f(x) = ax^2 + bx + c$,则能确定 $\dfrac{f(-1)}{f(1)}$ 的值.

  (1) 对任意的 x,有 $f(x+1) = f(1-x)$.

  (2) 函数 $f(x)$ 过 $(2,0)$ 点.

24. 若 $m \in \mathbf{R}$,则 $\dfrac{m}{6}$ 为整数.

  (1) n 为整数,且 $m = n^3 - n$.

  (2) m 为正整数 a,b 之和,且 $\dfrac{1}{a} + \dfrac{2}{b} = 1$.

25. 二次函数 $y = (2-a)x^2 - x + \dfrac{1}{4}$ 的图像与 x 轴有交点.

  (1) $a < 2$.

  (2) $a > 1$.

测评解析

1.【答案】A

　　【解析】$2^{48}-1=(2^{24}+1)(2^{24}-1)=(2^{24}+1)(2^{12}+1)(2^{12}-1)=(2^{24}+1)(2^{12}+1)(2^{6}+1)$ $(2^{6}-1)$,故这两个数分别为 65 和 63,其差为 2.故选 A.

2.【答案】A

　　【解析】$(b+c)-(a-d)=-(a-b)+(c+d)=-5+2=-3$.故选 A.

3.【答案】C

　　【解析】本题可用特值法,令 $a=7,b=1$,则 $\dfrac{a^2+b^2}{ab}=\dfrac{50}{7}$.故选 C.

4.【答案】A

　　【解析】$\left(\sqrt{x}-\dfrac{1}{\sqrt{x}}\right)^2=x+\dfrac{1}{x}-2=7$,又因为 $0<x<1$,则 $\sqrt{x}-\dfrac{1}{\sqrt{x}}<0$,因此 $\sqrt{x}-\dfrac{1}{\sqrt{x}}=-\sqrt{7}$.

　　故选 A.

5.【答案】E

　　【解析】画图可得最小值点为图像最低点,当 $x=-1$ 时取到最小值,最小值为 -9.故选 E.

6.【答案】E

　　【解析】由组合选取法可得,要想出现 x^4 有两种方式,第一种是从三个式子中选一个式子出 x^2,再从余下的两个式子中出两个 x;第二种是从三个式子中选两个式子出 x^2,再从余下的一个式子中出一个 2.故 x^4 项为 $C_3^1\cdot x^2\cdot C_2^2\cdot x\cdot x+C_3^2\cdot x^2\cdot x^2\cdot C_1^1\cdot 2=9x^4$.故选 E.

7.【答案】A

　　【解析】依题意得 $f(36)=f(6)+f(6)=2[f(2)+f(3)]=10$.故选 A.

8.【答案】A

　　【解析】$\sqrt{x}+\dfrac{1}{\sqrt{x}}=\sqrt{5}\Rightarrow x+\dfrac{1}{x}=3\Rightarrow x^2+\dfrac{1}{x^2}=7$,则 $\dfrac{x^2+x^{-2}-6}{x+x^{-1}-5}=-\dfrac{1}{2}$.故选 A.

9.【答案】C

　　【解析】由题意知,$f(5)=f[f(11)]=f(9)=f[f(15)]=f(13)=11$.故选 C.

10.【答案】C

　　【解析】由题干可知 $x=1,y=2$,则 $\dfrac{1}{(x+1)(y+1)}+\dfrac{1}{(x+2)(y+2)}+\cdots+\dfrac{1}{(x+100)(y+100)}=$ $\dfrac{1}{2\times 3}+\dfrac{1}{3\times 4}+\cdots+\dfrac{1}{101\times 102}=\dfrac{1}{2}-\dfrac{1}{3}+\dfrac{1}{3}-\dfrac{1}{4}+\cdots+\dfrac{1}{101}-\dfrac{1}{102}=\dfrac{25}{51}$.故选 C.

11.【答案】E

　　【解析】$\dfrac{1}{1-a}+\dfrac{1}{1+a}+\dfrac{2}{1+a^2}+\dfrac{4}{1+a^4}=\dfrac{2}{1-a^2}+\dfrac{2}{1+a^2}+\dfrac{4}{1+a^4}=\dfrac{4}{1-a^4}+\dfrac{4}{1+a^4}=\dfrac{8}{1-a^8}$,

　　把 $a=2$ 代入,得原式 $=-\dfrac{8}{255}$.故选 E.

12.【答案】A

【解析】分子分母同时除以 ab，有 $\dfrac{-3a+4ab+3b}{2a-3ab-2b}=\dfrac{-\dfrac{3}{b}+4+\dfrac{3}{a}}{\dfrac{2}{b}-3-\dfrac{2}{a}}=\dfrac{3\left(\dfrac{1}{a}-\dfrac{1}{b}\right)+4}{2\left(\dfrac{1}{b}-\dfrac{1}{a}\right)-3}=$

$\dfrac{3\times2+4}{2\times(-2)-3}=-\dfrac{10}{7}$. 故选 A.

13.【答案】A

【解析】$y=x(8-2x)=-2x^2+8x=-2(x-2)^2+8$，所以当 $x=2$ 时，该函数取最大值 8. 故选 A.

14.【答案】C

【解析】本题可取特值 $a=3,b=1$，故 $a^2+b^2=10$. 故选 C.

15.【答案】E

【解析】设　　　　　　　　　$y=|x-1|+|x-3|+|x-5|$.

当 $5\leqslant x\leqslant 6$ 时，上式可化为 $y=(x-1)+(x-3)+(x-5)=3x-9$，它在 $[5,6]$ 上是单调递增函数，故 $y\in[6,9]$；

当 $3\leqslant x<5$ 时，上式可化为 $y=(x-1)+(x-3)-(x-5)=x+1$，它在 $[3,5)$ 上是单调递增函数，故 $y\in[4,6)$；

当 $1\leqslant x<3$ 时，上式可化为 $y=(x-1)-(x-3)-(x-5)=-x+7$，它在 $[1,3)$ 上是单调递减函数，故 $y\in(4,6]$.

综上，函数 $|x-1|+|x-3|+|x-5|$ 的最大值为 9，最小值为 4，其差值为 5. 故选 E.

16.【答案】A

【解析】条件(1)，$\dfrac{a}{11}+\dfrac{b}{3}=\dfrac{31}{33}\Rightarrow 3a+11b=31$，又 a,b 都是正整数，则有 $\begin{cases}a=3,\\b=2,\end{cases}$ 即 $a+b=5$，充分；条件(2)，$\dfrac{a}{18}+\dfrac{b}{27}=\dfrac{1}{3}$，则 $3a+2b=18$，$\begin{cases}a=2,\\b=6\end{cases}$ 或 $\begin{cases}a=4,\\b=3,\end{cases}$ $a+b=7$ 或 8，不充分. 故选 A.

17.【答案】B

【解析】条件(1) 可举反例，$a=b=c=\dfrac{2}{3}$，故条件(1) 不充分；由条件(2)，得 $bc+ab+ac=0$，故 $a^2+b^2+c^2=(a+b+c)^2=4$，故条件(2) 充分. 故选 B.

18.【答案】B

【解析】题干所表示的区域是以 $(0,0)$ 为圆心，以 2 为半径的圆内区域. 条件(1) 的范围超出题干范围，条件(2) 的范围在题干范围之内. 故选 B.

19.【答案】A

【解析】条件(1)，$f(x)$ 的对称轴为 3，开口向上，则必然有 $f\left(-\dfrac{1}{4}\right)>f\left(\dfrac{11}{4}\right)$，而条件(2) 无法确定开口方向. 故选 A.

20.【答案】B

　　【解析】$ab(c^2+d^2)+cd(a^2+b^2)=abc^2+abd^2+a^2cd+b^2cd=bc(ac+bd)+ad(bd+ac)$

$$=(ac+bd)(bc+ad).$$

　　由条件(2)知 $ac+bd=0$,则上式 $=0$.

　　由条件(1)得 $ad-bc=0$,不符合题意. 故选 B.

21.【答案】E

　　【解析】$A=\{-2<x<1\}$,由条件(1)得 $B=\{x\mid-2<x<2\}$,集合 B 的范围超过集合 A 的范围,所以不充分;同理,条件(2),若 $a=3,x^2<3$,则 $B=\{x\mid-\sqrt{3}<x<\sqrt{3}\}$,也不充分. 故选 E.

22.【答案】B

　　【解析】$f(x)=-(x-2)^2+a+4$. 条件(1),因为 $x\in(1,3]$,所以 $f(x)_{\min}=f(3)=3+a=-2$,解得 $a=-5$,故 $f(x)=-(x-2)^2-5+4$,在 $x=2$ 时取得最大值 -1,不充分;条件(2),因为 $x\in[0,1]$,所以 $f(x)_{\min}=f(0)=a=-2$,故 $f(x)=-(x-2)^2-2+4$,在 $x=1$ 时取得最大值 1,充分. 故选 B.

23.【答案】C

　　【解析】由条件(1)可知对称轴 $-\dfrac{b}{2a}=1,c$ 未知,故条件(1)单独不充分;由条件(2)可得 $4a+2b+c=0$,也无法确定 $\dfrac{f(-1)}{f(1)}$ 的值,所以条件(2)也不充分;联合两条件可得 $c=0,b=-2a$,故 $\dfrac{f(-1)}{f(1)}=\dfrac{a-b+c}{a+b+c}=\dfrac{3a}{-a}=-3$,联合充分. 故选 C.

24.【答案】D

　　【解析】由条件(1)得 $m=n^3-n=(n-1)n(n+1)$,所以 m 一定能被 $3!=6$ 整除,故 $\dfrac{m}{6}$ 必然为整数,充分;由条件(2)得 $\dfrac{1}{a}+\dfrac{2}{b}=1\Rightarrow(a-1)(b-2)=2$,因为 a,b 为正整数,所以 $(a-1)$ 和 $(b-2)$ 要么为1和2,要么为2和1,解得 $a=2,b=4$ 或 $a=3,b=3$,因为 m 为正整数 a,b 之和,$m=6$,则 $\dfrac{m}{6}$ 为整数,也充分. 故选 D.

25.【答案】C

　　【解析】$a\neq2$,当 $\Delta\geqslant0$ 时二次函数与 x 轴有交点,即需 $1-(2-a)\geqslant0,a\geqslant1$. 综上,需要满足条件 $a\geqslant1$ 且 $a\neq2$ 才可以推出结论,故条件(1)和条件(2)单独均不充分,联合充分. 故选 C.

专题四　　方程和不等式

专题解读　本专题内容以运算为主,对考生思维要求不高,但很多题目存在命题陷阱.考试内容以一元二次方程,不等式、分式方程,不等式、绝对值方程和不等式为主,所以考生在学习本部分内容时应该熟练掌握一元二次函数的图像,分式方程和不等式,注意分母的正负和分式、整式的相互变形,绝对值方程和不等式要区分各个方法的使用前提.当然本部分也存在难点,例如均值不等式、三角不等式、柯西不等式容易设置难题.从近五年的命题趋势来看,本部分题目整体难度适中,其中均值不等式和三角不等式容易出难题.

考试范围　1.代数方程.
(1)一元一次方程;(2)一元二次方程;(3)二元一次方程组.
2.不等式.
(1)不等式的性质;(2)一元二次不等式;(3)绝对值不等式;(4)分式不等式.
3.均值不等式、三角不等式、柯西不等式.

考试地位　本部分每年考试占 2～3 道题目,题目难度适中.

考试重点　1.一元二次方程根的有关判定.
2.韦达定理.
3.利用均值不等式求最值.
4.三角不等式及其应用.

专题导航

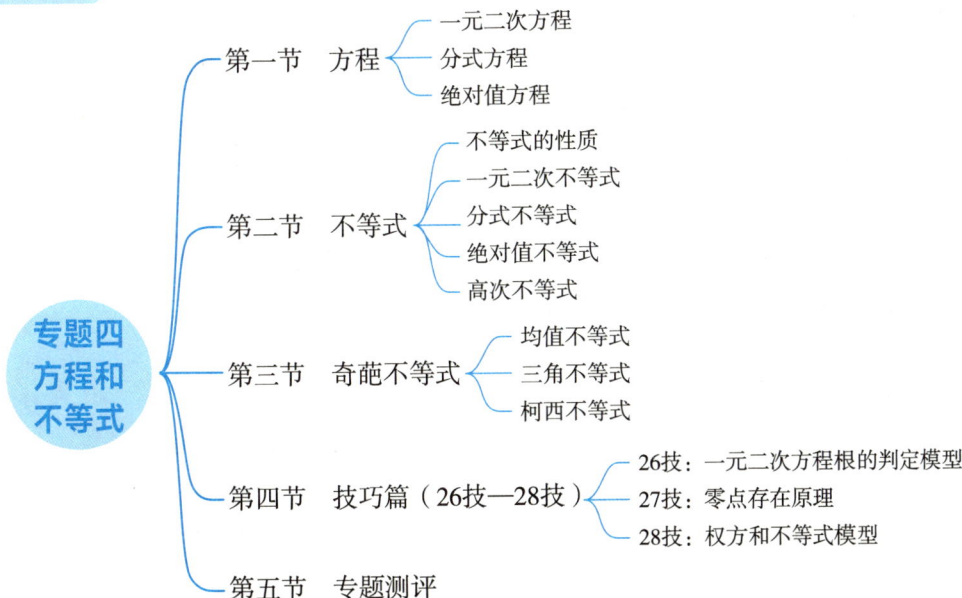

第一节   **方 程**

> **本节说明**　方程是指含有未知数的等式，其中使等式成立的未知数的值称为方程的"解"或"根"，求方程的解的过程称为"解方程"．在管综考试中较常考的方程有一元一次方程、一元二次方程、二元一次方程组、分式方程、绝对值方程、无理方程等．（元指的是未知数的数量，次指的是未知数的最高次幂）

一、考点精析

1.一元二次方程

1.1   一元二次方程的定义

$ax^2 + bx + c = 0(a \neq 0)$.

1.2   一元二次方程有无实根的判定

利用 $\Delta = b^2 - 4ac$ 和 0 作比较．

(1)$\Delta = b^2 - 4ac > 0$，方程有两个不等实根．

(2)$\Delta = b^2 - 4ac = 0$，方程有两个相同实根．

(3)$\Delta = b^2 - 4ac < 0$，方程无实根．

1.3   一元二次方程根的求解

(1) 十字相乘因式分解求根（首选方法）．

(2) 求根公式：$x = \dfrac{-b \pm \sqrt{b^2 - 4ac}}{2a}$.

1.4   韦达定理

若 $ax^2 + bx + c = 0(a \neq 0)$ 两个实根分别为 x_1, x_2，则 $\begin{cases} x_1 + x_2 = -\dfrac{b}{a}, \\ x_1 \cdot x_2 = \dfrac{c}{a}. \end{cases}$

> **超言超语**
>
> 韦达定理在考试中还会用到以下公式．
>
> (1) $\dfrac{1}{x_1} + \dfrac{1}{x_2} = -\dfrac{b}{c}$.
>
> (2) $|x_1 - x_2| = \dfrac{\sqrt{\Delta}}{|a|}$.

2.分式方程

2.1　定义

等号两边至少有一个分母含有未知数的方程叫分式方程.

2.2　方法说明

(1) 左右两侧同乘最简公分母.

(2) 验根:验证所得到的根是否满足分母不为 0.

(3) 增根:没有意义的根.

3.绝对值方程

3.1　定义

绝对值中含有未知数的方程叫绝对值方程.

3.2　方法说明

绝对值方程的核心是去绝对值,常用的方法有定义法、平方法、分段讨论法以及画图法等.

二、经典例题

1.一元二次方程

> **思维点拨**　本部分的命题点有一元二次方程有无实根的判定、正负根的判定、整数根的判定以及韦达定理的应用,题目难度整体偏低,每类题目都有固定套路,考生只需掌握每类题目的解题方法即可.

例 1　关于 x 的方程 $x^2 + ax + b - 1 = 0$ 有实根.

(1)$a + b = 0$.

(2)$a - b = 0$.

【解析】一元二次方程有实根,则 $a^2 - 4b + 4 \geqslant 0$. 由条件(1)得 $a = -b$,则 $a^2 - 4b + 4 = a^2 + 4a + 4 = (a+2)^2 \geqslant 0$,故条件(1)充分;由条件(2)得 $a = b$,则 $a^2 - 4b + 4 = a^2 - 4a + 4 = (a-2)^2 \geqslant 0$,故条件(2)也充分. 故选 D.

例 2　已知函数 $f(x) = ax^2 + bx + c$ 是二次函数,则 $f(x) = 0$ 有两个不同的实根.

(1)$a + c = 0$.

(2)$a + b + c = 0$.

【解析】$f(x) = ax^2 + bx + c = 0$ 有两个不同实根,则 $\Delta = b^2 - 4ac > 0$,对于条件(1),$a + c = 0$,$a \neq 0$,则 $ac < 0$,故 $\Delta = b^2 - 4ac > 0$,充分;对于条件(2),$a + b + c = 0$,$\Delta = b^2 - 4ac = (a+c)^2 - 4ac = (a-c)^2 \geqslant 0$,不充分. 故选 A.

例3 a,b 为实数,则 $a^2+b^2=16$.

(1) a 和 b 是方程 $2x^2-8x-1=0$ 的两个根.

(2) $|a-b+3|$ 与 $|2a+b-6|$ 互为相反数.

【解析】 条件(1),$a^2+b^2=(a+b)^2-2ab=17\neq16$,不充分;条件(2),由于绝对值具有非负性,所以 $a-b+3=2a+b-6=0\Rightarrow a=1,b=4\Rightarrow a^2+b^2=17\neq16$,不充分.显然无法联合.故选 E.

例4 x_1,x_2 是方程 $6x^2-7x+a=0$ 的两个实根,若 $\frac{1}{x_1}$ 和 $\frac{1}{x_2}$ 的几何平均数为 $\sqrt{3}$,则 a 的值为(   ).

A. 2   B. 3   C. 4   D. -2 E. -3

【解析】 $\frac{1}{x_1}$ 与 $\frac{1}{x_2}$ 的几何平均数为 $\sqrt{\frac{1}{x_1x_2}}=\sqrt{3}$,所以 $x_1x_2=\frac{1}{3}$,即 $\frac{a}{6}=\frac{1}{3}$,$a=2$.故选 A.

例5 已知一元二次方程 $x^2-2ax+10x+2a^2-4a-2=0$ 有实根,则其两根之积的最小值是(   ).

A. -4 B. -3 C. -2 D. -1 E. -6

【解析】 方程有实根,则 $\Delta=(10-2a)^2-4(2a^2-4a-2)\geqslant0$,$a^2+6a-27\leqslant0$,$(a-3)(a+9)\leqslant0$,解得 $-9\leqslant a\leqslant3$,$x_1x_2=2a^2-4a-2=2(a-1)^2-4$,所以当 $a=1$ 时,可取到最小值,最小值为 -4.故选 A.

例6 已知 $3x^2+bx+c=0(c\neq0)$ 的两个根为 α,β,如果以 $\alpha+\beta,\alpha\beta$ 为根的一元二次方程是 $3x^2-bx+c=0$,则 b 和 c 分别为(   ).

A. 2,6   B. 3,4   C. $-2,-6$

D. $-3,-6$ E. 以上结论均不正确

【解析】 由韦达定理可得,$\alpha+\beta=-\frac{b}{3}$,$\alpha\beta=\frac{c}{3}$,且 $\alpha+\beta+\alpha\beta=\frac{b}{3}$,$(\alpha+\beta)\alpha\beta=\frac{c}{3}$,解得 $b=-3$,$c=-6$.故选 D.

例7 已知 x_1,x_2 是方程 $x^2-ax-1=0$ 的两个实根,则 $x_1^2+x_2^2=$(   ).

A. a^2+2 B. a^2+1 C. a^2-1 D. a^2-2 E. $a+2$

【解析】 由韦达定理可得,$x_1+x_2=a$,$x_1x_2=-1$,则 $x_1^2+x_2^2=(x_1+x_2)^2-2x_1x_2=a^2+2$.故选 A.

例8 一元二次方程 $x^2+bx+c=0$ 的两根之差的绝对值为 4.

(1)$b=4,c=0$.

(2)$b^2-4c=16$.

【解析】$x_1+x_2=-b,x_1x_2=c,|x_1-x_2|=\sqrt{(x_1+x_2)^2-4x_1x_2}=\sqrt{b^2-4c}$,条件(1),$b=4,c=0$,所以$|x_1-x_2|=\sqrt{16-0}=4$成立;条件(2),$b^2-4c=16$,所以$|x_1-x_2|=\sqrt{16}=4$也成立. 故选 D.

2. 分式方程

> **思维点拨**　分式方程的陷阱就是增根,所以分式方程解完后一定要记得验根.

例9　方程$\dfrac{a}{x^2-1}+\dfrac{1}{x+1}+\dfrac{1}{x-1}=0$有实根.

(1) 实数 $a\neq 2$.

(2) 实数 $a\neq -2$.

【解析】$\dfrac{a}{x^2-1}+\dfrac{1}{x+1}+\dfrac{1}{x-1}=\dfrac{2x+a}{x^2-1}=0$(通分可得)有实根,条件为:$x=-\dfrac{a}{2}$且$x\neq\pm 1$,即$a\neq\pm 2$,因此联合起来充分. 故选 C.

例10　关于x的方程$\dfrac{1}{x-2}+3=\dfrac{1-x}{2-x}$与$\dfrac{x+1}{x-|a|}=2-\dfrac{3}{|a|-x}$有相同的增根.

(1)$a=2$.

(2)$a=-2$.

【解析】$x=2$为方程$\dfrac{1}{x-2}+3=\dfrac{1-x}{2-x}$的增根,条件(1),将$a=2$代入方程$\dfrac{x+1}{x-|a|}=2-\dfrac{3}{|a|-x}$,得$\dfrac{x+1}{x-2}=2-\dfrac{3}{2-x}$,$x=2$是它的增根,充分;条件(2),$a=-2$,$|a|=2$,与条件(1)等价,也充分. 故选 D.

3. 绝对值方程

> **思维点拨**　绝对值方程在考试中用得最多的方法是分段讨论,大多都是利用绝对值的定义去绝对值,部分难题还需要利用整体思想进行换元求解.

例11　如果方程$|x|=ax+1$有一个负根,那么a的取值范围是(　　　).

A. $a<1$ 　　　　　　　　B. $a=1$ 　　　　　　　　C. $a>-1$

D. $a<-1$ 　　　　　　　E. 以上结论均不正确

【解析】方程有一个负根,则$|x|=-x$,即$-x=ax+1$,解得$x=\dfrac{1}{-1-a}$,所以$\dfrac{1}{-1-a}<0$即$-1-a<0$,解得$a>-1$. 故选 C.

例 12 已知关于 x 的方程 $x^2-6x+(a-2)|x-3|+9-2a=0$ 有两个不同的实数根,则参数 a 的取值范围是(　　).

A. $a>0$　　　　　　　B. $a<0$　　　　　　　C. $a>0$ 或 $a=-2$

D. $a=-2$　　　　　　E. $a<0$ 且 $a\neq-2$

【解析】$x^2-6x+(a-2)|x-3|+9-2a=0$ 即

$$|x-3|^2+(a-2)|x-3|-2a=0, \qquad (*)$$

令 $|x-3|=t$,得

$$f(t)=t^2+(a-2)t-2a=0, \qquad (**)$$

$(*)$ 式有两个不同的实数根,意味着 $(**)$ 式必须有一个正根,所以共有两种可能,一正一负或两个相等的正根. 当 $(**)$ 式有一正一负两个根时,开口向上,只要当 $t=0$ 时,$f(t)<0$ 即可,$-2a<0$,得 $a>0$;当 $(**)$ 式有两个相等的正根时,$\begin{cases} \Delta=0, \\ -(a-2)>0, \\ -2a>0, \end{cases}$ 解得 $a=-2$. 综上所述,$a>0$ 或 $a=-2$. 故选 C.

第二节　不等式

> **本节说明**　用不等号连接的式子叫不等式,在管综考试中,常考的不等式有一元二次不等式、分式不等式、绝对值不等式、高次不等式.

一、考点精析

1. 不等式的性质

1.1　传递性

若 $a>b,b>c$,则 $a>c$.

1.2　同向可加性

若 $a>b,c>d$,则 $a+c>b+d$.

1.3　同向兼正可乘性

若 $a>b>0,c>d>0$,则 $ac>bd$.

1.4　同号取倒性

若 $a>b>0$,则 $\dfrac{1}{b}>\dfrac{1}{a}>0$.

若 $a<b<0$,则 $\dfrac{1}{b}<\dfrac{1}{a}<0$.

2. 一元二次不等式

2.1　定义

形如 $ax^2+bx+c \geqslant 0(a \neq 0)$ 的不等式叫一元二次不等式.

2.2　方法说明

先求出对应一元二次方程的根,再利用函数图像确定区间.

3. 分式不等式

3.1　定义

有分子和分母的不等式叫作分式不等式.

3.2　方法说明

若分母的正负能确定,则直接同乘最简公分母化为整式进行分析;若分母的正负无法确定,则移项通分再进行分析.

4. 绝对值不等式

4.1　定义

含绝对值符号的不等式叫作绝对值不等式.

4.2　方法说明

(1)定义法:利用绝对值的定义去绝对值.

(2)平方法:左、右同时平方去绝对值.

(3)画图法:利用绝对值函数的图像进行分析.

5. 高次不等式

5.1　定义

最高次幂超过 2 的不等式叫作高次不等式.

5.2　方法说明

穿针引线法,步骤如下:

(1)先将表达式分解为若干个一次因式(保证 x 的系数为正).

(2)将零点标在数轴上.

(3)从右上方开始穿,逢点必穿,大于 0 取上,小于 0 取下.

(4)偶数次零点单独讨论.

二、经典例题

思维点拨　本部分考生只需掌握常规不等式的求解方法即可,一元二次不等式要注意解集怎么取,分式不等式要注意判定分母的正负,绝对值不等式要清楚每个方法的适用题目,高次不等式一定要先将表达式分解为若干个一次因式（保证 x 的系数为正）再进行求解.

例 13 一元二次不等式 $3x^2-4ax+a^2<0(a<0)$ 的解集是(　　).

A. $\dfrac{a}{3}<x<a$ 　　B. $x>a$ 或 $x<\dfrac{a}{3}$ 　　C. $a<x<\dfrac{a}{3}$

D. $x>\dfrac{3}{a}$ 或 $x<a$ 　　E. $a<x<\dfrac{3}{a}$

【解析】 $3x^2-4ax+a^2<0$ 等价于 $(3x-a)(x-a)<0$,因为 $a<0$,所以 $\dfrac{a}{3}>a$,因此该不等式的解集为 $a<x<\dfrac{a}{3}$. 故选 C.

例 14 已知不等式 $ax^2+2x+2>0$ 的解集是 $\left(-\dfrac{1}{3},\dfrac{1}{2}\right)$,则 $a=($　　$)$.

A. -12 　　B. -6 　　C. 0

D. 12 　　E. 以上结论均不正确

【解析】 因为 $ax^2+2x+2>0$ 的解集是 $\left(-\dfrac{1}{3},\dfrac{1}{2}\right)$,所以方程 $ax^2+2x+2=0$ 的两个根为 $x_1=-\dfrac{1}{3}$,$x_2=\dfrac{1}{2}$,故 $x_1x_2=\dfrac{2}{a}=-\dfrac{1}{6}$,解得 $a=-12$. 故选 A.

例 15 不等式 $(k+3)x^2-2(k+3)x+k-1<0$ 对任意 x 都成立.

(1)$k=0$.

(2)$k=-3$.

【解析】 对于(1),当 $k=0$ 时,不等式变为 $3x^2-6x-1<0$,开口向上,不可能恒小于0,故不充分;对于(2),当 $k=-3$ 时,不等式变为 $-4<0$,恒成立,故充分. 故选 B.

例 16 设 $0<x<1$,则不等式 $\dfrac{3x^2-2}{x^2-1}>1$ 的解是(　　).

A. $0<x<\dfrac{1}{\sqrt{2}}$ 　　B. $\dfrac{1}{\sqrt{2}}<x<1$ 　　C. $0<x<\sqrt{\dfrac{2}{3}}$

D. $\sqrt{\dfrac{2}{3}}<x<1$ 　　E. 无法确定

【解析】 $\dfrac{3x^2-2}{x^2-1}>1$ 等价于 $\dfrac{2x^2-1}{x^2-1}>0$,因为 $0<x<1$,所以 $x^2-1<0$,故 $2x^2-1<0$,解得 $0<x<\dfrac{\sqrt{2}}{2}$. 故选 A.

例 17 不等式 $\dfrac{x^2-2x+3}{x^2-5x+6}\geqslant0$ 的解是(　　).

A. $(2,3)$ 　　B. $(-\infty,2]$ 　　C. $[3,+\infty)$

D. $(-\infty,2] \bigcup [3,+\infty)$　　　　E. $(-\infty,2) \bigcup (3,+\infty)$

【解析】由于 $x^2-2x+3=(x-1)^2+2>0$ 恒成立,因此原不等式可化为 $x^2-5x+6>0$,解得 $x\in(-\infty,2) \bigcup (3,+\infty)$.故选 E.

例 18 不等式 $|x-1|+x\leqslant 2$ 的解集为(　　).

A. $(-\infty,1]$　　　　B. $\left(-\infty,\dfrac{3}{2}\right]$　　　　C. $\left[1,\dfrac{3}{2}\right]$

D. $[1,+\infty)$　　　　E. $\left[\dfrac{3}{2},+\infty\right)$

【解析】分类讨论去绝对值.当 $x\geqslant 1$ 时,不等式变为 $x-1+x\leqslant 2$,解得 $1\leqslant x\leqslant\dfrac{3}{2}$;当 $x<1$ 时,不等式变为 $1-x+x\leqslant 2$,解得 $x<1$,故不等式的解集为 $\left[1,\dfrac{3}{2}\right] \bigcup (-\infty,1)$,即 $\left(-\infty,\dfrac{3}{2}\right]$.故选 B.

例 19 $x^2-x-5>|2x-1|$.

(1)$x>4$.

(2)$x<-1$.

【解析】本题既可以用分类讨论去绝对值,也可以画图分析.画图法分析如下:先在直角坐标系中画出函数 $y=x^2-x-5$ 和 $y=|2x-1|$ 的图像,如图所示:

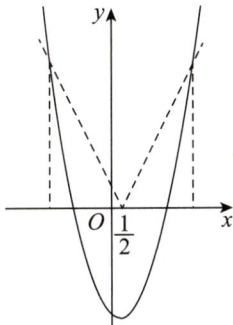

当 $x\geqslant\dfrac{1}{2}$ 时,令 $x^2-x-5=2x-1$,解得 $x=4$;当 $x\leqslant\dfrac{1}{2}$ 时,令 $x^2-x-5=1-2x$,解得 $x=-3$.所以当 $x>4$ 或 $x<-3$ 时,$y=x^2-x-5$ 的图像在 $y=|2x-1|$ 的上方,故此时满足 $x^2-x-5>|2x-1|$,所以条件(1)充分,条件(2)不充分.故选 A.

例 20 $(x^2-2x-8)(2-x)(2x-2x^2-6)>0$.

(1)$x\in(-3,-2)$.

(2)$x\in[2,3]$.

【解析】$(x^2-2x-8)(2-x)(2x-2x^2-6)>0\Rightarrow(x^2-2x-8)(x-2)(2x^2-2x+6)>0$;对于 $2x^2-2x+6$,$\Delta=4-4\times 2\times 6<0\Rightarrow 2x^2-2x+6>0$ 恒成立,因此不等式化为 (x^2-2x-8)·

$(x-2)>0$,即$(x-4)(x+2)(x-2)>0$,利用穿针引线法,如图所示,可得解集为$-2<x<2$或$x>4$,故条件(1),(2)单独均不充分,联合也不充分.故选 E.

第三节　　奇葩不等式

本节说明　本节囊括均值不等式、三角不等式和柯西不等式.均值不等式是管综考试的重中之重,经常用来解决最值问题,也可以结合几何、概率进行命题,题目难度较大,考生在复习时一定要注意均值不等式的三大陷阱;三角不等式是考试中的高频考点,考生需牢记三角不等式的定义,熟练掌握三角不等式等号成立的条件;柯西不等式考试频率较低,考生只需掌握基本概念及定义即可.

一、考点精析

1. 均值不等式

1.1　均值不等式的定义

若干个正数的算术平均值大于等于其几何平均值,即

$$\frac{x_1+x_2+x_3+\cdots+x_n}{n}\geqslant\sqrt[n]{x_1\cdot x_2\cdot x_3\cdot\cdots\cdot x_n}.$$

1.2　均值不等式成立的条件

$x_1,x_2,x_3,\cdots,x_n\in\mathbf{R}^+$.

1.3　均值不等式取到最值的条件

(1) 一正:$x_1,x_2,x_3,\cdots,x_n\in\mathbf{R}^+$.

(2) 二定:和为定值,则积有最大值;积为定值,则和有最小值$\left(\dfrac{x_1+x_2+x_3+\cdots+x_n}{n}\right.$ 叫作和,

$\sqrt[n]{x_1\cdot x_2\cdot x_3\cdot\cdots\cdot x_n}$ 叫作积$\Big)$.

(3) 三相等:$x_1=x_2=x_3=\cdots=x_n$.

超言超语

要想取到最值,一正二定三相等要同时满足,缺一不可.

1.4　难点

(1) 命题陷阱：一正二定三相等.

(2) 配凑定值.

(3) 均值不等式反向应用.

(4) 均值不等式＋几何或概率.

1.5　恒成立的不等式

(1) $a^2 + b^2 \geqslant 2ab$.

(2) $\left(\dfrac{a+b}{2}\right)^2 \geqslant ab$.

(3) $a^2 + b^2 \geqslant \dfrac{(a+b)^2}{2}$.

(4) $a^2 + b^2 + c^2 \geqslant ab + bc + ac$.

> **超言超语**
>
> 以上恒成立的不等式均用作差法和 0 作比较即可推导证明.

1.6　常考形式

(1) $a + b \geqslant 2\sqrt{ab}\,(a, b > 0)$.

(2) $a + b + c \geqslant 3\sqrt[3]{abc}\,(a, b, c > 0)$.

1.7　题眼

若题干限定正实数且求最值，大概率考均值不等式.

2. 三角不等式

2.1　三角不等式的定义

$|a| - |b| \leqslant |a \pm b| \leqslant |a| + |b|$.

2.2　三角不等式各部分成立条件

(1) $|a| - |b| = |a + b|$：$ab \leqslant 0$ 且 $|a| \geqslant |b|$.

　　$|a| - |b| < |a + b|$：$ab > 0$.

(2) $|a| - |b| = |a - b|$：$ab \geqslant 0$ 且 $|a| \geqslant |b|$.

　　$|a| - |b| < |a - b|$：$ab < 0$.

(3) $|a + b| = |a| + |b|$：$ab \geqslant 0$.

　　$|a + b| < |a| + |b|$：$ab < 0$.

(4) $|a - b| = |a| + |b|$：$ab \leqslant 0$.

　　$|a - b| < |a| + |b|$：$ab > 0$.

2.3　难点

配凑 a,b，考试中可能会将 a,b 换为一次表达式，考生注意学会识别．

2.4　扩展

$|x_1 \pm x_2 \pm x_3 \pm \cdots \pm x_n| \leqslant |x_1| + |x_2| + \cdots + |x_n|$．

3. 柯西不等式

3.1　柯西不等式的定义

平方和的积大于等于积的和的平方．

若 $a,b,c,d \in \mathbf{R}$，则 $(a^2 + b^2)(c^2 + d^2) \geqslant (ac + bd)^2$．

等号成立的条件：$\dfrac{a}{c} = \dfrac{b}{d}$ 或 $ad = bc$．

3.2　扩展应用

若 $a,b,c,d,e,f \in \mathbf{R}$，则 $(a^2 + b^2 + c^2)(d^2 + e^2 + f^2) \geqslant (ad + be + cf)^2$．

等号成立的条件：$\dfrac{a}{d} = \dfrac{b}{e} = \dfrac{c}{f}$．

二、经典例题

1. 均值不等式

> **思维点拨**　均值不等式是求最值最常用的方法之一，利用均值不等式求解最值时一定要注意三大前提是否同时满足，部分题目可能还需要作相关变形才能满足均值不等式取最值的条件，所以考生在学习这部分时，一定要掌握好配凑定值的相关思路，一般情况下都是通过加减运算配凑乘积为定值，通过乘除运算配凑和为定值．

例 21　设函数 $f(x) = 2x + \dfrac{a}{x^2}(a > 0)$ 在 $(0, +\infty)$ 上的最小值为 $f(x_0) = 12$，则 $x_0 = ($　　$)$．

A. 5　　　　　　B. 4　　　　　　C. 3　　　　　　D. 2　　　　　　E. 1

【解析】依据均值不等式可得 $f(x) = 2x + \dfrac{a}{x^2} = x + x + \dfrac{a}{x^2} \geqslant 3\sqrt[3]{a}$，所以 $3\sqrt[3]{a} = 12 \Rightarrow \sqrt[3]{a} = 4$，

当且仅当 $x = \dfrac{a}{x^2}$ 时，等号取到．此时 $x = \sqrt[3]{a} = 4$．故选 B．

例 22　设 a,b 是正实数．则 $\dfrac{1}{a} + \dfrac{1}{b}$ 存在最小值．

(1) 已知 ab 的值．

(2) 已知 a,b 是方程 $x^2 - (a + b)x + 2 = 0$ 的不同实根．

【解析】条件(1)，若 ab 的值已知，则 $\dfrac{1}{a} + \dfrac{1}{b} = \dfrac{a + b}{ab} \geqslant \dfrac{2\sqrt{ab}}{ab}$，当且仅当 $a = b$ 时等号成立，因此

条件(1) 充分;条件(2),由韦达定理知 $ab = 2$,但 $a \neq b$,所以最小值无法取到,因此条件(2) 不充分.故选 A.

例 23　设 a, b, c, d 是正实数.则 $\sqrt{a} + \sqrt{d} \leqslant \sqrt{2(b+c)}$.

(1) $a + d = b + c$.

(2) $ad = bc$.

【解析】 将题干不等式两边平方可得 $(\sqrt{a} + \sqrt{d})^2 \leqslant 2(b+c)$,由条件(1) 可知 $a + d = b + c$,所以 $(\sqrt{a} + \sqrt{d})^2 \leqslant 2(a+d) \Rightarrow 2\sqrt{ad} \leqslant a + d$,由均值不等式可得条件(1) 充分;条件(2) 可举反例分析,令 $a = 1, d = 100, b = c = 10, \sqrt{1} + \sqrt{100} > \sqrt{2(10+10)}$,所以条件(2) 不充分.故选 A.

例 24　$a + b + c + d + e$ 的最大值是 133.

(1) a, b, c, d, e 是大于 1 的自然数,且 $abcde = 2\ 700$.

(2) a, b, c, d, e 是大于 1 的自然数,且 $abcde = 2\ 000$.

【解析】 根据均值不等式可知,a, b, c, d, e 越接近,和越小;a, b, c, d, e 相差越大,和越大.条件(1),$2\ 700 = 2 \times 2 \times 3 \times 3 \times 75$,和的最大值为 $2 + 2 + 3 + 3 + 75 = 85$,不充分;条件(2),$2\ 000 = 2 \times 2 \times 2 \times 2 \times 125$,和的最大值为 $2 + 2 + 2 + 2 + 125 = 133$,充分.故选 B.

> **超言超语**
>
> (1) 积定和小.
>
> 当乘积为定值时,若这几个数完全相等,其和有最小值;若不完全相等,则越接近相等,其和越小;反之,这几个数相差越大,其和越大,当这几个数相差最大时,其和有最大值.
>
> (2) 和定积大.
>
> 当和为定值时,若这几个数完全相等,其乘积有最大值;若不完全相等,则越接近相等,其积越大;反之,这几个数相差越大,其积越小,当这几个数相差最大时,其积有最小值.

2. 三角不等式

> **思维点拨**　三角不等式的重点是取等条件,所以考生一定要记好等号成立的条件,如果题目中同时出现 $|a|$,$|b|$,$|a \pm b|$,大概率会考三角不等式.

例 25　已知 $|a| = 5, |b| = 7, ab < 0$,则 $|a - b| = ($ 　　).

A. 2　　　　　B. -2　　　　　C. 12　　　　　D. -12　　　　　E. 0

【解析】 $|a| = 5, |b| = 7, ab < 0$,所以 $a = 5, b = -7$ 或 $a = -5, b = 7$,因此 $|a - b| = 12$.故选 C.

例 26 已知 a, b 是实数，则 $|a| \leqslant 1, |b| \leqslant 1$.

(1) $|a + b| \leqslant 1$.

(2) $|a - b| \leqslant 1$.

【解析】 条件(1)，举反例，令 $a = 10, b = -9$，不充分；条件(2)，举反例，令 $a = 10, b = 9$，不充分. 考虑联合，由三角不等式可得 $2|a| = |(a - b) + (a + b)| \leqslant |a - b| + |a + b| \leqslant 2 \Rightarrow |a| \leqslant 1$，同理可得 $|b| \leqslant 1$. 故选 C.

例 27 可以确定 $|a + b| < |a - b|$.

(1) $|a + b| < |a| + |b|$.

(2) $|a - b| \geqslant |a| + |b|$.

【解析】 由条件(1)得 $ab < 0$，故 $|a + b| < |a - b|$，充分；由条件(2)得 $ab \leqslant 0$，故 $|a + b| \leqslant |a - b|$，不充分. 故选 A.

3. 柯西不等式

> **思维点拨**　柯西不等式考试频率较低，考生只需记住柯西不等式的定义和等号成立的条件即可.

例 28 已知实数 a, b, c, d 满足 $a^2 + b^2 = 1, c^2 + d^2 = 1$，则 $|ac + bd| < 1$.

(1) 直线 $ax + by = 1$ 与 $cx + dy = 1$ 仅有一个交点.

(2) $a \neq c, b \neq d$.

【解析】 利用柯西不等式 $(ac + bd)^2 \leqslant (a^2 + b^2)(c^2 + d^2) = 1$，条件(1)，因为两直线仅有一个交点，即这两条直线不平行，$\dfrac{a}{b} \neq \dfrac{c}{d} \Rightarrow ad - bc \neq 0$，所以 $|ac + bd| < 1$，充分；条件(2)，$a \neq c, b \neq d$，取 $a = \dfrac{\sqrt{2}}{2}, b = \dfrac{\sqrt{2}}{2}, c = -\dfrac{\sqrt{2}}{2}, d = -\dfrac{\sqrt{2}}{2}, ad = bc$，不充分. 故选 A.

例 29 若 a, b, c 为实数，且 $a + b + c = 4$，则 $\dfrac{a^2}{4} + \dfrac{b^2}{9} + c^2$ 的最小值为（　　）.

A. 1　　　　　　B. $\dfrac{3}{2}$　　　　　　C. $\dfrac{8}{7}$　　　　　　D. 2　　　　　　E. 无法确定

【解析】 利用柯西不等式可得 $\left(\dfrac{a^2}{4} + \dfrac{b^2}{9} + c^2\right)(4 + 9 + 1) \geqslant (a + b + c)^2$，故 $\dfrac{a^2}{4} + \dfrac{b^2}{9} + c^2$ 的最小值为 $\dfrac{8}{7}$. 故选 C.

第四节　技巧篇（26技－28技）

26技　一元二次方程根的判定模型

适用题型	一元二次方程正负根的判定、整数根的判定
技巧说明	一元二次方程 $ax^2 + bx + c = 0(a \neq 0)$ 的两根为 x_1, x_2. (1)两根均为正根 $\begin{cases} \Delta = b^2 - 4ac \geqslant 0, \\ x_1 + x_2 = -\dfrac{b}{a} > 0, \\ x_1 \cdot x_2 = \dfrac{c}{a} > 0. \end{cases}$ (2)两根均为负根 $\begin{cases} \Delta = b^2 - 4ac \geqslant 0, \\ x_1 + x_2 = -\dfrac{b}{a} < 0, \\ x_1 \cdot x_2 = \dfrac{c}{a} > 0. \end{cases}$ (3)两根一正一负 $\begin{cases} \Delta = b^2 - 4ac > 0, \\ x_1 \cdot x_2 = \dfrac{c}{a} < 0. \end{cases}$ ① 若判定两根为一正一负,可简写为 $ac < 0$,因为 $x_1 \cdot x_2 = \dfrac{c}{a} < 0$,即 $ac < 0$,则必然有 $\Delta = b^2 - 4ac$ 恒大于 0. ② 若判定两根为一正一负且 $\lvert$负根$\rvert > \lvert$正根$\rvert$,则需满足: $\begin{cases} ac < 0, \\ x_1 + x_2 = -\dfrac{b}{a} < 0. \end{cases}$ ③ 若判定两根为一正一负且 $\lvert$正根$\rvert > \lvert$负根$\rvert$,则需满足: $\begin{cases} ac < 0, \\ x_1 + x_2 = -\dfrac{b}{a} > 0. \end{cases}$ (4)整数根的判定. 法一: $\begin{cases} \Delta \text{ 为完全平方数}, \\ x_1 + x_2 = -\dfrac{b}{a} \text{ 为整数}, \\ x_1 \cdot x_2 = \dfrac{c}{a} \text{ 为整数}. \end{cases}$ 法二:先用十字相乘法因式分解求根,再利用整数的定义求参数(首选)
代表例题	例30、例31

例30 方程 $4x^2+(a-2)x+a-5=0$ 有两个不等的负实根.

(1) $a<6$.

(2) $a>5$.

【解析】 由题干可得 $\begin{cases} \Delta=(a-2)^2-16(a-5)>0, \\ x_1+x_2=\dfrac{2-a}{4}<0, \\ x_1x_2=\dfrac{a-5}{4}>0 \end{cases}$ $\Rightarrow \begin{cases} a<6 \text{ 或 } a>14, \\ a>2, \\ a>5 \end{cases}$ $\Rightarrow 5<a<6 \text{ 或 } a>$

14,故两个条件联合充分. 故选 C.

例31 关于 x 的方程 $a^2x^2-(3a^2-8a)x+2a^2-13a+15=0$ 至少有一个整数根.

(1) $a=3$.

(2) $a=5$.

【解析】 **法一**:条件(1),将 $a=3$ 代入方程,得 $9x^2-3x-6=0$,解得 $x=1$ 或 $-\dfrac{2}{3}$,充分;条件

(2),将 $a=5$ 代入方程,得 $25x^2-35x=0$,解得 $x=0$ 或 $\dfrac{7}{5}$,充分. 故选 D.

法二:$a^2x^2-(3a^2-8a)x+2a^2-13a+15=[ax-(2a-3)][ax-(a-5)]$,显然 $a=3$ 时,有一个整数根;$a=5$ 时,也有一个整数根,条件(1),(2) 均充分. 故选 D.

27技 零点存在原理

适用题型	已知一元二次方程根的范围反求参数的范围
技巧说明	如果函数 $f(x)$ 在区间 $[a,b]$ 上的图像是连续不断的一条曲线,并且满足 $f(a)\cdot f(b)<0$,则函数 $f(x)$ 在区间 (a,b) 内有零点
代表例题	例32

例32 若关于 x 的一元二次方程 $mx^2-(m-1)x+m-5=0$ 有两个实根 α 和 β,且满足 $-1<\alpha<0$ 和 $0<\beta<1$,则 m 的取值范围是(   ).

A. $3<m<4$　　　　　　　　B. $4<m<5$　　　　　　　　C. $5<m<6$

D. $m<5$ 或 $m>6$　　　　　E. $m<4$ 或 $m>5$

【解析】 根据零点存在原理可得 $\begin{cases} f(-1)f(0)=(3m-6)(m-5)<0, \\ f(0)f(1)=(m-5)(m-4)<0, \end{cases}$ 解得 $4<m<5$. 故选 B.

28技　权方和不等式模型

适用题型	题干出现 $\dfrac{a^2}{x}+\dfrac{b^2}{y}\geqslant\dfrac{(a+b)^2}{x+y}$ 或其中的某部分
技巧说明	(1) 若 $a,b,x,y\in\mathbf{R}^+$，则 $\dfrac{a^2}{x}+\dfrac{b^2}{y}\geqslant\dfrac{(a+b)^2}{x+y}$，等号成立的条件：$\dfrac{a}{x}=\dfrac{b}{y}$； (2) 若 $a,b,c,x,y,z\in\mathbf{R}^+$，则 $\dfrac{a^2}{x}+\dfrac{b^2}{y}+\dfrac{c^2}{z}\geqslant\dfrac{(a+b+c)^2}{x+y+z}$，等号成立的条件： $\dfrac{a}{x}=\dfrac{b}{y}=\dfrac{c}{z}$
代表例题	例33、例34

例33　若 $x>-1,y>0$，且满足 $x+2y=1$，则 $\dfrac{1}{x+1}+\dfrac{2}{y}$ 的最小值为(　　).

A. 1　　　　　B. $\dfrac{3}{2}$　　　　　C. $\dfrac{9}{2}$　　　　　D. 5　　　　　E. 无法确定

【解析】由权方和不等式可得 $\dfrac{1}{x+1}+\dfrac{2}{y}=\dfrac{1^2}{x+1}+\dfrac{2^2}{2y}\geqslant\dfrac{(1+2)^2}{x+1+2y}$，因为 $x+2y=1$，所以

$\dfrac{1}{x+1}+\dfrac{2}{y}\geqslant\dfrac{9}{2}$. 故选 C.

例34　若正数 a,b,c 满足 $a+b+c=3$，则 $\dfrac{1}{a}+\dfrac{4}{b}+\dfrac{9}{c}$ 的最小值是(　　).

A. 3　　　　　B. 6　　　　　C. 9　　　　　D. 12　　　　　E. 13

【解析】由权方和不等式可得 $\dfrac{1}{a}+\dfrac{4}{b}+\dfrac{9}{c}\geqslant\dfrac{(1+2+3)^2}{a+b+c}$，因为 $a+b+c=3$，所以 $\dfrac{1}{a}+\dfrac{4}{b}+$

$\dfrac{9}{c}\geqslant12$. 故选 D.

第五节　专题测评

一、问题求解

1. 已知 a,b,x,y 均为实数，且满足 $a^2+b^2=1,x^2+y^2=1$，则 $ax+by$ 的最大值为(　　).

A. 1　　　　　B. 2　　　　　C. 3　　　　　D. 4　　　　　E. 5

2. 设 $abc\neq0$，且 $(a+2b+3c)^2=14(a^2+b^2+c^2)$，则 $\dfrac{b+c}{a}+\dfrac{a+c}{b}+\dfrac{a+b}{c}=$(　　).

A. 6　　　　　　　B. 7　　　　　　　C. 8　　　　　　　D. 9　　　　　　　E. 10

3. 若不等式 $x^2+2x+2>|a-2|$ 对于一切实数 x 均成立,则实数 a 的取值范围是(　　).

A. $1<a<2$　　B. $1<a<3$　　C. $0<a<2$　　D. $1<a\leqslant 2$　　E. $1\leqslant a\leqslant 3$

4. 关于 x 的一元二次方程 $x^2-mx+2m-1=0$ 的两实根分别为 x_1,x_2,且 $x_1^2+x_2^2=7$,则 $x_1^2+x_2^2-2x_1x_2$ 的值是(　　).

A. -11　　　　B. -9　　　　C. 9　　　　　　D. 13　　　　　　E. -11 或 13

5. 设一元二次方程 $ax^2+bx+c=0(ac\neq 0)$ 的两根之和为 S_1,两根的平方和是 S_2,则 $\dfrac{a}{c}(S_2-S_1^2)$ 的值是(　　).

A. -2　　　　B. -1　　　　C. 0　　　　　　D. 1　　　　　　E. 2

6. 若 $x\in(3,+\infty),f(x)=x+\dfrac{5}{x-3}$,则 $f(x)$ 的最小值为(　　).

A. $\sqrt{11}$　　　B. $\sqrt{11}+3$　　C. $2\sqrt{5}$　　　D. $2\sqrt{5}+3$　　E. 8

7. 已知实数 a,b 分别满足 $a^2-6a+4=0,b^2-6b+4=0$,且 $a\neq b$,则 $\dfrac{b}{a}+\dfrac{a}{b}$ 的值为(　　).

A. 3　　　　　　B. 5　　　　　　C. 7　　　　　　D. 9　　　　　　E. 11

8. 若不等式 $ax^2+bx+c>0$ 的解集为 $(-\infty,-2)\bigcup(4,+\infty)$,且 $f(x)=ax^2+bx+c$ 过点 $(0,-8)$,则 $f(x)$ 的最小值为(　　).

A. -9　　　　B. -6　　　　C. -3　　　　D. 3　　　　　　E. 6

9. 设 α,β 是方程 $2x^2-3|x|-2=0$ 的两个实数根,则 $\dfrac{\alpha\beta}{|\alpha|+|\beta|}$ 的值为(　　).

A. -1　　　B. $-\dfrac{2}{3}$　　　C. $-\dfrac{2}{5}$　　　D. $\dfrac{2}{3}$　　　E. $-\dfrac{1}{3}$

10. 如果一元二次方程 $x^2-px-q=0(p,q\in \mathbf{Z}^+)$ 的正根小于 3,那么这样的一元二次方程有(　　).

A. 4 个　　　　B. 5 个　　　　C. 6 个　　　　D. 7 个　　　　E. 8 个

11. 已知 $x>0$,则函数 $y=\dfrac{6}{x}+3x^2$ 的最小值为(　　).

A. 3　　　　　　B. 6　　　　　　C. 9　　　　　　D. 15　　　　　　E. 18

12. 对于任意的正数 x,a, 都有 $2x+\dfrac{a}{x}\geqslant 1$ 恒成立, 则(　　).

A. $a=\dfrac{1}{8}$　　　　B. $a>\dfrac{1}{8}$　　　　C. $a\geqslant\dfrac{1}{8}$　　　　D. $a<\dfrac{1}{8}$　　　　E. $a\leqslant\dfrac{1}{8}$

13. 关于 x 的方程 $x^2-mx+6=0$ 至少有一个整数根, 则整数 m 的取值有(　　)个.

A. 4　　　　　　B. 5　　　　　　C. 6　　　　　　D. 7　　　　　　E. 8

14. 不等式 $|2x-1|-|x-2|<0$ 的解集为(　　).

A. $\{x\mid x<-1\text{ 或 }x>1\}$　　　　　　B. $\{x\mid x<-1\}$　　　　　　C. $\{x\mid x>1\}$

D. $\{x\mid -1<x<1\}$　　　　　　**E. R**

15. 当 $0<x<4$ 时, $y=x(8-2x)$ 的最大值为(　　).

A. 8　　　　　　B. 6　　　　　　C. 4　　　　　　D. 2　　　　　　E. 1

二、条件充分性判断

16. $a>b$.

(1) $\dfrac{1}{a}<\dfrac{1}{b}$.

(2) $a>|b|$.

17. 存在实数 m, 使 $|m+2|+|6-3m|\leqslant a$ 成立.

(1) $a=4$.

(2) $a>4$.

18. 不等式 $|1-x|+|1+x|>a$, 对任意 x 均成立.

(1) $a\in(-\infty,2)$.

(2) $a=2$.

19. 一元二次方程 $ax^2+bx+c=0$ 的两实根满足 $x_1\cdot x_2<0$.

(1) $a+b+c=0$, 且 $abc>0$.

(2) $a+b+c=0$, 且 $abc<0$.

20. 二次函数 $y=ax^2+bx+c$ 的图像与 x 轴有两个交点 A,B, 顶点为 C, 则能确定 $\Delta=b^2-4ac$ 的值.

(1) $\angle ACB=60°$.

(2) $\angle ACB=90°$.

21. $ab^2 < cb^2$.

　　(1) 实数 a,b,c 满足 $a+b+c=0$.

　　(2) 实数 a,b,c 满足 $a<b<c$.

22. 能确定 xy 的最大值.

　　(1) 已知 $x+y=2$.

　　(2) 已知 $x^2+y^2=6$.

23. 已知 $a \neq 3, b \neq 3$, 则 $\dfrac{|a-b|}{|a-3|+|b-3|} < 1$ 成立.

　　(1) $a>3, b>3$.

　　(2) $a>b$.

24. 已知 m 是实数,则方程 $x^2-2mx+2m^2-1=0$ 有实数根.

　　(1) 方程 $x^2-2x-m=0$ 有实数根.

　　(2) 方程 $x^2-2x+m=0$ 有实数根.

25. 已知 a,b,c,d 为实数,它们的平均值为 $\bar{x}$,则 $|\bar{x}| \leqslant 1$.

　　(1) $|a+b| \leqslant 1, |c+d| \leqslant 1$.

　　(2) $|a+c| \leqslant 1, |b+d| \leqslant 1$.

测评解析

1.【答案】A

　　【解析】利用柯西不等式可得 $(a^2+b^2)(x^2+y^2) \geqslant (ax+by)^2$,故 $ax+by$ 的最大值为 1. 故选 A.

2.【答案】C

　　【解析】由柯西不等式可得 $(a^2+b^2+c^2)(1^2+2^2+3^2)=14(a^2+b^2+c^2) \geqslant (a+2b+3c)^2$,当 $\dfrac{a}{1}=$ $\dfrac{b}{2}=\dfrac{c}{3}$ 时,等号成立,故取特值 $a=1,b=2,c=3$,则 $\dfrac{b+c}{a}+\dfrac{a+c}{b}+\dfrac{a+b}{c}=8$. 故选 C.

3.【答案】B

　　【解析】不等式 $x^2+2x+2 > |a-2|$ 恒成立,且 $x^2+2x+2=(x+1)^2+1 \geqslant 1$,则 $0 \leqslant |a-2| <$ 1,可得 $1<a<3$. 故选 B.

4.【答案】D

　　【解析】由韦达定理可得 $x_1+x_2=m, x_1 \cdot x_2=2m-1$,所以 $x_1^2+x_2^2=m^2-2(2m-1)=7$,解得 $m=-1,5(舍)$,则 $x_1^2+x_2^2-2x_1x_2=(x_1+x_2)^2-4x_1x_2=m^2-4(2m-1)=13$. 故选 D.

5.【答案】A

【解析】设方程的两根为 x_1 和 x_2，则有 $x_1+x_2=-\dfrac{b}{a}$，$x_1x_2=\dfrac{c}{a}$，$S_1=x_1+x_2$，$S_2=x_1^2+x_2^2$，所以 $\dfrac{a}{c}(S_2-S_1^2)=\dfrac{a}{c}\big[(x_1^2+x_2^2)-(x_1+x_2)^2\big]=-2$. 故选 A.

6.【答案】D

【解析】依据均值不等式配凑定值，$f(x)=x+\dfrac{5}{x-3}=x-3+\dfrac{5}{x-3}+3$，所以 $f(x)$ 的最小值为 $2\sqrt{5}+3$. 故选 D.

7.【答案】C

【解析】实数 a,b 分别满足 $a^2-6a+4=0$，$b^2-6b+4=0$，且 $a\neq b$，故可将 a,b 看成方程 $x^2-6x+4=0$ 的两个不同的根，所以 $a+b=6$，$ab=4$，因此 $\dfrac{b}{a}+\dfrac{a}{b}=\dfrac{a^2+b^2}{ab}=\dfrac{(a+b)^2-2ab}{ab}=7$. 故选 C.

8.【答案】A

【解析】依题意得 $\begin{cases}4a-2b+c=0,\\16a+4b+c=0,\\c=-8,\end{cases}$ 解得 $\begin{cases}a=1,\\b=-2,\\c=-8,\end{cases}$ 故 $f(x)=x^2-2x-8$，其最小值为 $f(1)=-9$. 故选 A.

9.【答案】A

【解析】由题设得 $2|x|^2-3|x|-2=0$，从而解得 $(|x|-2)(2|x|+1)=0$，于是得 $x=2$ 或 $x=-2$，由此得 $\alpha\beta=-4$，$|\alpha|+|\beta|=4$，则所求式子的值为 -1. 故选 A.

10.【答案】D

【解析】设 $f(x)=x^2-px-q(p,q\in\mathbf{Z}^+)$，画出函数 $f(x)$ 的图像，$f(0)=-q<0$，$f(3)=9-3p-q>0\Rightarrow 3p+q<9$，又由 $p,q\in\mathbf{Z}^+$，则当 $p=1$ 时，$q=1,2,3,4,5$；当 $p=2$ 时，$q=1,2$，共 7 种可能. 故选 D.

11.【答案】C

【解析】$y=\dfrac{6}{x}+3x^2=\dfrac{3}{x}+\dfrac{3}{x}+3x^2\geqslant 3\sqrt[3]{\dfrac{3}{x}\cdot\dfrac{3}{x}\cdot 3x^2}=3\sqrt[3]{27}=9$，即最小值为 9，当且仅当 $\dfrac{3}{x}=3x^2$ 时成立. 故选 C.

12.【答案】C

【解析】由均值定理可得 $2x+\dfrac{a}{x}\geqslant 2\sqrt{2a}$，所以 $2x+\dfrac{a}{x}\geqslant 1$ 恒成立，则 $2\sqrt{2a}\geqslant 1$，解得 $a\geqslant\dfrac{1}{8}$. 故选 C.

13.【答案】A

【解析】$\Delta=m^2-24$ 为完全平方数，设 $m^2-24=a^2(a\geqslant 0)$. 则有 $(m+a)(m-a)=12\times 2=$

$6 \times 4 = -2 \times (-12) = -4 \times (-6)$，即 $\begin{cases} m+a=12, \\ m-a=2 \end{cases}$ 或 $\begin{cases} m+a=6, \\ m-a=4 \end{cases}$ 或 $\begin{cases} m+a=-2, \\ m-a=-12 \end{cases}$ 或

$\begin{cases} m+a=-4, \\ m-a=-6, \end{cases}$ 解得 $m = 7, 5, -7, -5$，共有 4 组解. 故选 A.

14.【答案】D

【解析】$|2x-1| - |x-2| < 0 \Rightarrow |2x-1| < |x-2| \Rightarrow (2x-1)^2 - (x-2)^2 < 0 \Rightarrow 3(x-1) \cdot (x+1) < 0 \Rightarrow -1 < x < 1$. 故选 D.

15.【答案】A

【解析】$y = x(8-2x) = -2x^2 + 8x = -2(x-2)^2 + 8$，所以当 $x = 2$ 时，该函数取最大值，最大值为 8. 故选 A.

16.【答案】B

【解析】条件(1)，取 $a = -1, b = 1$，不充分；条件(2)，$a > |b| \geqslant b \Rightarrow a > b$，充分. 故选 B.

17.【答案】D

【解析】分段讨论可得 $|m+2| + |6-3m|$ 的最小值为 4，故要使关于 m 的不等式 $|m+2| + |6-3m| \leqslant a$ 有解，则 $a \geqslant 4$ 即可. 故选 D.

18.【答案】A

【解析】由绝对值的几何意义可得 $|1-x| + |1+x| > a$ 恒成立，则 $a < 2$ 即可. 故选 A.

19.【答案】E

【解析】条件(1) 和条件(2) 均无法确定 $a \cdot c$ 的正负，两条件矛盾也无法联合. 故选 E.

20.【答案】D

【解析】设两个交点 A, B 的横坐标分别为 x_1, x_2，则 $x_1 + x_2 = -\dfrac{b}{a}$，$x_1 \cdot x_2 = \dfrac{c}{a}$，由 $\angle ACB = 60°$

可以得到 $\left| \dfrac{b^2 - 4ac}{4a} \right| = \dfrac{\sqrt{3}}{2} |x_2 - x_1| = \dfrac{\sqrt{3}}{2} \dfrac{\sqrt{\Delta}}{|a|}$，解得 $b^2 - 4ac = 12$（题干强调有两个交点，说明

$\Delta = b^2 - 4ac > 0$），充分，同理条件(2) 也充分. 故选 D.

21.【答案】E

【解析】条件(1)，取 $b = 0$，不充分；条件(2)，取 $b = 0$，不充分. 联合条件(1)，(2)，同样取 $b = 0$，不充分. 故选 E.

22.【答案】D

【解析】$x + y = 2 \Rightarrow y = 2 - x$，则 $xy = x(2-x) = -x^2 + 2x$，函数有最大值为 1，条件(1) 充分；$x^2 + y^2 \geqslant 2xy \Rightarrow xy \leqslant 3$，故条件(2) 也充分. 故选 D.

23.【答案】A

【解析】因为 $|a-b| = |(a-3) - (b-3)| \leqslant |a-3| + |b-3|$，根据三角不等式可得：当 $(a-3)(b-3) \leqslant 0$ 时，上述不等式取等号，所以当 $(a-3)(b-3) > 0$ 时，$|(a-3) - (b-3)| < |a-3| + |b-3|$ 成立，故条件(1) 充分，条件(2) 不充分. 故选 A.

24.【答案】C

　　【解析】方程 $x^2-2mx+2m^2-1=0$ 有实数根,则 $4m^2-4(2m^2-1)\geqslant 0$,即 $-1\leqslant m\leqslant 1$,两条件单独不充分,联合得 $-1\leqslant m\leqslant 1$.故选 C.

25.【答案】D

　　【解析】两个条件等价.以条件(1)为例,$\begin{cases}-1\leqslant a+b\leqslant 1,\\ -1\leqslant c+d\leqslant 1,\end{cases}$ 合并为 $-2\leqslant a+b+c+d\leqslant 2$,所以 $|\bar{x}|\leqslant \dfrac{1}{2}$,充分.故选 D.

专题五 数列

专题解读 本专题是代数部分的核心,其中,等差数列和等比数列是考试的重点.考生在学习本专题时要重点学习等差数列和等比数列的通项公式、求和公式以及相关性质,在等差数列中注意等差数列前 n 项和求最值,在等比数列中注意无穷递缩等比数列求和,其他数列只需掌握常规解题方法即可,如果数列相关题目实在无从下手,可采取列举找规律法快速求解.从近五年的命题趋势来看,本专题题目整体难度适中.

考试范围 1.数列.
(1)数列的定义;(2)数列的递推公式.
2.等差数列、等比数列.
3.类等差数列、类等比数列.
4.构造等差数列、构造等比数列.
5.其他数列.

考试地位 本部分每年考试大约占2道题目,题目难度适中.

考试重点 1.等差数列的通项公式、求和公式及性质.
2.等比数列的通项公式、求和公式及性质.
3.斐波那契数列的简单应用.

专题导航

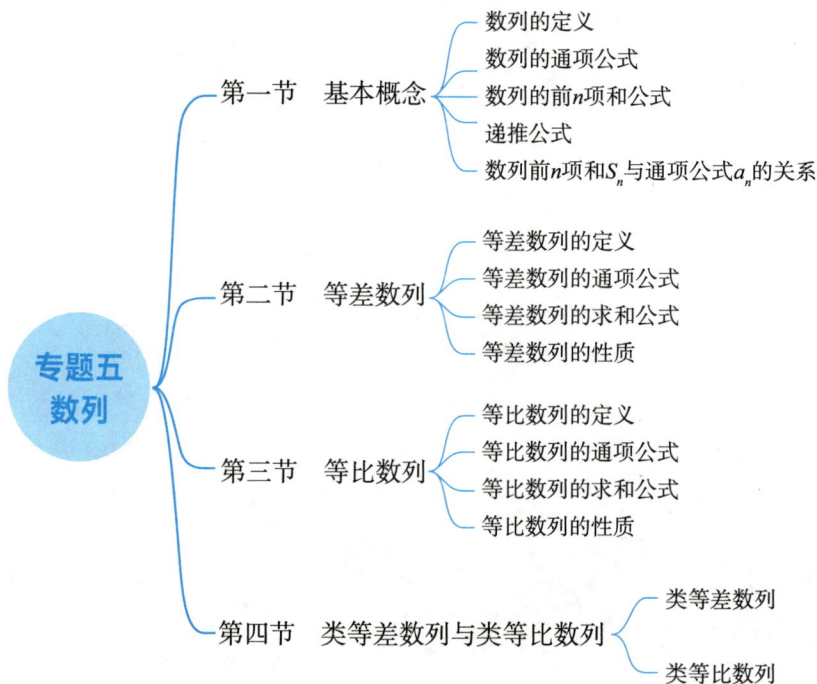

第一节　基本概念

> **本节说明**　本节主要是数列的一些基本定义和基本符号，考生可简单了解.

1. 数列的定义

按一定规律排列的一列数.

2. 数列的通项公式

主要研究第n项a_n与项数n之间的函数关系，即可表示为$a_n = f(n)$.

3. 数列的前n项和公式

表示为$S_n = a_1 + a_2 + \cdots + a_n$.

4. 递推公式

主要研究第n项a_n与其前后项的关系式.

5. 数列前n项和S_n与通项公式a_n的关系

$$a_n = \begin{cases} S_1, & n = 1, \\ S_n - S_{n-1}, & n \geqslant 2. \end{cases}$$

第二节　等差数列

> **本节说明**　本节是考试的重点，考生应熟练掌握等差数列的通项公式、求和公式及性质，特别是和等差数列相关的最值问题也需要重点掌握.

一、考点精析

1. 等差数列的定义

后一项减去前一项是一个常数的数列叫作等差数列,即 $a_{n+1} - a_n = d$(d 叫作公差).

2. 等差数列的通项公式

(1)$a_n = a_1 + (n-1)d$:已知 a_1, d 及 n,可利用此公式求任意项.

(2)$a_n = a_m + (n-m)d$:已知任意两项可求公差,$d = \dfrac{a_n - a_m}{n - m}$.

(3)$a_n = dn + (a_1 - d)$:判定数列,若公差 $d \neq 0$,等差数列的通项公式可看为一次函数,若公差 $d = 0$,等差数列的通项公式可看为常函数.

3. 等差数列的求和公式

(1)$S_n = na_1 + \dfrac{n(n-1)}{2}d$:已知 a_1, d 及 n,可利用此公式求和.

(2)$S_n = \dfrac{n(a_1 + a_n)}{2}$:已知 a_1, a_n 及 n,可利用此公式求和.

(3)$S_n = \dfrac{d}{2}n^2 + \left(a_1 - \dfrac{d}{2}\right)n$:判定数列,若公差 $d \neq 0$,等差数列的求和公式可看为不含常数项的二次函数,也可求 S_n 的最值,若公差 $d = 0$,等差数列的通项公式可看为不含常数项的一次函数,若二次函数含常数项,则数列为分段数列,从第二项开始依然成等差数列.

4. 等差数列的性质

4.1　下角标性质

若 $m + n = k + l$,则 $a_m + a_n = a_k + a_l$.

> **超言超语**
>
> 务必保证左、右项数相同.

4.2　等差中项性质

若 a, b, c 成等差数列,则 $2b = a + c$.

4.3　前 n 项和性质

若 $\{a_n\}$ 为等差数列,则 $S_n, S_{2n} - S_n, S_{3n} - S_{2n}$ 也成等差数列,新公差为 $n^2 d$.

4.4　等间隔项性质

若 $\{a_n\}$ 为等差数列,则任意取出连续的等间隔项依然成等差数列.

4.5　奇数项、偶数项性质

若等差数列有 $2n$ 项,则 $S_\text{偶}-S_\text{奇}=nd$;若等差数列有 $2n+1$ 项,则 $S_\text{奇}-S_\text{偶}=a_{n+1}$.

4.6　数列运算性质

若等差数列 $\{a_n\}$ 的公差为 d_1,$\{b_n\}$ 的公差为 d_2,$\lambda,\lambda_1,\lambda_2,c$ 为常数,则 $\{\lambda a_n+c\}$ 也为等差数列,公差为 λd_1,$\{\lambda_1 a_n+\lambda_2 b_n\}$ 也为等差数列,公差为 $\lambda_1 d_1+\lambda_2 d_2$.

二、经典例题

> **思维点拨**　等差数列的难点有两个,第一个是等差数列前 n 项和的最值问题,第二个是等差数列的判定,所以考生在学习本部分时除了要掌握基本的通项公式、求和公式和性质以外,还需要掌握公式与公式之间的内部联系以及区别.

例 1　在等差数列中,若 $a_1=2,a_4+a_5=-3$,则该等差数列的公差是(　　).

A. -2　　　　B. -1　　　　C. 1　　　　D. 2　　　　E. 3

【解析】$a_1=2,a_4+a_5=a_1+3d+a_1+4d=2a_1+7d=4+7d=-3$,解得 $d=-1$.故选 B.

例 2　S_n 为等差数列 $\{a_n\}$ 的前 n 项和,若 $S_2=S_6$,$a_4=1$,则 a_5 的值为(　　).

A. -1　　　　B. 0　　　　C. 1　　　　D. 2　　　　E. 3

【解析】$S_2=S_6$,则 $a_3+a_4+a_5+a_6=0$,由下角标性质可知 $a_3+a_6=a_4+a_5$,所以 $a_3+a_6=a_4+a_5=0$,因为 $a_4=1$,故 $a_5=-1$.故选 A.

例 3　S_n 为等差数列 $\{a_n\}$ 的前 n 项和,若 $\dfrac{a_5}{a_3}=\dfrac{5}{9}$,则 $\dfrac{S_9}{S_5}$ 的值为(　　).

A. -1　　　　B. 0　　　　C. 1　　　　D. 2　　　　E. 3

【解析】由等差数列的奇数项性质可知 $S_{2n-1}=(2n-1)a_n$,所以 $\dfrac{S_9}{S_5}=\dfrac{9a_5}{5a_3}$,因为 $\dfrac{a_5}{a_3}=\dfrac{5}{9}$,故 $\dfrac{S_9}{S_5}=\dfrac{9a_5}{5a_3}=1$.故选 C.

例 4　设数列 $\{a_n\}$,$\{b_n\}$ 均为等差数列,若 $a_1+b_1=7$,$a_3+b_3=21$,则 a_5+b_5 的值为(　　).

A. 35　　　　B. 38　　　　C. 41　　　　D. 43　　　　E. 45

【解析】数列 $\{a_n\}$,$\{b_n\}$ 均为等差数列,则 $\{a_n+b_n\}$ 也为等差数列,第一项为 7,第三项为 21,所以新公差为 7,所以第五项为 35.故选 A.

例 5　已知数列 $\{a_n\}$ 为等差数列,若 $a_3+6=2a_5$,则 $3a_6+a_{10}$ 的值为(　　).

A. 21　　　　B. 24　　　　C. 26　　　　D. 28　　　　E. 30

【解析】由下角标性质可得 $a_3+6=2a_5=a_3+a_7$，所以 $a_7=6$，故 $3a_6+a_{10}=4a_7=24$. 故选 B.

例 6 若 S_n 为等差数列 $\{a_n\}$ 的前 n 项和，已知 $a_5=5$，$S_4=0$，则 $a_{100}=(\quad)$.

A. 95　　　　B. 125　　　　C. 145　　　　D. 185　　　　E. 195

【解析】依题意可得 $\begin{cases} S_4=4a_1+\dfrac{4\times3}{2}d=0, \\ a_5=a_1+4d=5, \end{cases}$ 解得 $\begin{cases} a_1=-3, \\ d=2, \end{cases}$ 所以 $a_n=2n-5$，故 $a_{100}=2\times$

$100-5=195$. 故选 E.

例 7 若等差数列 $\{a_n\}$ 的前四项之和为 124，后四项之和为 156，各项总和为 210，则此数列共有
$(\quad)$ 项.

A. 5　　　　B. 6　　　　C. 7　　　　D. 8　　　　E. 9

【解析】设数列共有 n 项，依题可得 $a_1+a_2+a_3+a_4=124$，$a_{n-3}+a_{n-2}+a_{n-1}+a_n=156$，所以
$a_1+a_2+a_3+a_4+a_{n-3}+a_{n-2}+a_{n-1}+a_n=280$，再由下角标性质可得 $a_1+a_n=a_2+a_{n-1}=a_3+$
$a_{n-2}=a_4+a_{n-3}=70$，因为 $S_n=210=\dfrac{n(a_1+a_n)}{2}$，所以 $n=6$. 故选 B.

例 8 若 S_n 为等差数列 $\{a_n\}$ 的前 n 项和，已知 $\dfrac{S_3}{S_6}=\dfrac{1}{3}$，则 $\dfrac{S_6}{S_{12}}$ 的值为$(\quad)$.

A. $\dfrac{2}{3}$　　　　B. $\dfrac{3}{5}$　　　　C. $\dfrac{5}{7}$　　　　D. $\dfrac{3}{8}$　　　　E. $\dfrac{3}{10}$

【解析】令 $S_3=1$，$S_6=3$，由等差数列前 n 项和性质可得 S_3，S_6-S_3，S_9-S_6，$S_{12}-S_9$ 也为等差
数列，新公差为 1，所以 $S_9-S_6=3$，$S_{12}-S_9=4$，故 $S_9=6$，$S_{12}=10$. 故选 E.

例 9 等差数列 $\{a_n\}$ 中，$a_5<0$，$a_6>0$，且 $a_6>|a_5|$，S_n 是前 n 项和，则$(\quad)$.

A. S_1，S_2，S_3 均小于 0，而 S_4，S_5，$\cdots$ 均大于 0

B. S_1，S_2，$\cdots$，S_5 均小于 0，而 S_6，S_7，$\cdots$ 均大于 0

C. S_1，S_2，$\cdots$，S_9 均小于 0，而 S_{10}，S_{11}，$\cdots$ 均大于 0

D. S_1，S_2，$\cdots$，S_{10} 均小于 0，而 S_{11}，S_{12}，$\cdots$ 均大于 0

E. 以上说法均不正确

【解析】依题可得，$a_5+a_6>0$，故 $S_{10}>0$，$S_9<0$，又因为 $d>0$，故有 S_1，S_2，$\cdots$，S_9 均小于 0，而
S_{10}，S_{11}，$\cdots$ 均大于 0. 故选 C.

例 10 若 S_n 为数列 $\{a_n\}$ 的前 n 项和，则 $\{a_n\}$ 为等差数列.

(1) $S_n=5n^2+19n+27$.

(2)$S_n = 19n$.

【解析】$\{a_n\}$ 为等差数列需要满足 S_n 为不含常数项的二次函数或不含常数项的一次函数,故条件(1) 不充分,条件(2) 充分. 故选 B.

第三节　等比数列

> **本节说明**　本节是考试的重点,考生应熟练掌握等比数列的通项公式、求和公式及性质.

一、考点精析

1. 等比数列的定义

后一项比前一项是一个常数的数列叫等比数列,即 $\dfrac{a_{n+1}}{a_n} = q$(q 叫作公比).

2. 等比数列的通项公式

(1)$a_n = a_1 \cdot q^{n-1}$:已知 a_1,q 及 n,可利用此公式求任意项.

(2)$a_n = a_m \cdot q^{n-m}$:已知任意两项可求 $q^{n-m} = \dfrac{a_n}{a_m}$.

(3)$a_n = \dfrac{a_1}{q} \cdot q^n$:判定数列,若公比 $q \neq 1$,等比数列的通项公式可看为指数函数,若公比 $q = 1$,等比数列的通项公式可看为常函数.

3. 等比数列的求和公式

3.1　一般等比数列求和

$$S_n = \begin{cases} na_1, & q = 1, \\ \dfrac{a_1(1-q^n)}{1-q}, & q \neq 1. \end{cases}$$

> **超言超语**
>
> 若 $q = 1$,等比数列前 n 项和 S_n 可看为不含常数项的一次函数;若 $q \neq 1$,$S_n = \dfrac{a_1(1-q^n)}{1-q} = \dfrac{a_1(q^n-1)}{q-1} = \dfrac{a_1}{q-1} \cdot q^n - \dfrac{a_1}{q-1}$,$q^n$ 前边的系数与后边的常数项一定互为相反数.

3.2　无穷递缩等比数列求和

当 $|q| < 1$ 且 $q \neq 0$ 时,若 $n \to \infty$,则 $q^n \to 0$,所以 $S_n \to \dfrac{a_1}{1-q}$.

4. 等比数列的性质

4.1　下角标性质

若 $m+n=k+l$,则 $a_m \cdot a_n = a_k \cdot a_l$.

> **超言超语**
>
> 　务必保证左、右项数相同.

4.2　等比中项性质

若 a,b,c 成等比数列,则 $b^2 = a \cdot c$.

4.3　前 n 项和性质

若 $\{a_n\}$ 为等比数列,则 $S_n,S_{2n}-S_n,S_{3n}-S_{2n}$ 也成等比数列,新公比为 q^n.

4.4　等间隔项性质

若 $\{a_n\}$ 为等比数列,则任意取出连续的等间隔项依然成等比数列.

4.5　奇数项、偶数项性质

(1) 若等比数列有 $2n$ 项,则 $\dfrac{S_偶}{S_奇} = q$.

(2) 在等比数列中,所有奇数项同号,所有偶数项同号.

二、经典例题

> **思维点拨**　等比数列和等差数列的区别在于前者做乘除运算,后者做加减运算,所以等比数列题目运算要比等差数列难一些, 但两者在通项公式、求和公式和性质上也有很多相似之处, 所以在学习本部分时可以和等差数列多作对比, 学习效果会更好.

例 11　已知等比数列 $\{a_n\}$ 满足 $a_1 = 3$,$a_1+a_3+a_5 = 21$,则 $a_3+a_5+a_7 = ($　　$)$.

A. 21　　　　　B. 32　　　　　C. 42　　　　　D. 63　　　　　E. 84

【解析】$a_1+a_3+a_5 = 21$,则 $a_1+a_1q^2+a_1q^4 = 21$,又因为 $a_1 = 3$,所以 $1+q^2+q^4 = 7$,解得 $q^2 = 2$,故 $a_3+a_5+a_7 = a_3(1+q^2+q^4) = a_1q^2(1+q^2+q^4) = 3 \times 2 \times 7 = 42$. 故选 C.

例 12　已知等比数列 $\{a_n\}$ 的前 n 项和为 S_n,若 $S_3 = \dfrac{7}{4}$,$S_6 = \dfrac{63}{4}$,则 $a_8 = ($　　$)$.

A. 21　　　　　B. 32　　　　　C. 42　　　　　D. 63　　　　　E. 84

【解析】　依题可得 $\begin{cases} S_3 = \dfrac{a_1(1-q^3)}{1-q} = \dfrac{7}{4}, \\ S_6 = \dfrac{a_1(1-q^6)}{1-q} = \dfrac{63}{4}, \end{cases}$ 两式作比可得 $\dfrac{1-q^6}{1-q^3} = \dfrac{(1+q^3)(1-q^3)}{1-q^3} = 1 + q^3 = 9$，所以 $q=2$，代入原式解得 $a_1 = \dfrac{1}{4}$，故 $a_8 = a_1 \cdot q^{8-1} = \dfrac{1}{4} \times 2^7 = 32$. 故选 B.

例 13　已知等比数列 $\{a_n\}$ 的前 n 项和为 S_n，且满足 $a_1 \cdot a_6 = 3a_3$，a_4 与 a_5 的等差中项为 2，则 $S_5 = ($　　$)$.

A. 96　　　　B. 121　　　　C. 125　　　　D. 169　　　　E. 196

【解析】　由下角标性质可得 $a_1 \cdot a_6 = a_3 \cdot a_4$，因为 $a_1 \cdot a_6 = 3a_3$，所以 $a_4 = 3$，又因为 a_4 与 a_5 的等差中项为 2，所以 $a_4 + a_5 = 4$，因为 $a_4 = 3$，即 $a_5 = 1$，所以 $a_3 = 9$，$a_2 = 27$，$a_1 = 81$，故 $S_5 = 121$. 故选 B.

例 14　已知等比数列 $\{a_n\}$ 的前 n 项和为 S_n，且 $a_1 + a_3 = 10$，$a_2 + a_4 = 5$，则 $n \to \infty$ 时，$S_n \to ($　　$)$.

A. 16　　　　B. 18　　　　C. 24　　　　D. 36　　　　E. 45

【解析】　$q = \dfrac{a_2 + a_4}{a_1 + a_3} = \dfrac{5}{10} = \dfrac{1}{2}$，代入 $a_1 + a_3 = 10$ 得 $a_1 + a_1 q^2 = 10$，解得 $a_1 = 8$，所以 $n \to \infty$ 时，$S_n \to \dfrac{a_1}{1-q} = \dfrac{8}{1 - \dfrac{1}{2}} = 16$. 故选 A.

例 15　设 $\{a_n\}$ 为等比数列，且 $a_1 + a_2 + a_3 = 1$，$a_2 + a_3 + a_4 = 2$，则 $a_6 + a_7 + a_8 = ($　　$)$.

A. 21　　　　B. 32　　　　C. 42　　　　D. 63　　　　E. 84

【解析】　$q = \dfrac{a_2 + a_3 + a_4}{a_1 + a_2 + a_3} = 2$，所以 $a_6 + a_7 + a_8 = (a_2 + a_3 + a_4) \cdot q^4 = 2 \cdot 2^4 = 2^5 = 32$. 故选 B.

例 16　在等差数列 $\{a_n\}$ 中，$a_3 = 2$，$a_{11} = 6$，数列 $\{b_n\}$ 是等比数列，$b_2 = a_3$，$b_3 = \dfrac{1}{a_2}$，则满足 $b_n > \dfrac{1}{a_{26}}$ 最大的 n 是（　　）.

A. 3　　　　B. 4　　　　C. 5　　　　D. 6　　　　E. 7

【解析】　依题得 $b_n = 6 \cdot \left(\dfrac{1}{3}\right)^{n-1}$，$a_{26} = 1 + \dfrac{25}{2} = \dfrac{27}{2}$，$6 \cdot \left(\dfrac{1}{3}\right)^{n-1} > \dfrac{2}{27}$，$n$ 最大为 4. 故选 B.

例 17　若 $(1+x) + (1+x)^2 + \cdots + (1+x)^n = a_0 + a_1(x-1) + 2a_2(x-1)^2 + \cdots + na_n \cdot (x-1)^n$，则 $a_0 + a_1 + 2a_2 + 3a_3 + \cdots + na_n = ($　　$)$.

A. $\dfrac{3^n - 1}{2}$　　B. $\dfrac{3^{n+1} - 1}{2}$　　C. $\dfrac{3^{n+1} - 3}{2}$　　D. $\dfrac{3^n - 3}{2}$　　E. $\dfrac{3^n - 3}{4}$

【解析】令 $x=2$,则等式左侧为首项是3,公比是3的等比数列的前 n 项和,根据等比数列的求和公式可得 $a_0+a_1+2a_2+3a_3+\cdots+na_n=\dfrac{3^{n+1}-3}{2}$. 故选 C.

例 18 $a_1^2+a_2^2+a_3^2+\cdots+a_n^2=\dfrac{1}{3}(4^n-1)$.

(1) 数列 $a_n=2^n$.

(2) 数列 $\{a_n\}$ 中,对于任意正整数 n 有 $a_1+a_2+a_3+\cdots+a_n=2^n-1$.

【解析】条件(1), $\dfrac{a_{n+1}}{a_n}=2\Rightarrow\dfrac{a_{n+1}^2}{a_n^2}=4$,因此 $\{a_n^2\}$ 是首项为4,公比为4的等比数列, $S_n=4\cdot\dfrac{1-4^n}{1-4}=\dfrac{4(4^n-1)}{3}$,不充分;条件(2), $n=1$ 时,可得 $a_1=1$;当 $n\geqslant2$ 时,可得 $a_n=S_n-S_{n-1}=2^{n-1}$,当 $n=1$ 时此式仍成立,因此 $\{a_n^2\}$ 是首项为1,公比为4的等比数列, $S_n=1\cdot\dfrac{1-4^n}{1-4}=\dfrac{4^n-1}{3}$,充分. 故选 B.

例 19 等比数列 $\{a_n\}$ 中, a_3,a_8 是方程 $3x^2+2x-18=0$ 的两个根,则 $a_4\cdot a_7=($).

A. -9 B. -8 C. -6 D. 6   E. 8

【解析】由韦达定理和下角标性质可得 $a_4\cdot a_7=a_3\cdot a_8=-6$. 故选 C.

例 20 若等比数列 $\{a_n\}$ 满足 $a_2a_4+2a_3a_5+a_2a_8=25$,且 $a_1>0$,则 $a_3+a_5=($).

A. 8   B. 5   C. 2   D. 3   E. ±5

【解析】由下角标性质可得, $a_3^2+2a_3a_5+a_5^2=25$,所以有 $a_3+a_5=\pm5$,又因为 $a_1>0$,故 $a_3+a_5=5$. 故选 B.

例 21 $\alpha^2,1,\beta^2$ 成等比数列, $\dfrac{1}{\alpha},1,\dfrac{1}{\beta}$ 成等差数列,则 $\dfrac{\alpha+\beta}{\alpha^2+\beta^2}=($).

A. $-\dfrac{1}{2}$ 或 1   B. $-\dfrac{1}{3}$ 或 1   C. $\dfrac{1}{2}$ 或 1   D. $\dfrac{1}{3}$ 或 1   E. 1

【解析】 $\alpha^2,1,\beta^2$ 成等比数列,则 $\alpha^2\cdot\beta^2=1,\alpha\beta=\pm1$; $\dfrac{1}{\alpha},1,\dfrac{1}{\beta}$ 成等差数列,则 $\dfrac{1}{\alpha}+\dfrac{1}{\beta}=\dfrac{\alpha+\beta}{\alpha\beta}=2,\alpha+\beta=2\alpha\beta$;所以 $\dfrac{\alpha+\beta}{\alpha^2+\beta^2}=\dfrac{\alpha+\beta}{(\alpha+\beta)^2-2\alpha\beta}=\dfrac{2\alpha\beta}{(2\alpha\beta)^2-2\alpha\beta}$,分子分母同除 $2\alpha\beta$ 得 $\dfrac{1}{2\alpha\beta-1},\alpha\beta=\pm1$,故原式等于 1 或 $-\dfrac{1}{3}$. 故选 B.

例 22 已知等差数列 $\{a_n\}$ 的公差不为0,但第三、四、七项构成等比数列,则 $\dfrac{a_2+a_6}{a_3+a_7}=($).

A. $\dfrac{3}{5}$ B. $\dfrac{2}{3}$ C. $\dfrac{3}{4}$ D. $\dfrac{4}{5}$ E. $\dfrac{5}{6}$

【解析】依题得 $a_4^2 = a_3 \cdot a_7 \Rightarrow a_4^2 = (a_4 - d)(a_4 + 3d) \Rightarrow a_4 = \dfrac{3}{2}d \Rightarrow \dfrac{a_2 + a_6}{a_3 + a_7} = \dfrac{a_4}{a_5} = \dfrac{3}{5}$. 故选 A.

例 23 $\{a_n\}$ 为等差数列，且 a_1, a_2, a_5 成等比数列，则能确定数列 $\{a_n\}$ 的通项公式.

(1) 已知 a_1 的值.

(2) 已知公差不为 0.

【解析】$a_2^2 = a_1 a_5$，$(a_1 + d)^2 = a_1(a_1 + 4d)$，得到 $d = 0$ 或 $d = 2a_1$. 条件(1)，d 有两个值，不能确定通项；条件(2)，没有具体值，不能确定通项；联合显然充分，有唯一值. 故选 C.

第四节　类等差数列与类等比数列

> **本节说明**　本节包括类等差数列、类等比数列，考生只需掌握每类数列的基本解法即可，本部分考试频率较低.

一、考点精析

1. 类等差数列

1.1　类等差数列的定义

后一项减前一项等于关于 n 的函数关系式，即 $a_{n+1} - a_n = f(n)$.

1.2　类等差数列的方法

先列举再叠加(叠加即式子左右两侧分别相加).

2. 类等比数列

2.1　类等比数列的定义

后一项比前一项等于关于 n 的函数关系式，即 $\dfrac{a_{n+1}}{a_n} = f(n)$.

2.2　类等比数列的方法

先列举再叠乘(叠乘即式子左右两侧分别相乘).

二、经典例题

> **思维点拨**　考生在学习本部分时有两点需要注意：第一点，需要学会识别类等差数列和类等比数列；第二点，要牢记类等差数列用叠加法，类等比数列用叠乘法.

例 24 设数列 $\{a_n\}$ 满足 $a_1 = 1, a_{n+1} = a_n + \dfrac{n}{3}(n \geqslant 1)$，则 $a_{100} = ($ $)$.

A. 1 650   B. 1 651   C. $\dfrac{5\ 050}{3}$ D. 3 300   E. 3 301

【解析】 依题可得，$a_2 - a_1 = \dfrac{1}{3}, a_3 - a_2 = \dfrac{2}{3}, \cdots, a_n - a_{n-1} = \dfrac{n-1}{3}$，再用叠加法，可得 $a_{100} - a_1 = \dfrac{1}{3} + \dfrac{2}{3} + \cdots + \dfrac{99}{3}$，等式右侧等差数列求和，得 $a_{100} = 1\ 650 + a_1 = 1\ 651$. 故选 B.

例 25 已知 $f(x)$ 为二次函数，若 $f(0) = 0, f(x+1) = f(x) + x + 1$，则 $f(10) = ($ $)$.

A. 52   B. 55   C. 56   D. 60   E. 100

【解析】 $f(x+1) = f(x) + x + 1$，所以 $f(x+1) - f(x) = x + 1$，列举可得，$f(1) - f(0) = 1$，$f(2) - f(1) = 2, \cdots, f(10) - f(9) = 10$，再用叠加法，可得 $f(10) - f(0) = \dfrac{10(1 + 10)}{2}$，故 $f(10) = 55$. 故选 B.

例 26 设数列 $\{a_n\}$ 满足 $a_1 = 1, a_{n+1} = a_n \cdot 2^n (n \geqslant 1)$，则 $a_{10} = ($ $)$.

A. 2^{99} B. $2^{99} - 1$ C. $2^{99} - 2$ D. $2^{45} - 1$ E. 2^{45}

【解析】 $a_1 = 1, a_{n+1} = a_n \cdot 2^n (n \geqslant 1)$ 可变形为 $\dfrac{a_{n+1}}{a_n} = 2^n$，列举可得，$\dfrac{a_2}{a_1} = 2, \dfrac{a_3}{a_2} = 2^2, \cdots, \dfrac{a_{10}}{a_9} = 2^9$，左右分别相乘，得 $\dfrac{a_{10}}{a_1} = 2^{1+2+3+\cdots+9} = 2^{45}$，因为 $a_1 = 1$，所以 $a_{10} = 2^{45}$. 故选 E.

第五节   技巧篇（29 技—37 技）

29 技   求和公式通项公式秒杀转化法

适用题型	在等差数列中，已知 S_n 求 a_n
技巧说明	在等差数列中，若已知前 n 项和为 $S_n = an^2 + bn$，则通项公式 $a_n = 2an + (b-a)$
代表例题	例 27

例 27 若 S_n 为等差数列 $\{a_n\}$ 前 n 项和，且 $S_n = 2n^2 + 7n$，则 $a_{100} = ($ $)$.

A. 195   B. 245   C. 365   D. 395   E. 405

【解析】 由 29 技可知，$S_n = 2n^2 + 7n$，则 $a_n = 4n + 5$，故 $a_{100} = 4 \times 100 + 5 = 405$. 故选 E.

30技　和比与项比秒杀公式

适用题型	等差数列求 $\dfrac{a_k}{b_k}, \dfrac{S_k}{T_k}$ 或 $\dfrac{a_n}{b_m}, \dfrac{S_n}{T_m}$ 的值
技巧说明	(1) 若数列 $\{a_n\}$，$\{b_n\}$ 均为等差数列，其前 n 项和分别为 S_n, T_n，则必有 $\dfrac{a_k}{b_k} = \dfrac{S_{2k-1}}{T_{2k-1}}$； (2) 若数列 $\{a_n\}$，$\{b_n\}$ 均为等差数列，其前 n 项和分别为 S_n, T_n，$\dfrac{S_n}{T_n} = \dfrac{An+B}{Cn+D}$，则 $\dfrac{a_m}{b_n} = \dfrac{A(2m-1)+B}{C(2n-1)+D}$
代表例题	例 28、例 29

例 28 若数列 $\{a_n\}$，$\{b_n\}$ 均为等差数列，其前 n 项和分别为 S_n, T_n，且 $\dfrac{S_n}{T_n} = \dfrac{2n}{3n+1}$，则 $\dfrac{a_{11}}{b_{11}}$ 的值为（　　）．

A. $\dfrac{21}{64}$　　　　B. $\dfrac{7}{32}$　　　　C. $\dfrac{7}{64}$　　　　D. $\dfrac{21}{32}$　　　　E. $\dfrac{21}{128}$

【解析】 $\dfrac{a_{11}}{b_{11}} = \dfrac{S_{21}}{T_{21}} = \dfrac{42}{64} = \dfrac{21}{32}$．故选 D.

例 29 若数列 $\{a_n\}$，$\{b_n\}$ 均为等差数列，其前 n 项和分别为 S_n, T_n，且 $\dfrac{S_n}{T_n} = \dfrac{n+2}{n+1}$，则 $\dfrac{a_6}{b_8}$ 的值为（　　）．

A. $\dfrac{13}{16}$　　　　B. $\dfrac{13}{19}$　　　　C. $\dfrac{16}{19}$　　　　D. $\dfrac{21}{32}$　　　　E. $\dfrac{21}{81}$

【解析】 由 30 技可得，$\dfrac{a_6}{b_8} = \dfrac{1 \times (2 \times 6 - 1) + 2}{1 \times (2 \times 8 - 1) + 1} = \dfrac{13}{16}$．故选 A.

31技　数列单一条件常数列法

适用题型	表达式或数列化解求值中题干只有一个条件
技巧说明	(1) 在等差数列中只有一个前提条件时，可令公差 $d = 0$ 分析； (2) 在等比数列中只有一个前提条件时，可令公比 $q = 1$ 分析
代表例题	例 30 至例 33

例30 若 S_n 为等差数列 $\{a_n\}$ 前 n 项和，$a_1+a_3+a_5=3$，则 S_5 的值为（　　）．

A. 2　　　　　B. 5　　　　　C. 7　　　　　D. 9　　　　　E. 13

【解析】 **法一**：$a_1+a_3+a_5=3a_3=3\Rightarrow a_3=1$，$S_5=\dfrac{5(a_1+a_5)}{2}=\dfrac{5(a_3+a_3)}{2}=5a_3=5$．故选 B.

法二：$a_1+a_3+a_5=3$，令其都为 1，故 $S_5=5$．故选 B.

例31 等差数列 $\{a_n\}$ 满足 $5a_7-a_3-12=0$，则 $\sum\limits_{k=1}^{15}a_k=$（　　）．

A. 15　　　　　B. 24　　　　　C. 30　　　　　D. 45　　　　　E. 60

【解析】 令公差为 0，则该数列为常数列，故每一项均为 3，所以 $\sum\limits_{k=1}^{15}a_k=45$．故选 D.

例32 已知等比数列 $\{a_n\}$ 的各项均为正数，且 $a_5\cdot a_6+a_4\cdot a_7=18$，则 $\log_3 a_1+\log_3 a_2+\cdots+\log_3 a_{100}=$（　　）．

A. 64　　　　　B. 84　　　　　C. 96　　　　　D. 100　　　　　E. 101

【解析】 令 $q=1$，则数列为非零常数列，因为 $a_5\cdot a_6+a_4\cdot a_7=18$，所以每一项为 3，故 $\log_3 a_1+\log_3 a_2+\cdots+\log_3 a_{100}=1+1+\cdots+1=100$．故选 D.

例33 已知等比数列 $\{a_n\}$ 的前 n 项积为 T_n，且满足 $\dfrac{T_7}{T_2}=32$，则 $T_{10}=$（　　）．

A. 1 024　　　　　B. 512　　　　　C. 256　　　　　D. 128　　　　　E. 64

【解析】 题干只有一个条件，所以令 $q=1$，则数列为非零常数列，设每项均为 a，因为 $\dfrac{T_7}{T_2}=32$，所以 $\dfrac{a^7}{a^2}=a^5=32$，即 $a=2$，故 $T_{10}=a^{10}=2^{10}=1\ 024$．故选 A.

32技　前 n 项和平均值模型

适用题型	已知等差数列 S_n 求公差问题
技巧说明	若 S_n 为等差数列 $\{a_n\}$ 前 n 项和，则必有 $\dfrac{S_n}{n}-\dfrac{S_m}{m}=\left(\dfrac{n-m}{2}\right)d$
代表例题	例 34

例34 若 S_n 为等差数列 $\{a_n\}$ 前 n 项和，且 $S_3=15$，$S_7=49$，则 $S_9=$（　　）．

A. 63　　　　　B. 66　　　　　C. 69　　　　　D. 72　　　　　E. 73

【解析】$\frac{S_7}{7} - \frac{S_3}{3} = \frac{(7-3)}{2}d = 2$，所以 $d = 1$. 因为 $S_3 = 15$，所以 $a_2 = 5$，故 $a_1 = 4$，因此 $S_9 = 9a_1 + \frac{9 \times 8}{2}d = 36 + 36 = 72$. 故选 D.

33技　等差数列求最值模型

适用题型	等差数列求最值问题
技巧说明	(1) 已知 S_n 则找对称轴，若对称轴不是整数则找最接近对称轴的整数； (2) 已知 a_n 则找变号处，若变号处不是整数则找变号处的整数部分
代表例题	例 35 至例 38

例 35　若等差数列 $\{a_n\}$ 满足 $a_1 = 8$，且 $a_2 + a_4 = a_1$，则 $\{a_n\}$ 前 n 项和的最大值为(　　).

A. 16　　　　　B. 17　　　　　C. 18　　　　　D. 19　　　　　E. 20

【解析】依题可解得等差数列 $a_1 = 8$，$d = -2$，故 $S_n = -n^2 + 9n$，对称轴为 4.5，故在第四项或第五项取到最值，将 5 代入可得 S_n 的最大值为 20. 故选 E.

例 36　已知 $\{a_n\}$ 是公差大于零的等差数列，S_n 是 $\{a_n\}$ 的前 n 项和，则 $S_n \geqslant S_{10}$.

(1) $a_{10} = 0$.

(2) $a_{11}a_{10} < 0$.

【解析】因为 $\{a_n\}$ 是公差大于零的等差数列，再依据等差数列前 n 项和在变号处取最值可得，两条件单独都充分. 故选 D.

例 37　$\{a_n\}$ 是公差小于零的等差数列，则 $S_n \leqslant S_8$.

(1) $a_8 = 0$.

(2) $S_{16} > 0$，$S_{17} < 0$.

【解析】$S_n \leqslant S_8$，即说明 S_8 是 S_n 的最大值，$\{a_n\}$ 是公差小于零的等差数列，由条件(1)可得 $a_8 = 0$，第八项正好是变号处，数列从正变负，所以 S_8 是 S_n 的最大值，条件(1)充分；由条件(2)可得 $S_{16} = \frac{16(a_1 + a_{16})}{2} = \frac{16(a_8 + a_9)}{2} > 0$，$S_{17} = \frac{17(a_1 + a_{17})}{2} = 17a_9 < 0$，即 $a_8 > 0$，$a_9 < 0$，第八项正好是变号处，所以 S_8 是 S_n 的最大值，条件(2)充分. 故选 D.

例 38　已知数列 $\{a_n\}$ 为等差数列，$d < 0$，则能确定 $S_6 \geqslant S_{10}$.

(1) $S_3 = S_{12}$.

(2) 对于任意的正整数 n 都有 $S_n \leqslant S_8$.

【解析】$d < 0$, 说明 S_n 是开口向下的抛物线. 条件 (1), $S_3 = S_{12}$, 可得 S_n 对称轴为 $n = 7.5$, 所以 $S_6 > S_{10}$, 因此必然能推出 $S_6 \geqslant S_{10}$, 故条件 (1) 充分; 条件 (2), $S_n \leqslant S_8$, 说明 S_8 是最大值, 所以可举反例, 若 S_n 对称轴为 $n = 8.5$, 此时满足 S_8 是最大值, 但 $S_6 < S_{10}$, 故条件 (2) 不充分. 故选 A.

34技　等比数列相反数模型

适用题型	已知等比数列前 n 项和公式, 求某参数的值, 或已知数列前 n 项和公式, 判定等比数列
技巧说明	在等比数列中, 若 $S_n = a \cdot q^n + b$, 则 $a + b = 0$
代表例题	例 39

例 39　已知等比数列 $\{a_n\}$ 的前 n 项和为 S_n, 且满足 $2S_n = 2^{n+1} + \lambda$, 则 λ 的值为 (　　).

A. -1　　　　B. -2　　　　C. -4　　　　D. 2　　　　E. 4

【解析】将 $2S_n = 2^{n+1} + \lambda$ 左右同时除以 2 可变形为 $S_n = 2^n + \dfrac{\lambda}{2}$, 因为 $\{a_n\}$ 为等比数列, 所以 2^n 前边的系数和 $\dfrac{\lambda}{2}$ 互为相反数, 2^n 前边系数为 1, 故 $\dfrac{\lambda}{2} = -1$, $\lambda = -2$. 故选 B.

35技　构造等差数列秒杀模型

适用题型	题干出现 $a_{n+1} = \dfrac{pa_n}{qa_n + r} (p, q, r \in \mathbf{R})$
技巧说明	题干出现 $a_{n+1} = \dfrac{pa_n}{qa_n + r} (p, q, r \in \mathbf{R})$ 可立即变形为 $\dfrac{1}{a_{n+1}} = \dfrac{qa_n + r}{pa_n} = \dfrac{q}{p} + \dfrac{r}{pa_n}$ (左右同时取倒数)
代表例题	例 40、例 41

例 40　已知数列 $\{a_n\}$ 中, $a_1 = 1$, $a_{n+1} = \dfrac{a_n}{1 + 3a_n}$, 则 $a_{100} = $ (　　).

A. $\dfrac{1}{99}$　　　　B. $\dfrac{1}{119}$　　　　C. $\dfrac{1}{198}$　　　　D. $\dfrac{1}{298}$　　　　E. $\dfrac{1}{300}$

【解析】$a_{n+1} = \dfrac{a_n}{1+3a_n}$ 左右同时取倒数,可得 $\dfrac{1}{a_{n+1}} = \dfrac{1+3a_n}{a_n} = \dfrac{1}{a_n} + 3$,移项得 $\dfrac{1}{a_{n+1}} - \dfrac{1}{a_n} = 3$,所以 $\left\{\dfrac{1}{a_n}\right\}$ 是以 $\dfrac{1}{a_1} = 1$ 为首项,以 3 为公差的等差数列,所以有

$$\frac{1}{a_n} = 1 + (n-1) \times 3,$$

化简得 $\dfrac{1}{a_n} = 3n - 2$,故 $a_n = \dfrac{1}{3n-2}$,所以 $a_{100} = \dfrac{1}{298}$. 故选 D.

例 41 已知数列 $\{a_n\}$ 中,$a_1 = 2$,$a_{n+1} = \dfrac{2a_n}{a_n + 2}$,则 $a_{100} = (\quad)$.

A. $\dfrac{1}{49}$　　　　B. $\dfrac{1}{50}$　　　　C. $\dfrac{1}{98}$　　　　D. $\dfrac{1}{99}$　　　　E. $\dfrac{1}{100}$

【解析】$a_{n+1} = \dfrac{2a_n}{a_n + 2}$,左右同时取倒数,可得 $\dfrac{1}{a_{n+1}} = \dfrac{a_n + 2}{2a_n} = \dfrac{1}{2} + \dfrac{1}{a_n}$,移项得 $\dfrac{1}{a_{n+1}} - \dfrac{1}{a_n} = \dfrac{1}{2}$,所以 $\left\{\dfrac{1}{a_n}\right\}$ 是以 $\dfrac{1}{a_1} = \dfrac{1}{2}$ 为首项,以 $\dfrac{1}{2}$ 为公差的等差数列,则有 $\dfrac{1}{a_n} = \dfrac{1}{2} + (n-1) \times \dfrac{1}{2}$,化简得 $\dfrac{1}{a_n} = \dfrac{n}{2}$,故 $a_n = \dfrac{2}{n}$,所以 $a_{100} = \dfrac{1}{50}$. 故选 B.

36技　构造等比数列秒杀模型

适用题型	题干出现 $a_{n+1} = qa_n + d$
技巧说明	题干出现 $a_{n+1} = qa_n + d$ 时,可立即变形为 $a_{n+1} + x = q(a_n + x)$,$x = \dfrac{d}{q-1}$,构造等比数列分析
代表例题	例 42

例 42 已知数列 $\{a_n\}$ 中,$a_1 = 2$,$a_{n+1} = 3a_n - 2$,则 $a_{100} = (\quad)$.

A. $3^{99} + 1$　　　B. $3^{99} - 1$　　　C. 3^{100}　　　D. $3^{100} + 1$　　　E. $3^{100} - 1$

【解析】$a_{n+1} = 3a_n - 2$ 可变形为 $a_{n+1} + x = q(a_n + x)$,$x = \dfrac{-2}{3-1} = -1$,所以

$$a_{n+1} - 1 = 3(a_n - 1).$$

设 $b_n = a_n - 1$,则有 $b_{n+1} = 3b_n$,即 $\dfrac{b_{n+1}}{b_n} = 3$,所以 $\{b_n\}$ 是以 $b_1 = a_1 - 1 = 1$ 为首项,以 3 为公比的等比数列,因此 $b_n = b_1 \cdot q^{n-1} = 3^{n-1}$,故 $a_n = b_n + 1 = 3^{n-1} + 1$,因此 $a_{100} = 3^{99} + 1$. 故选 A.

37技 斐波那契数列之列举找规律法

适用题型	递推公式类难题
技巧说明	数列题目若实在不会做可以给 n 赋值,列举找规律
代表例题	例 43、例 44

例 43 设 $a_1 = 1, a_2 = k, \cdots, a_{n+1} = |a_n - a_{n-1}|(n \geq 2)$,则 $a_{100} + a_{101} + a_{102} = 2$.

(1)$k = 2$.

(2)k 是小于 20 的正整数.

【解析】 条件(1),$k = 2$ 时,此数列为 $1,2,1,1,0,1,1,0,1,1,0,\cdots$,从第 3 项开始每连续三项和均为 2,充分;条件(2),此数列为 $1,k,k-1,1,k-2,k-3,1,\cdots,1,1,0,1,1,0,\cdots$,$k = 19$ 时 $1,1,0$ 循环出现的较晚,从 a_{28} 开始出现,即从第 28 项开始每连续三项和均为 2,充分. 故选 D.

例 44 已知数列 $\{a_n\}$ 中,$a_{n+2} = a_{n+1} - a_n$,则能确定 S_{2020} 的值.

(1)$a_1 = 3$.

(2)$a_2 = 6$.

【解析】 两条件单独显然不充分,联合分析可列举找规律:$a_1 = 3, a_2 = 6, a_{n+2} = a_{n+1} - a_n$,所以从第一项开始列举可得:$3, 6, 3, -3, -6, -3, 3, 6, 3, -3, -6, -3, 3, \cdots$ 每 6 项一循环,因为 $2020 \div 6 = 336 \cdots\cdots 4$,所以 $S_{2020} = 336 \times (3 + 6 + 3 - 3 - 6 - 3) + 3 + 6 + 3 - 3 = 9$,故联合充分. 故选 C.

第六节　专题测评

一、问题求解

1. 已知数列 $\{a_n\}$ 的通项公式为 $a_n = 3^n + 2^n + 2n - 1$,则前 5 项和为(　　　).

   A. 225   B. 350   C. 320   D. 450   E. 500

2. 设 S_n 是等差数列的前 n 项和,$a_4 = -12, a_8 = 4$,则当 $n = (　　　)$ 时 S_n 取到最小值.

   A. 6   B. 7   C. 8   D. 6 或 7   E. 7 或 8

3. 数列 $\{a_n\}$ 的前 n 项和是 $S_n = 4n^2 + 3n - 2$,则 $a_{100} = (　　　)$.

   A. 120   B. 280   C. 519   D. 729   E. 799

4. 已知数列 $a_n = \dfrac{n^2+n+1}{n(n+1)}$，则 $S_{99} = ($　　$)$.

A. $\dfrac{100}{99}$　　　B. $\dfrac{99}{100}$　　　C. $\dfrac{100}{99}+100$　　　D. $\dfrac{99}{100}+99$　　　E. 199

5. 等差数列 $\{a_n\}$ 的前 n 项和为 S_n，且 $a_{m+1}+a_{m-1}-a_m^2=0$，$S_{2m-1}=38$，则 $m=($　　$)$.

A. 38　　　B. 20　　　C. 10　　　D. 9　　　E. 5

6. 已知等差数列 $\{a_n\}$ 的公差 $d=\dfrac{1}{2}$，$S_{100}=145$，则 $S_{\text{奇}}=a_1+a_3+a_5+\cdots+a_{99}=($　　$)$.

A. 85　　　B. 75　　　C. 70　　　D. 65　　　E. 60

7. 已知数列 $\{a_n\}$ 的通项公式是 $a_n=2n-23$，则使前 n 项和 S_n 取最小值的 n 值是($　　$).

A. 10　　　B. 11　　　C. 12　　　D. 13　　　E. 14

8. 在等差数列 $\{a_n\}$ 中，若 $a_4+a_6+a_8+a_{10}+a_{12}=120$，则 $2a_{10}-a_{12}$ 的值为($　　$).

A. 20　　　B. 22　　　C. 24　　　D. 26　　　E. 28

9. 已知 $\{a_n\}$ 为等差数列，$a_1+a_3+a_5=105$，$a_2+a_4+a_6=99$，S_n 表示 $\{a_n\}$ 的前 n 项和，则使 S_n 取到最大值的 n 值是($　　$).

A. 21　　　B. 20　　　C. 19　　　D. 18　　　E. 22

10. 数列 $\{a_n\}$ 中，$a_1=5$，$a_2=2$，$a_n=2a_{n-1}+3a_{n-2}$（$n\geqslant3$），则 $S_3=($　　$)$.

A. 11　　　B. 17　　　C. 19　　　D. 21　　　E. 26

11. 设等差数列 $\{a_n\}$ 的前 n 项和为 $\{S_n\}$，已知 $a_3=12$，$S_{12}>0$，$S_{13}<0$，则公差 d 的取值范围中包含（　　）个整数.

A. 0　　　B. 1　　　C. 2　　　D. 4　　　E. 无数个

12. 若在等差数列中前 5 项和 $S_5=15$，前 15 项和 $S_{15}=120$，则前 10 项和 $S_{10}=($　　$)$.

A. 40　　　B. 45　　　C. 50　　　D. 55　　　E. 60

13. 已知 $\{a_n\}$ 是等差数列，$a_2+a_5+a_8=18$，$a_3+a_6+a_9=12$，则 $a_4+a_7+a_{10}=($　　$)$.

A. 6　　　B. 10　　　C. 13　　　D. 16　　　E. 20

14. 若 6，a，c 成等差数列，36，a^2，$-c^2$ 也成等差数列，则 $c=($　　$)$.

A. -6　　　B. -5　　　C. 2　　　D. -6 或 2　　　E. ±5

15. 已知 $a_1,a_2,a_3,\cdots$ 是各项为正数的等比数列，$a_5-a_1=90$，$a_2a_4=576$，则其前 5 项的和等于（　　）.

　　A. 256　　　　　B. 243　　　　　C. 186　　　　　D. 765　　　　　E. 968

二、条件充分性判断

16. 在等差数列 $\{a_n\}$ 中，其前 n 项和为 S_n，则 $S_{2022}=-2022$.

　　(1)$a_1=-2022$.

　　(2)$\dfrac{S_{12}}{12}-\dfrac{S_{10}}{10}=2$.

17. $a=-1$.

　　(1) 抛物线 $y=(a-1)x^2+2ax+3a+\dfrac{5}{2}$ 的最高点在 x 轴上.

　　(2)$\{a_n\}$ 是等比数列，前 n 项和为 $S_n=2^n+a$.

18. 数列 $\{a_n\}$ 为等差数列，能确定 S_7 的值.

　　(1)$a_2+a_5+a_7=14$.

　　(2)$a_4-3a_7+a_{10}=-7$.

19. S_n 为数列 $\{a_n\}$ 的前 n 项和，且 $a_n^2+2a_n=4S_n+3$，则能确定数列 $\{a_n\}$ 的通项公式.

　　(1) 已知 a_1 的值.

　　(2) 已知 $a_n>0$.

20. 设等差数列 $\{a_n\}$ 的前 m 项和为 S_n，则 $S_9=54$.

　　(1)$2a_8=a_{11}+6$.

　　(2)$d=1$.

21. 在数列 $\{a_n\}$ 中，$a_{2017}+a_{2018}+a_{2019}+a_{2020}=24$.

　　(1) 数列 $\{a_n\}$ 中任何连续三项的和都是 20.

　　(2)$a_{1000}=9$.

22. 已知 $\{a_n\}$ 是等比数列，且 $\dfrac{1}{a_1}+\dfrac{1}{a_3}=\dfrac{5}{4}$，则 a_1+a_3 的值为 5.

　　(1)$a_2=2$.

　　(2)$a_2=-2$.

23. 已知 $\{a_n\}$ 为等差数列，则 S_n 有最大值.

(1) $S_9 < S_8$.

(2) $a_1 > 0$.

24. 已知数列 $\{a_n\}$ 是等差数列($d \neq 0$),且有 $a_1 = 25$,则 $S_k = 169$.

    (1) 数列前 n 项和的最大值为 S_k.

    (2) $S_9 = S_{17}$.

25. 数列 $\{a_n\}$ 为等差数列,则 $a_1 a_6 < a_3 a_4$.

    (1) 首项 $a_1 > 0$.

    (2) 公差 $d > 0$.

测评解析

1.【答案】D

【解析】$S_5 = \dfrac{3(1-3^5)}{1-3} + \dfrac{2(1-2^5)}{1-2} + 5 \times 5 = 450$. 故选 D.

2.【答案】D

【解析】$a_4 = -12, a_8 = 4$,所以 $d = 4$,其通项 $a_n = -12 + (n-4) \times 4 = 4n - 28$,所以此数列为递增数列,前 6 项为负值,$a_7 = 0$,从第 8 项开始为正数,所以前 6 项或前 7 项的和最小. 故选 D.

3.【答案】E

【解析】依题意得 $S_n = 4n^2 + 3n - 2 \Rightarrow a_n = 8n - 1 (n \geqslant 2) \Rightarrow a_{100} = 799$. 故选 E.

4.【答案】D

【解析】$a_n = \dfrac{n^2 + n + 1}{n(n+1)} = 1 + \dfrac{1}{n(n+1)}$, $S_{99} = 99 + \left(\dfrac{1}{1 \times 2} + \dfrac{1}{2 \times 3} + \cdots + \dfrac{1}{99 \times 100} \right)$,利用裂项相消法可得原式 $= 99 + \left(1 - \dfrac{1}{2} + \dfrac{1}{2} - \dfrac{1}{3} + \cdots + \dfrac{1}{99} - \dfrac{1}{100} \right) = 99 + \dfrac{99}{100}$. 故选 D.

5.【答案】C

【解析】因为 $\{a_n\}$ 是等差数列,所以 $a_{m+1} + a_{m-1} = 2a_m$,由 $a_{m+1} + a_{m-1} - a_m^2 = 0$,得 $a_m = 2$,又 $S_{2m-1} = (2m-1)a_m = 2(2m-1) = 38 \Rightarrow m = 10$. 故选 C.

6.【答案】E

【解析】由题意得 $S_奇 + S_偶 = 145$, $S_偶 - S_奇 = 25$,两式相减得 $S_奇 = 60$. 故选 E.

7.【答案】B

【解析】由通项公式 $a_n = 2n - 23$ 知, $a_{11} = -1 < 0, a_{12} = 1 > 0$,因此当 S_n 取得最小值时, $n = 11$. 故选 B.

8.【答案】C

【解析】由 $a_4 + a_6 + a_8 + a_{10} + a_{12} = 120$,知 $5a_8 = 120$,故 $a_8 = 24$,从而 $2a_{10} - a_{12} = 2a_{10} - (a_{10} + $

$2d) = a_{10} - 2d = a_8 = 24.$ 故选 C.

9.【答案】B

【解析】由 $a_1 + a_3 + a_5 = 105$，得 $a_3 = 35$，由 $a_2 + a_4 + a_6 = 99$，得 $a_4 = 33$，则 $d = -2$，$a_n = a_4 + (n-4) \times (-2) = 41 - 2n$，由 $\begin{cases} a_n \geqslant 0, \\ a_{n+1} < 0, \end{cases}$ 得 $n = 20$. 故选 B.

10.【答案】E

【解析】依题可得 $a_3 = 2a_2 + 3a_1 = 19$，故 $S_3 = 5 + 2 + 19 = 26.$ 故选 E.

11.【答案】A

【解析】$a_3 = 12 = a_1 + 2d \Rightarrow a_1 = 12 - 2d,$

$$\begin{cases} S_{12} = 12a_1 + \dfrac{12 \times 11}{2}d = 12(12 - 2d) + \dfrac{12 \times 11}{2}d > 0, \\ S_{13} = 13a_1 + \dfrac{13 \times 12}{2}d = 13(12 - 2d) + \dfrac{13 \times 12}{2}d < 0 \end{cases} \Rightarrow -\dfrac{24}{7} < d < -3,$$

即包含 0 个整数. 故选 A.

12.【答案】D

【解析】由等差数列前 n 项和性质，可得 $2(S_{10} - 15) = 15 + (120 - S_{10})$，解得 $S_{10} = 55.$ 故选 D.

13.【答案】A

【解析】依据等差数列下角标性质，可得 $a_2 + a_5 + a_8 = 18 \Rightarrow 3a_5 = 18 \Rightarrow a_5 = 6, a_3 + a_6 + a_9 = 12 \Rightarrow 3a_6 = 12 \Rightarrow a_6 = 4, a_4 + a_7 + a_{10} = 3a_7 = 3(2a_6 - a_5) = 6.$ 故选 A.

14.【答案】D

【解析】依题可得方程组 $\begin{cases} 2a = 6 + c, \\ 2a^2 = 36 - c^2, \end{cases}$ 解得 $c = -6$ 或 2. 故选 D.

15.【答案】C

【解析】由题意和等比数列的性质可知，$a_n > 0, q > 0, a_2a_4 = a_1a_5 = 576$，又因 $a_5 - a_1 = 90$，解得 $a_5 = 96, a_1 = 6 \Rightarrow q = 2$，所以 $S_5 = 6 \times \dfrac{2^5 - 1}{2 - 1} = 186.$ 故选 C.

16.【答案】C

【解析】条件(1) 显然不充分. 条件(2)，可得 $\dfrac{S_{12}}{12} - \dfrac{S_{10}}{10} = \dfrac{\frac{(2a_1 + 11d) \times 12}{2}}{12} - \dfrac{\frac{(2a_1 + 9d) \times 10}{2}}{10} = 2 \Rightarrow d = 2$，所以两条件单独均不充分. 联合条件(1)、(2)，可得 $S_{2\,022} = na_1 + \dfrac{n(n-1)}{2}d = 2\,022 \times (-2\,022) + \dfrac{2\,022 \times 2\,021}{2} \times 2 = -2\,022$，充分. 故选 C.

17.【答案】D

【解析】条件(1)，由题意可知，抛物线与 x 轴只有一个交点，则 $4(a-1)\left(3a + \dfrac{5}{2}\right) - 4a^2 = 0 \Rightarrow 4a^2 - a - 5 = 0$，得 $a = -1$ 或 $\dfrac{5}{4}$，因为抛物线有最高点，可知抛物线开口向下，即 $a - 1 < 0$，排除

$a = \dfrac{5}{4}$,所以条件(1)充分;

条件(2),因为 $\{a_n\}$ 是等比数列,且 $S_n = 2^n + a$,所以 $1 + a = 0$,即 $a = -1$,也充分. 故选 D.

18.【答案】C

【解析】$S_7 = 7a_4$,条件(1)无法求出 a_4,所以不充分. 条件(2)仅可得 $a_7 = 7$,不充分. 两条件联合,得 $a_1 = 1, d = 1, S_7 = \dfrac{7 \times (7+1)}{2} = 28$. 故选 C.

19.【答案】B

【解析】由 $a_n^2 + 2a_n = 4S_n + 3$,可知 $a_{n-1}^2 + 2a_{n-1} = 4S_{n-1} + 3(n \geqslant 2)$,两式相减得
$$(a_n + a_{n-1})(a_n - a_{n-1}) = 2(a_n + a_{n-1}).$$

条件(1),仅由 a_1 无法推出 $a_n + a_{n-1}$ 是否等于 0,若等于 0,a_n 为类似 $k, -k, k, -k, \cdots$ 的数列,若 $a_n + a_{n-1}$ 不为 0,则 $a_n - a_{n-1} = 2$,故无法确定数列,条件(1)不充分;

条件(2),$a_n > 0$,则 $a_n + a_{n-1} \neq 0$,故 $a_n - a_{n-1} = 2(n \geqslant 2)$,$n = 1$ 代入原式得 $a_1 = 3$ 或 -1(舍),可得 $a_n = 2n + 1$,条件(2)充分. 故选 B.

20.【答案】A

【解析】$2a_8 = 2a_1 + 14d = a_1 + 10d + 6 \Rightarrow a_1 + 4d = a_5 = 6 \Rightarrow S_9 = 54$,条件(1)充分,条件(2)不充分. 故选 A.

21.【答案】E

【解析】两条件单独显然不充分,联合分析,$a_{1\,000} = 9$,则 $a_{2\,017} = a_{2\,020} = 9$,数列 $\{a_n\}$ 中任何连续三项的和都是 20,故 $a_{2\,018} + a_{2\,019} = 11$,因此 $a_{2\,017} + a_{2\,018} + a_{2\,019} + a_{2\,020} = 29$,不充分. 故选 E.

22.【答案】D

【解析】$a_2 = 2$,则 $a_1 a_3 = 4$,$\dfrac{1}{a_1} + \dfrac{1}{a_3} = \dfrac{a_1 + a_3}{a_1 a_3} = \dfrac{5}{4} \Rightarrow a_1 + a_3 = 5$,条件(1)充分;同理条件(2)也充分. 故选 D.

23.【答案】C

【解析】要确定 S_n 有最大值,只需 $a_1 > 0$ 且 $d < 0$ 即可. 条件(1),可得 $a_9 < 0$,不知首项正负,不能确定 S_n 有最大值,而条件(2),不知 d 的正负,均不充分. 联合有 $a_1 > 0, a_9 < 0$,则 $d < 0$,S_n 有最大值,充分. 故选 C.

24.【答案】C

【解析】两个条件单独显然不能推出结论,联合两个条件,由 $S_9 = S_{17} \Rightarrow 9 \times 25 + 36d = 17 \times 25 + 136d \Rightarrow d = -2$,则 $S_n = 25n + \dfrac{n(n-1)}{2} \times (-2) = -n^2 + 26n = -(n-13)^2 + 169$,最大值为 $S_{13} = 169$,故联合可以推出结论. 故选 C.

25.【答案】B

【解析】由题可知 $a_1 a_6 - a_3 a_4 = a_1(a_1 + 5d) - (a_1 + 2d)(a_1 + 3d) = -6d^2 \leqslant 0$,所以条件(1)不充分;条件(2)充分. 故选 B.

专题六　平面几何

专题解读　本专题主要研究平面图形的形状、长度和面积,考试中以三角形、四边形、其他多边形和圆与扇形为载体进行出题. 其中三角形和四边形是考核的重点,三角形内容很多,包括三角形角边关系、五大面积公式及应用、相似与全等、四心五线等;四边形考试时会着重考查特殊四边形,所以考生在学习本模块时一定要牢记各类特殊四边形的性质和相关定理. 圆与扇形相对较为简单,考试也以基本的求面积为主. 此外考试中也曾出现中线定理、切割线定理等创新考点.

考试范围　1.三角形.

2.四边形.

3.圆与扇形.

考试地位　本部分每年考试大约占 2 道题目,题目难度适中.

考试重点　1.三角形的面积公式及应用.

2.全等与相似.

3.三角形四心五线.

4.特殊四边形.

5.与圆弧相关的面积问题.

专题导航

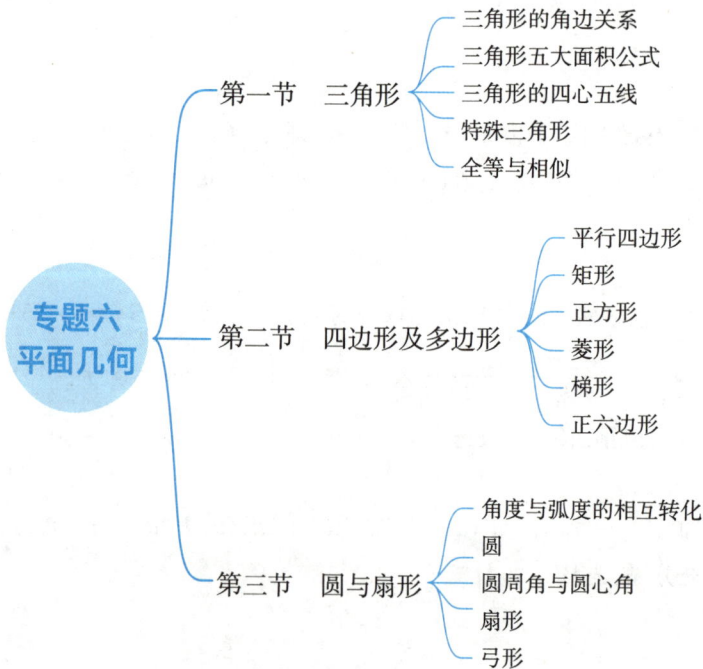

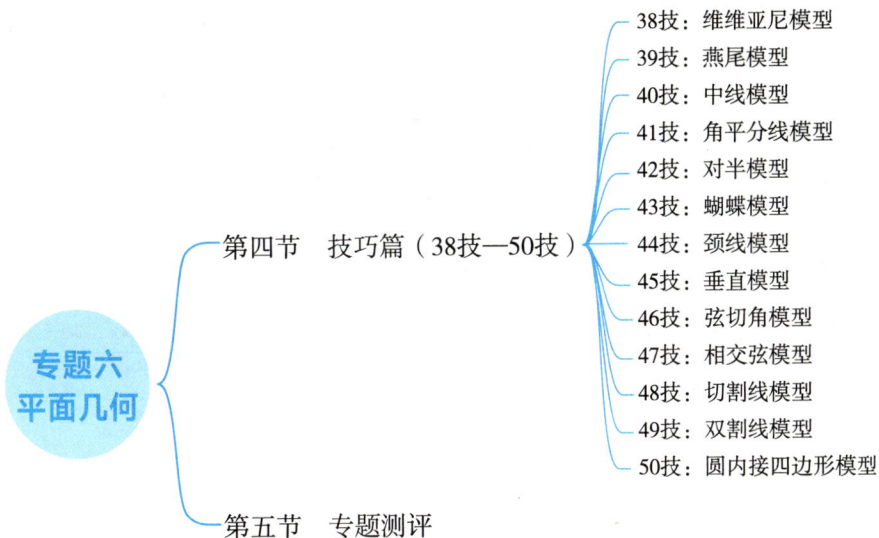

第一节　三角形

> **本节说明**　本节题目较为灵活，特别是三角形求面积和求长度问题中方法较多，另外和三角形相关的定理如正余弦定理、鸟头定理、燕尾定理、中线定理等也需要考生掌握.

一、考点精析

1. 三角形的角边关系

1.1　内角与外角

（1）内角：三角形的内角和为 $180°$.

（2）外角：三角形的外角等于与之不相邻的两个内角之和.

1.2　三角形的三边关系（假设三边为 a,b,c）

（1）任意两边之和大于第三边.

$$\begin{cases} a+b>c, \\ a+c>b, \\ b+c>a \end{cases} \Leftrightarrow a+b>c \text{ 且 } c \text{ 为最长边}.$$

（2）任意两边之差小于第三边.

$$\begin{cases} |a-b|<c, \\ |a-c|<b, \\ |b-c|<a \end{cases} \Leftrightarrow |a-b|<c \text{ 且 } c \text{ 为最短边}.$$

（3）若 a,b,c 可构成三角形，则另两边之差 $<$ 任意一边 $<$ 另两边之和.

1.3 三角形的角边关系

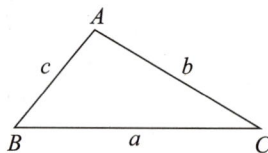

(1) 正弦定理：$\dfrac{a}{\sin A} = \dfrac{b}{\sin B} = \dfrac{c}{\sin C} = 2R$（$R$ 指三角形外接圆半径）.

(2) 余弦定理：$\cos A = \dfrac{b^2 + c^2 - a^2}{2bc}$，$\cos B = \dfrac{a^2 + c^2 - b^2}{2ac}$，$\cos C = \dfrac{a^2 + b^2 - c^2}{2ab}$.

(3) 正比定理：大角对大边，小角对小边，等角对等边.

2. 三角形五大面积公式

2.1 $S_\triangle = \dfrac{1}{2}ah$（$a$ 为底，h 为高）

应用 1：两三角形同底时，其面积之比等于高之比.

应用 2：两三角形等高时，其面积之比等于底之比.

应用 3：两三角形同底等高时，其面积相等.

2.2 $S_\triangle = \dfrac{1}{2}ab\sin C$（$a$，$b$ 为三角形两边，$\angle C$ 为 a，b 两边夹角）

应用 1：已知两边及其夹角求面积.

应用 2：判定三角形形状.

应用 3：鸟头定理（两三角形同角、等角或补角时其面积之比等于该角两夹边乘积之比）.

> **超言超语**
>
> 特殊 $\sin$ 值.
>
> | 角度 | 30° | 45° | 60° | 90° | 120° | 135° | 150° |
> |------|-----|-----|-----|-----|------|------|------|
> | $\sin$ 值 | $\dfrac{1}{2}$ | $\dfrac{\sqrt{2}}{2}$ | $\dfrac{\sqrt{3}}{2}$ | 1 | $\dfrac{\sqrt{3}}{2}$ | $\dfrac{\sqrt{2}}{2}$ | $\dfrac{1}{2}$ |

2.3 海伦公式：$S_\triangle = \sqrt{p(p-a)(p-b)(p-c)}$ $\left(a, b, c\ \text{为三角形三边}, p = \dfrac{a+b+c}{2}\right)$

应用 1：已知三边求面积.

应用 2：求解三角形面积的最值（利用均值定理求最值）.

2.4 $S_\triangle = \dfrac{1}{2}r(a+b+c)$（$a$，$b$，$c$ 为三角形三边，r 为三角形内切圆半径）

应用：对于任意三角形，有 $r = \dfrac{2S_\triangle}{a+b+c}$.

2.5　$S_\triangle = \dfrac{abc}{4R}$（$a,b,c$ 为三角形三边，R 为三角形外接圆半径）

　　　应用：对于任意三角形，有 $R = \dfrac{abc}{4S_\triangle}$.

3. 三角形的四心五线

3.1　内心（三角形内切圆圆心）是三角形三条角平分线的交点

　　　设 $\triangle ABC$ 的三边分别为 a,b,c，内切圆半径记为 r，则有以下结论：

　　　（1）内心到三角形三边的距离相等，均为内切圆半径 r.

　　　（2）对于任意三角形：$r = \dfrac{2S_\triangle}{a+b+c}$.

　　　对于直角三角形：$r = \dfrac{a+b-c}{2}$（c 为斜边）.

　　　对于等边三角形：$r = \dfrac{\sqrt{3}}{6}a$.

3.2　外心（三角形外接圆圆心）是三角形三条边中垂线的交点

　　　设 $\triangle ABC$ 的三边分别为 a,b,c，外接圆半径为 R，则有以下结论：

　　　（1）外心到三角形三个顶点的距离相等，均为外接圆半径 R.

　　　（2）对于任意三角形：$R = \dfrac{1}{2} \cdot \dfrac{a}{\sin A}$（正弦定理）.

　　　对于直角三角形：$R = \dfrac{c}{2}$（c 为斜边）.

　　　对于等边三角形：$R = \dfrac{\sqrt{3}}{3}a$.

3.3　重心是三角形三条中线的交点

　　　设 $\triangle ABC$ 的三边分别为 a,b,c，三边中点为 D,E,F，连接 AD,BE,CF 交于点 O，$A(x_1,y_1)$，$B(x_2,y_2)$，$C(x_3,y_3)$，则有以下结论：

　　　（1）重心将中线分为长度比为 $2:1$ 的两段，连接顶点的占 2 份，连接底边的占 1 份.

　　　（2）$S_{\triangle AOB} = S_{\triangle AOC} = S_{\triangle BOC} = \dfrac{1}{3}S_{\triangle ABC}$.

　　　（3）重心 $O\left(\dfrac{x_1+x_2+x_3}{3}, \dfrac{y_1+y_2+y_3}{3}\right)$.

　　　（4）重心到三顶点距离的平方和最小.

3.4　垂心是三角形三条高线的交点

　　　（1）垂心 H 关于三边的对称点均在 $\triangle ABC$ 的外接圆上.

　　　（2）锐角三角形的垂心到三顶点的距离之和等于其内切圆与外接圆半径之和的 2 倍.

3.5　中位线：连接三角形两边中点的线段叫中位线

　　　（1）中位线平行于底边并且等于底边的一半.

（2）连接三角形的三条中位线可以将原三角形分为面积相等的 4 个小三角形.

超言超语

　　（1）等边三角形四心（内心、外心、重心、垂心）合一；若三角形任意两心合一，则该三角形必为等边三角形.

　　（2）等腰三角形底边上的四线（角平分线、中垂线、中线、高线）合一；若三角形任意两线合一，则该三角形必为等腰三角形.

4. 特殊三角形

4.1　等边三角形

设等边三角形的边长为 a，高为 h，内切圆半径为 r，外接圆半径为 R.

(1) $h=\dfrac{\sqrt{3}}{2}a$，$S_\triangle=\dfrac{\sqrt{3}}{4}a^2$.

(2) $r=\dfrac{\sqrt{3}}{6}a$，$R=\dfrac{\sqrt{3}}{3}a$，$r+R=\dfrac{\sqrt{3}}{6}a+\dfrac{\sqrt{3}}{3}a=\dfrac{\sqrt{3}}{2}a=h$.

4.2　直角三角形

设直角三角形的边长分别为 a,b,c（c 为斜边）.

(1) 勾股定理：$a^2+b^2=c^2$.

超言超语

　　常用勾股数有 $(1,\sqrt{2},\sqrt{3})$、$(3,4,5)$、$(5,12,13)$、$(7,24,25)$、$(8,15,17)$，在此 5 组数据的基础上扩大或缩小若干倍均满足勾股定理.

(2) 直角三角形斜边上的中线等于斜边的一半.

(3) 等腰直角三角形（腰记作 a，底边记作 c）三边之比 $a:a:c=1:1:\sqrt{2}$，$S_\triangle=\dfrac{a^2}{2}=\dfrac{c^2}{4}$.

(4) $30°,60°,90°$ 直角三角形三边之比 $a:b:c=1:\sqrt{3}:2$，$30°$ 所对的直角边等于斜边的一半.

4.3　顶角为120°的等腰三角形

若腰记作 a，底边记作 c，则三边之比为 $a:a:c=1:1:\sqrt{3}$，$S_\triangle=\dfrac{\sqrt{3}}{4}a^2$.

5. 全等与相似

5.1　全等

（1）判定.

① SSS（边边边）：三边对应相等的两个三角形全等.

②SAS(边角边):两边及其夹角对应相等的两个三角形全等.

③ASA(角边角):两角及其夹边对应相等的两个三角形全等.

④AAS(角角边):两角及其一角的对边对应相等的两个三角形全等.

⑤HL(斜边、直角边):斜边及一条直角边相等的两个直角三角形全等.

(2)性质.

两个三角形全等,则两个三角形的三条边、三个角、周长、面积等都对应相等.

5.2　相似

(1)判定.

① 三组对应边之比相等,则两个三角形相似.

② 两组对应边之比相等,且两边夹角相等,则两个三角形相似.

③ 两组对应角相等,则两个三角形相似.

④ 对于直角三角形,若直角边和斜边之比相等,则两个直角三角形相似.

(2)性质.

① 相似三角形(相似图形)对应边的比相等(即为相似比).

② 相似三角形(相似图形)的高、中线、角平分线的比等于相似比.

③ 相似三角形(相似图形)的周长比等于相似比.

④ 相似三角形(相似图形)的面积比等于相似比的平方.

(3)常见的相似模型图.

① 金字塔模型:

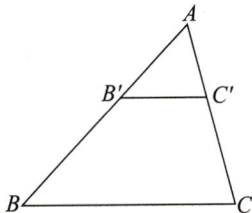

② 沙漏模型:

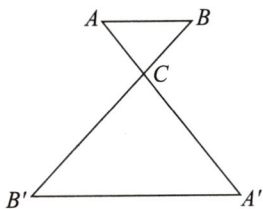

③ 楼梯模型:

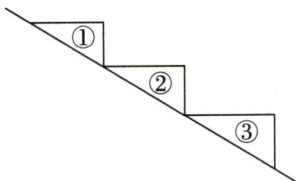

④ 直角三角形模型($AC \perp BC, CD \perp AB$)：

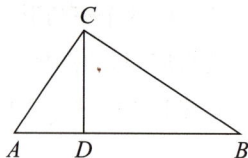

超言超语

　　在此模型图中, $\triangle ACD$、$\triangle CBD$、$\triangle ABC$ 两两相似, 故可利用两三角形相似, 对应边之比等于相似比推导出射影定理：

① $AC^2 = AD \cdot AB$.

② $BC^2 = BD \cdot AB$.

③ $CD^2 = AD \cdot BD$.

④ $AC \cdot BC = CD \cdot AB$.

二、经典例题

1. 三角形的角边关系

思维点拨　本部分在学习时重点关注三角形的三边关系以及正余弦定理. 在三角形的三边关系中, 一般情况下, 已知边长给得越多, 所列的不等式应该越少越简单; 在正余弦定理中, 考生需要牢记定理本身的公式以及简单了解特殊的正余弦值.

例 1　下列长度的三根小木棒能构成三角形的是(　　).

A. 2,3,5　　　　　B. 7,4,2　　　　　C. 3,4,8　　　　　D. 3,3,4　　　　　E. 4,7,12

【解析】要想构成三角形需满足 $a + b > c$ 且 c 为最长边, 经验证只有 D 满足. 故选 D.

例 2　若三角形的三边分别是 $3, 1 - 2a, 8$, 则 a 的取值范围是(　　).

A. $1 < a < 3$　　B. $-1 < a < 2$　　C. $-3 < a < -2$　　D. $-1 < a < 3$　　E. $-5 < a < -2$

【解析】若 $3, 1 - 2a, 8$ 可构成三角形, 则另两边之差 < 任意一边 < 另两边之和, 所以有 $5 < 1 - 2a < 11$, 解得 $-5 < a < -2$. 故选 E.

例 3　若 $\triangle ABC$ 中, 最长边为 9, 则三角形周长 L 的取值范围是(　　).

A. $10 < L < 18$　　B. $18 < L < 27$　　C. $12 < L < 24$　　D. $18 < L \leqslant 27$　　E. $18 \leqslant L \leqslant 27$

【解析】设 $\triangle ABC$ 三边为 a, b, c, 最长边为 $c = 9$, 则 a, b 必满足 $a \leqslant 9, b \leqslant 9, a + b > 9$, 所以周

长 $9+c<a+b+c\leqslant 18+c$,故 $18<L\leqslant 27$.故选 D.

例 4 若关于 x 的方程 $(x-2)(x^2-4x+m)=0$ 有三个根,且这三个根恰好可以作为一个三角形的三条边的长,则 m 的取值范围是(　　).

　　A. $3<m\leqslant 4$　　　B. $0<m\leqslant 2$　　　C. $0<m\leqslant 4$　　　D. $2<m\leqslant 3$　　　E. $0<m\leqslant 3$

【解析】 根据原方程可知 $x-2=0$,或 $x^2-4x+m=0$,因为关于 x 的方程有三个根,所以 $x^2-4x+m=0$ 的根的判别式 $\Delta\geqslant 0$,然后再由三角形的三边关系来确定 m 的取值范围. $x-2=0,x_1=2$; $x^2-4x+m=0$,设其两根分别为 $x_2,x_3,\Delta=16-4m\geqslant 0,m\leqslant 4,x_2=2+\sqrt{4-m},x_3=2-\sqrt{4-m}$.又因为这三个根恰好可以作为一个三角形的三条边长,且最长边为 x_2,所以 $x_1+x_3>x_2$,解得 m 的取值范围为 $3<m\leqslant 4$.故选 A.

例 5 在 $\triangle ABC$ 中,$\angle B=60°$,则 $\dfrac{c}{a}>2$.

(1)$\angle C<90°$.

(2)$\angle C>90°$.

【解析】 由于 $\angle B=60°$ 已确定,当 $\angle C=90°$ 时,$\dfrac{c}{a}=2$;当 $\angle C>90°$ 时,$\dfrac{c}{a}>2$;当 $\angle C<90°$ 时,$\dfrac{c}{a}<2$.因此条件(1)不充分,条件(2)充分.故选 B.

例 6 三条长度分别为 a,b,c 的线段能构成一个三角形.

(1)$a+b>c$.

(2)$b-c<a$.

【解析】 构成三角形需要满足任意两边之和大于第三边或任意两边之差小于第三边,即需要三个条件同时成立:$a+b>c,a+c>b,b+c>a$.因此条件(1),条件(2)单独都不充分,联合起来也不充分.故选 E.

2. 三角形五大面积公式

> **思维点拨**　三角形的五大面积公式是平面几何的考试重点,考生务必牢记五大面积公式,除此以外,考生还需要掌握每个面积公式的不同应用场景.

例 7 已知 $\triangle ABC$ 的面积为 1,如图所示,现将其三边分别延长 1 倍、2 倍、3 倍得到 $\triangle A'B'C'$,则 $\triangle A'B'C'$ 的面积为(　　).

　　A. 16　　　　B. 18　　　　C. 22　　　　D. 24　　　　E. 32

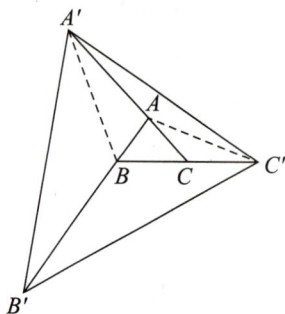

【解析】连接 $A'B$ 和 AC',因为 $\triangle ABC$ 和 $\triangle ACC'$ 等高,所以面积之比等于底之比,故 $S_{\triangle ACC'} = 1$,$\triangle AA'C$ 和 $\triangle ACC'$ 等高,所以面积之比等于底之比,故 $S_{\triangle AA'C} = 2$,同理 $S_{\triangle AA'B} = 2$,$S_{\triangle BB'A} = 6$,$S_{\triangle BB'C} = 6$,所以 $\triangle A'B'C'$ 的面积为 18. 故选 B.

例 8 如图所示,若三角形 ABC 的面积为 1,$\triangle AEC$,$\triangle DEC$,$\triangle BED$ 的面积相等,则三角形 AED 的面积为(　　).

A. $\dfrac{1}{3}$　　　　　B. $\dfrac{1}{6}$　　　　　C. $\dfrac{1}{5}$　　　　　D. $\dfrac{1}{4}$　　　　　E. $\dfrac{2}{5}$

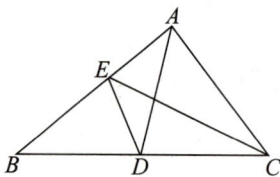

【解析】$S_{\triangle ABC} = S_{\triangle AEC} + S_{\triangle DEC} + S_{\triangle BED} = 1$,$S_{\triangle AEC} = S_{\triangle DEC} = S_{\triangle BED} \Rightarrow S_{\triangle AEC} = S_{\triangle DEC} = S_{\triangle BED} = \dfrac{1}{3}$,由于 $S_{\triangle DEC} = S_{\triangle BED}$,故 D 为 CB 的中点,由于三角形 AED 与三角形 AEC 同底,因此 $S_{\triangle AED} = \dfrac{S_{\triangle AEC}}{2} = \dfrac{1}{6}$. 故选 B.

例 9 三角形 ABC 的面积保持不变.

(1) 底边 AB 增加了 2 厘米,AB 上的高 h 减少了 2 厘米.

(2) 底边 AB 扩大了 1 倍,AB 上的高 h 减少了 50%.

【解析】对于条件(1),$S = \dfrac{1}{2}(a+2)(h-2) \neq \dfrac{1}{2}ah$,不充分;对于条件(2),$S = \dfrac{1}{2} \cdot 2a \cdot \dfrac{h}{2} = \dfrac{1}{2}ah$,充分. 故选 B.

例 10 如图所示,在 $\triangle ABC$ 中,$\angle ABC = 30°$,将线段 AB 绕点 B 旋转至 DB,使 $\angle DBC = 60°$,则 $\triangle DBC$ 和 $\triangle ABC$ 的面积之比为(　　).

A. 1 　　　　B. $\sqrt{2}$ 　　　　C. 2 　　　　D. $\dfrac{\sqrt{3}}{2}$ 　　　　E. $\sqrt{3}$

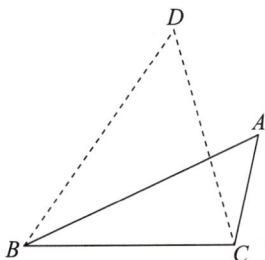

【解析】 依三角形面积公式,可得 $\dfrac{S_{\triangle DBC}}{S_{\triangle ABC}}=\dfrac{\dfrac{1}{2}\cdot BD\cdot BC\cdot \sin 60°}{\dfrac{1}{2}\cdot AB\cdot BC\cdot \sin 30°}=\sqrt{3}$. 故选 E.

例 11 $\triangle ABC$ 的边长为 a,b,c,则 $\triangle ABC$ 为直角三角形.

(1) $(c^2-a^2-b^2)(a^2-b^2)=0$.

(2) $\triangle ABC$ 的面积为 $\dfrac{1}{2}ab$.

【解析】 条件(1),$(c^2-a^2-b^2)(a^2-b^2)=0$,则有 $c^2=a^2+b^2$ 或 $a=b$,所以三角形可能为等腰三角形,不充分;条件(2),三角形 ABC 的面积为 $\dfrac{1}{2}ab$,可知 $\triangle ABC$ 是直角三角形,充分. 故选 B.

例 12 在 $\triangle ABC$ 中,点 D 在 AB 上,点 E 在 AC 上,且满足 $AD:BD=1:2$,$AE:CE=1:1$,则 $S_{\triangle ADE}:S_{\triangle ABC}=(\quad)$.

A. $1:2$ 　　　　B. $1:3$ 　　　　C. $1:6$ 　　　　D. $2:3$ 　　　　E. $3:4$

【解析】 $AD:BD=1:2$,$AE:CE=1:1$,则 $AD:AB=1:3$,$AE:AC=1:2$,所以 $\dfrac{S_{\triangle ADE}}{S_{\triangle ABC}}=$

$\dfrac{\dfrac{1}{2}\cdot AD\cdot AE\cdot \sin A}{\dfrac{1}{2}\cdot AB\cdot AC\cdot \sin A}=\dfrac{AD\cdot AE}{AB\cdot AC}=\dfrac{1}{6}$. 故选 C.

例 13 $\triangle ABC$ 的三边长分别为 13,14,15,则三角形的面积为($\quad$).

A. 72 　　　　B. 76 　　　　C. 82 　　　　D. 84 　　　　E. 91

【解析】 由海伦公式,可得 $p=\dfrac{13+14+15}{2}=21$,$S_{\triangle ABC}=\sqrt{21\times 8\times 7\times 6}=84$. 故选 D.

例 14 $\triangle ABC$ 的周长为 18,则 $S_{\triangle ABC}$ 的最大值为($\quad$).

A. $9\sqrt{3}$ 　　　　B. $12\sqrt{3}$ 　　　　C. 8 　　　　D. 12 　　　　E. 18

【解析】 设三角形三边长为 $a,b,c,a+b+c=18,S_{\triangle ABC}=\sqrt{p(p-a)(p-b)(p-c)},p=$ $\dfrac{a+b+c}{2}=9$，所以 $S_{\triangle ABC}=\sqrt{9(9-a)(9-b)(9-c)}$，依据均值定理可得，和定积大，$(9-a)+(9-b)+$ $(9-c)=9$，和为定值，当且仅当 $9-a=9-b=9-c=3$ 时取到最大值，此时 $a=b=c=6,S_{\triangle ABC}=$ $9\sqrt{3}$. 故选 A.

例 15 若 a,b,c 为三角形三边，则能确定该三角形的面积.

(1)$a+b+c=18$ 且内切圆半径为 4.

(2)$abc=48$ 且外接圆半径为 6.

【解析】 依据三角形面积公式 $S_{\triangle}=\dfrac{1}{2}r(a+b+c)$，故条件(1)充分；同理依据三角形面积公式 $S_{\triangle}=\dfrac{abc}{4R}$，故条件(2)也充分. 故选 D.

3. 三角形的四心五线

> **思维点拨**　三角形的四心五线在真题中出现频率较低，考生只需重点关注内心、外心、重心的相关命题点即可.

例 16 如图所示，圆 O 是三角形 ABC 的内切圆，若三角形 ABC 的面积与周长的大小之比为 $1:2$，则圆 O 的面积为(　　).

A. π　　　　B. 2π　　　　C. 3π　　　　D. 4π　　　　E. 5π

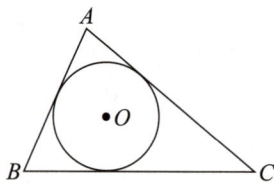

【解析】 设三角形三边分别为 a,b,c，内切圆半径为 r，则 $\dfrac{(a+b+c)\cdot r\cdot\dfrac{1}{2}}{a+b+c}=\dfrac{1}{2}\Rightarrow r=1$，故面积为 π. 故选 A.

例 17 已知 M 是一个平面的有限点集，则平面上存在到 M 中各点距离相等的点.

(1)M 中只有三个点.

(2)M 中的任意三点都不共线.

【解析】 两条件单独明显均不充分，故联合分析，M 中只有三个点且 M 中任意三点都不共线，则这三个点一定可以构成三角形，三角形外心到三顶点的距离相同，故联合充分. 故选 C.

例 18　点 P 是 $\triangle ABC$ 中的一点,则可以确定 $S_{\triangle PAB} = \frac{1}{3} S_{\triangle ABC}$.

(1) 点 P 是 $\triangle ABC$ 的内心.

(2) 点 P 是 $\triangle ABC$ 的外心.

【解析】两条件单独明显均不充分,故联合分析,两心合一,则 $\triangle ABC$ 必为等边三角形,所以四心合一,故联合充分. 故选 C.

例 19　如图所示,在 $\triangle ABC$ 中,$AB = AC = 5$,$BC = 8$,中线 AD,CE 相交于点 F,则 AF 的长为( ).

A. 1　　　　　B. 2　　　　　C. 3　　　　　D. 4　　　　　E. 5

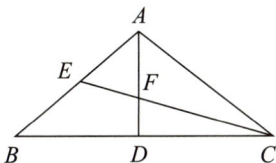

【解析】$AB = AC = 5$,所以三角形底边上的四线合一,即 AD 既是中线也是高线,所以 $CD = 4$,再由勾股定理可得 $AD = 3$,所以 $AF = \frac{2}{3} AD = 2$. 故选 B.

例 20　在 $\triangle ABC$ 中,O 为重心,$OA = 3$,$OB = 4$,$OC = 5$,则 $S_{\triangle ABC} = ($).

A. 12　　　　　B. 14　　　　　C. 15　　　　　D. 17　　　　　E. 18

【解析】如图所示,延长 OE 至 G,使 $OE = EG$,连接 CG,由中线性质,重心将中线分为 $2:1$ 两段. 因为 $OA = 3$,$OB = 4$,所以 $OE = 1.5$,$OF = 2$,故 $CG = 3$,因为 O,F 为 AG 和 AC 的中点,所以 OF 是三角形 AGC 的中位线,因此 $CG = 4$,在三角形 OCG 中,$OG = 3$,$CG = 4$,$OC = 5$,所以 $\angle G = 90°$,$S_{\triangle AOC} = \frac{1}{2} \cdot AO \cdot CG = 6$,所以 $S_{\triangle ABC} = 3 S_{\triangle AOC} = 18$. 故选 E.

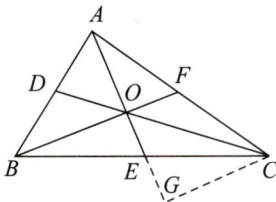

4. 特殊三角形

思维点拨　本部分需要考生牢记每类特殊三角形的边关系、面积公式以及其他相关性质,特别是在直角三角形中,考生需重点记忆常用的勾股数.

例 21 已知等腰直角三角形 ABC 和等边三角形 BDC（见图），设 $\triangle ABC$ 的周长为 $2\sqrt{2}+4$，则 $\triangle BDC$ 的面积是（   ）．

A. $3\sqrt{2}$ B. $6\sqrt{2}$ C. 12   D. $2\sqrt{3}$ E. $4\sqrt{3}$

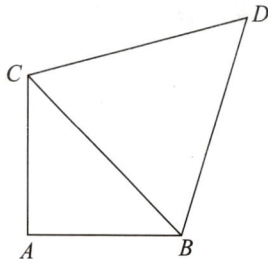

【解析】等腰直角三角形 ABC 周长为 $2\sqrt{2}+4$，可得 $AB=AC=2$，$BC=2\sqrt{2}$，所以 $S_{\triangle BDC}=\frac{1}{2}\cdot BC\cdot BD\cdot\sin 60°=\frac{1}{2}\cdot 2\sqrt{2}\cdot 2\sqrt{2}\cdot\frac{\sqrt{3}}{2}=2\sqrt{3}$．故选 D.

例 22 如图所示，等边 $\triangle ABC$ 的周长为 12，D 为 AC 边上的中点，若 $DE=DB$，则 CE 的长为（   ）．

A. 1   B. $\sqrt{2}$ C. $\sqrt{3}$ D. 2   E. $\sqrt{5}$

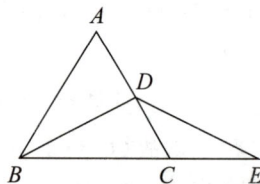

【解析】等边 $\triangle ABC$ 的周长为 12，D 为 AC 边上的中点，所以 $AB=BC=AC=4$，$AD=CD=2$，因为等边三角形四线合一，所以 BD 是中线也是角平分线，所以 $\angle ABD=\angle DBC=30°$，因为 $DE=DB$，所以 $\angle DEB=\angle DBC=30°$，因为 $\angle ACB=60°$，所以 $\angle CDE=30°$，故 $CD=CE=2$．故选 D.

例 23 如图所示，在 $\triangle ABC$ 中，$AB=AC$，$\angle C=30°$，$AB\perp AD$，$AD=3$，则 $BC=$（   ）．

A. 6   B. 7   C. 8   D. 9   E. 10

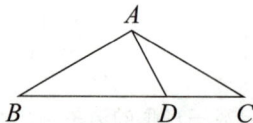

【解析】在 $\triangle ABC$ 中，$AB=AC$，$\angle C=30°$，所以 $\angle B=30°$，因为 $AB\perp AD$，$AD=3$，所以 $BD=6$，又因为在直角三角形 ABD 中，$\angle B=30°$，所以 $\angle ADB=60°$，故 $\angle DAC=30°$，所以 $AD=CD=3$，因此 $BC=BD+CD=6+3=9$．故选 D.

例 24 如图所示,在 $\triangle ABC$ 中,AD 是 BC 边上的高线,CE 是 AB 边上的中线,$CD = AE$,且 $CE < AC$,若 $AD = 6$,$AB = 10$,则 $CE = ($　　$)$.

A. 1　　　　　B. $\sqrt{2}$　　　　　C. $\sqrt{5}$　　　　　D. 3　　　　　E. $\sqrt{10}$

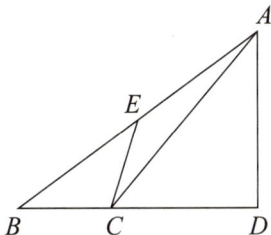

【解析】 如图所示,连接 DE,过点 E 作 EF 垂直 BD 于点 F,因为 AD 是 BC 边上的高线,所以 $AD \perp BD$,CE 是 AB 边上的中线,所以 E 为 AB 的中点,因为直角三角形斜边上的中线等于斜边的一半,且 $AB = 10$,所以 $AE = BE = DE = 5$,因为三角形 ABD 为直角三角形,所以根据勾股定理可得 $BD = 8$,因为 $DE = BE$,所以三角形 BDE 为等腰三角形,故底边上的四线合一,所以 $DF = 4$,$EF = 3$,因为 $CD = AE = 5$,所以 $CF = 1$,故在直角三角形 CEF 中,$CE = \sqrt{3^2 + 1^2} = \sqrt{10}$. 故选 E.

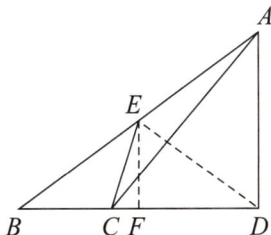

例 25 在直角三角形 ABC 中,三边长分别为 a,b,c,且 $a,b,c \in \mathbf{Z}^+$,则能确定 $\triangle ABC$ 的面积.

(1)b 为直角边且 $b = 3$.

(2)c 为斜边且 $c = 5$.

【解析】 条件(1):由勾股定理可得 $a^2 + 3^2 = c^2$,移项得 $c^2 - a^2 = 9$,再由平方差公式可得:$(c + a)(c - a) = 9$,因为 $a,b,c \in \mathbf{Z}^+$,所以 $c + a = 9$,$c - a = 1$,解得 $c = 5$,$b = 4$,故 $S_{\triangle ABC} = 6$,条件(1)充分;条件(2):由勾股定理可得 $a^2 + b^2 = 5^2$,因为 $a,b,c \in \mathbf{Z}^+$,所以 $a = 3$,$b = 4$,故 $S_{\triangle ABC} = 6$,条件(2) 充分. 故选 D.

例 26 已知三角形 ABC 的三条边长分别为 a,b,c,则三角形 ABC 是等腰三角形.

(1)$(a - b)(c^2 - a^2 - b^2) = 0$.

(2)$c = \sqrt{2}b$.

【解析】 条件(1),$(a - b)(c^2 - a^2 - b^2) = 0 \Rightarrow a - b = 0$ 或 $c^2 = a^2 + b^2$,所以三角形 ABC 可能为等腰三角形或直角三角形或等腰直角三角形,不充分;条件(2),没有给出两边相等的条件,不充分;联合分析可得三角形 ABC 为等腰直角三角形,故联合充分. 故选 C.

5. 全等与相似

> **思维点拨** 折叠必用全等，平行必用相似，本部分需要考生重点掌握全等与相似的证明方法，在真题中，相似考核的频率极高，所以常见的相似模型图及结论也需重点记忆.

例 27 如图所示，在矩形 $ABCD$ 中，$AE = FC$，则三角形 AED 与四边形 $BCFE$ 能拼接成一个直角三角形.

(1)$EB = 2FC$.

(2)$ED = EF$.

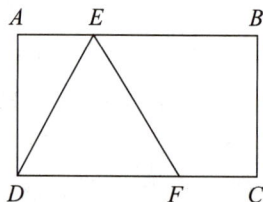

【解析】 如图所示，延长 EF 和 BC，相交于点 G. 三角形 AED 与四边形 $BCFE$ 能拼接成一个直角三角形相当于证明三角形 AED 和三角形 CFG 全等. 由条件(1)，得 $EB = 2FC$，因为 $CF \parallel BE$，所以 CF 为三角形 BEG 的中位线，即 C 是 BG 的中点，F 是 EG 的中点，所以 $BC = CG$，因为 $AD = BC$，所以 $AD = CG$，又因为 $AE = FC$，故由边角边可得三角形 AED 和三角形 CFG 全等，条件(1) 充分；由条件(2)，得 $ED = EF$，所以 $\angle EDF = \angle EFD$，又因为 $\angle AED = \angle EDF$，$\angle EFD = \angle CFG$，所以 $\angle AED = \angle CFG$，又因为 $AE = FC$，故由角边角可得三角形 AED 和三角形 CFG 全等，条件(2) 充分. 故选 D.

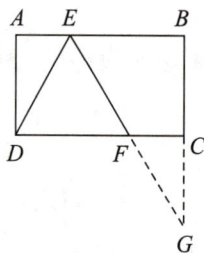

例 28 如图所示，在直角三角形 ABC 中，$AC = 4$，$BC = 3$，$DE \parallel BC$，已知梯形 $BCED$ 的面积为 3，则 DE 长为（ ）.

A.$\sqrt{3}$ B.$\sqrt{3} + 1$ C.$4\sqrt{3} - 4$

D.$\dfrac{3\sqrt{2}}{2}$ E.$\sqrt{2} + 1$

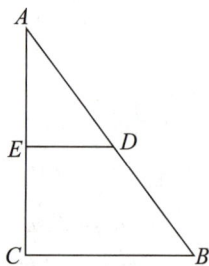

【解析】 $S_{\triangle AED} = 6 - 3 = 3$，根据相似得到 $\dfrac{S_{\triangle AED}}{S_{\triangle ABC}} = \left(\dfrac{DE}{BC}\right)^2 = \dfrac{1}{2} \Rightarrow DE = \dfrac{3}{2}\sqrt{2}$. 故选 D.

例 29　如图所示,三角形 ABC 是直角三角形,S_1,S_2,S_3 为正方形,已知 a,b,c 分别是 S_1,S_2,S_3 的边长,则(　　).

A. $a=b+c$　　　　　B. $a^2=b^2+c^2$　　　　　C. $a^2=2b^2+2c^2$

D. $a^3=b^3+c^3$　　　　E. $a^3=2b^3+2c^3$

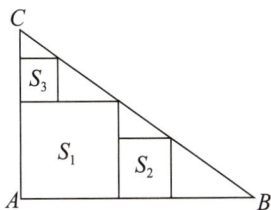

【解析】由三角形相似可得,$\dfrac{a-c}{b}=\dfrac{c}{a-b}\Rightarrow a^2-ac-ab+bc=bc\Rightarrow a=b+c$,故选 A.

例 30　如图所示,在三角形 ABC 中,已知 $EF\;//\;BC$,则三角形 AEF 的面积等于梯形 $EBCF$ 的面积.

(1) $AG=2GD$.

(2) $BC=\sqrt{2}EF$.

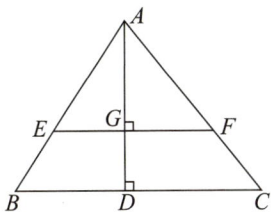

【解析】由三角形 AEF 的面积等于梯形 $EBCF$ 的面积,有 $\dfrac{S_{\triangle AEF}}{S_{\triangle ABC}}=\dfrac{1}{2}$,因为 $EF\;//\;BC$,所以两三角形相似,因此面积之比是相似比的平方,故相似比应为 $\dfrac{1}{\sqrt{2}}$,条件(2) 充分.

由相似的结论可知对应高之比即为相似比,即 $AD=\sqrt{2}AG$,故 $GD=(\sqrt{2}-1)AG$. 所以条件(1) 不充分. 故选 B.

例 31　若 CD 是直角 $\triangle ABC$ 斜边上的高,AD,BD 是方程 $x^2-6x+4=0$ 的两个根,则 $\triangle ABC$ 的面积为(　　).

A. 12　　　　B. 10　　　　C. 9　　　　D. 8　　　　E. 6

【解析】由射影定理有 $AD\cdot BD=CD^2$,又 AD,BD 为方程 $x^2-6x+4=0$ 的两个根,故 $CD^2=AD\cdot BD=x_1\cdot x_2=4$,得 $CD=2$,又 $AB=AD+BD=x_1+x_2=6$,所以 $S_{\triangle ABC}=\dfrac{1}{2}\times 6\times 2=6$. 故选 E.

第二节 # 四边形及多边形

> **本节说明**　真题中关于四边形的考核大多都以特殊的四边形为主,所以考生在复习本部分时需要牢记特殊四边形的性质及相关定理,四边形连接对角线又可分为四个三角形,所以本部分很多题目需要转化为三角形进行分析,此外真题也考过正六边形.

一、考点精析

1. 平行四边形（见图）

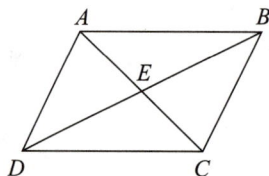

1.1　定义

有一组对边平行且相等的四边形叫作平行四边形.

1.2　面积公式

$S_{\square ABCD} = ah$（a 为底,h 为高）.

1.3　性质

(1) 对角线互相平分（$AE = CE, BE = DE$）.

(2) 两条对角线将平行四边形分为四个三角形,且上、下三角形全等,左、右三角形全等（$\triangle ABE \cong \triangle CDE, \triangle AED \cong \triangle CEB$）.

(3) $S_{\triangle ABE} = S_{\triangle AED} = S_{\triangle CEB} = S_{\triangle CDE}$.

(4) 过点 E 的任意直线都能将平行四边形分为面积相等的两部分.

2. 矩形（见图）

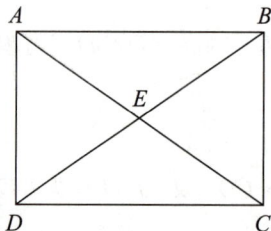

2.1　定义

有一个角是 $90°$ 的平行四边形叫作矩形.

2.2　面积公式

$S_{矩形ABCD} = ab$（a 为长，b 为宽）.

2.3　性质

(1) 对角线相等（$AC = BD$）.

(2) 既是轴对称图形也是中心对称图形.

3. 正方形

3.1　定义

有一组邻边相等的矩形叫作正方形.

3.2　面积公式

$S_{正方形ABCD} = a^2$（a 为边长）.

3.3　性质

(1) 对角线相等且互相垂直平分.

(2) 两条对角线将正方形分为四个全等的等腰直角三角形.

4. 菱形 （见图）

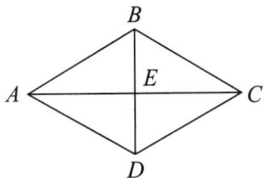

4.1　定义

有一组邻边相等的平行四边形叫作菱形.

4.2　面积公式

$S_{菱形ABCD} = \dfrac{1}{2} \cdot AC \cdot BD$（$AC, BD$ 为两条对角线）.

4.3　性质

(1) 对角线互相垂直且平分.

(2) 两条对角线将菱形分成四个全等的直角三角形.

4.4　注意

任意对角线互相垂直的四边形 $ABCD$ 均有 $S_{ABCD} = \dfrac{1}{2} \cdot AC \cdot BD$（$AC, BD$ 为两条对角线）.

5. 梯形（见图）

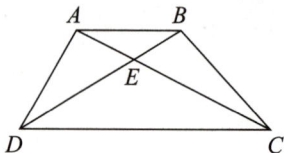

5.1　定义

只有一组对边平行的四边形叫作梯形.

5.2　面积公式

$$S_{梯形ABCD} = \frac{(a+b)h}{2}(a \text{ 为上底},b \text{ 为下底},h \text{ 为高}).$$

5.3　性质

（1）上、下三角形相似（$\triangle ABE \backsim \triangle CDE$）.

（2）左、右三角形面积相等（$S_{\triangle ADE} = S_{\triangle BCE}$）.

6. 正六边形（见图）

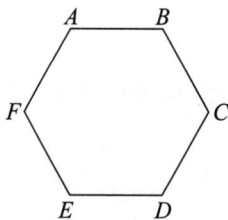

6.1　定义

六条边都相等或六个内角都相等的六边形叫正六边形.

6.2　面积公式

假设正六边形的边长为 a，中心为点 P，连接点 P 到 6 个顶点可以将正六边形分为 6 个全等的小

正三角形，故 $S_{正六边形} = 6 \times \frac{\sqrt{3}}{4}a^2 = \frac{3\sqrt{3}}{2}a^2$.

二、经典例题

> **思维点拨**　真题中关于四边形的考核大多依托于特殊的四边形，所以考生在学习本部分时一定要记好每类特殊四边形的性质以及特殊之处，另外本部分也会涉及一些重要定理的考核，比如燕尾定理等，除此以外真题也考过两次正六边形，考生只需记住其面积公式即可.

例 32　如图所示，长方形 $ABCD$ 的两条边长分别为 8 m 和 6 m，四边形 $OEFG$ 的面积是 4 m²，则阴影部分的面积为（　　）.

A. 32 m²　　　　B. 28 m²　　　　C. 24 m²　　　　D. 20 m²　　　　E. 16 m²

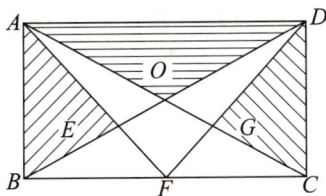

【解析】$\triangle ACF$ 的高为 AB，$\triangle DBF$ 的高为 CD. 因此，长方形中空白部分的面积为 $\frac{1}{2} \times AB \times CF + \frac{1}{2} \times CD \times BF - 4 = \frac{1}{2} \times AB \times BC - 4 = \frac{1}{2} \times 6 \times 8 - 4 = 20(\text{m}^2)$，所以长方形中阴影部分的面积为 $48 - 20 = 28(\text{m}^2)$. 故选 B.

例 33 菱形 $ABCD$ 的周长为 24，对角线 AC,BD 相交于点 O，H 为 AD 的中点，则 $OH = (\quad)$.

A. 1　　　　B. 2　　　　C. 3　　　　D. 4　　　　E. 5

【解析】依题可得，菱形的边长为 6，因为菱形的对角线互相垂直，所以 OH 为直角三角形 AOD 斜边上的中线，故等于斜边的一半，因此 $OH = 3$. 故选 C.

例 34 将一个长为 12，宽为 8 的矩形纸片先横着对折一次，再竖着对折一次，最后沿所得矩形两邻边中点的连线剪下，选取小的部分，再打开所取到的图形的面积为($\quad$).

A. 10　　　　B. 12　　　　C. 15　　　　D. 18　　　　E. 24

【解析】依题可知最后得到的图形面积为 $4 \times 3 \times 2 \times \frac{1}{2} = 12$. 故选 B.

例 35 平行四边形 $ABCD$ 的对角线 AC,BD 相交于点 O，$\triangle AOB$ 为等边三角形，$AB = 4$，则 $AD = (\quad)$.

A. $\sqrt{3}$　　　B. $2\sqrt{3}$　　　C. $3\sqrt{3}$　　　D. $4\sqrt{3}$　　　E. $5\sqrt{3}$

【解析】平行四边形的对角线可以将其分为四个面积相等的三角形，因为 $\triangle AOB$ 为等边三角形，所以平行四边形 $ABCD$ 为矩形，又因为 $AB = 4$，所以 $S_{\triangle AOB} = \frac{\sqrt{3}}{4} \times 16 = 4\sqrt{3}$，故平行四边形的面积为 $4 \times 4\sqrt{3} = 16\sqrt{3}$，进而可求得 $AD = 4\sqrt{3}$. 故选 D.

例 36 如图所示，矩形 $ABCD$ 的面积为 32 cm²，E,F,G 分别为 AB,BC,CD 边上的中点，H 为 AD 边上的任意一点，则阴影部分的面积是($\quad$).

A. 12 cm²　　　B. 13 cm²　　　C. 14 cm²　　　D. 15 cm²　　　E. 16 cm²

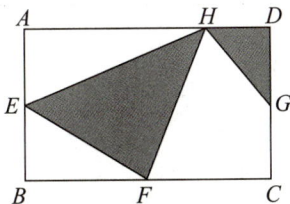

【解析】H 为 AD 边上的任意一点,所以取 H 与 D 重合,此时阴影部分的面积为 $\triangle EDF$ 的面积,因为 E,F,G 为各边上的中点,所以 $S_{\triangle ADE} = \frac{1}{4}S_{矩形}$,$S_{\triangle BEF} = \frac{1}{8}S_{矩形}$,$S_{\triangle CDF} = \frac{1}{4}S_{矩形}$,故 $S_{\triangle EDF} = \frac{3}{8}S_{矩形} = \frac{3}{8} \times 32 = 12(\text{cm}^2)$. 故选 A.

例 37 某水渠长 100 米,截面为等腰梯形,其中渠面宽 2 米,渠底宽 1 米,渠深 2 米,因突降暴雨,水深由 1 米涨至 1.8 米,则水渠水量增加了( )立方米.

     A. 112   B. 136   C. 272   D. 324   E. 333

【解析】如图所示,过 A 作 AB 垂直于 BC,因为 $FH \parallel DE \parallel BC$,所以 $\triangle AFH$,$\triangle ADE$,$\triangle ABC$ 均相似,所以有 $\frac{FH}{1} = \frac{DE}{1.8} = \frac{BC}{2}$,因为水渠截面为等腰梯形,所以 $BC = 0.5$ 米,故 $DE = 0.45$ 米,$FH = 0.25$ 米,根据等腰梯形的性质,可得 $ME = 1.9$ 米,$NH = 1.5$ 米,增加水量的体积的底面积即梯形 $MEHN$ 的面积,为 1.36 平方米,高为 100 米,故水渠水量增加了 136 立方米. 故选 B.

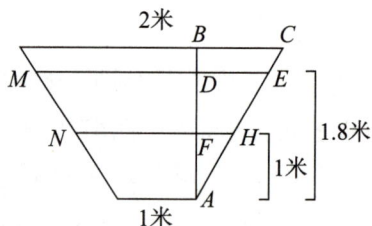

第三节   **圆与扇形**

本节说明   圆与扇形的重点是和圆弧相关的面积问题,常用方法包括割补法、等面积转化法、对称图形倍数法等,此外考生也需掌握和圆相关的定理,如相交弦定理、割线定理等.

一、考点精析

1. 角度与弧度的相互转化

角度	30°	45°	60°	90°	120°	180°	360°
弧度	$\frac{\pi}{6}$	$\frac{\pi}{4}$	$\frac{\pi}{3}$	$\frac{\pi}{2}$	$\frac{2\pi}{3}$	π	2π

2. 圆 (圆的圆心为 O, 半径为 r)

     (1) 圆的周长为 $C = 2\pi r$.

     (2) 圆的面积为 $S = \pi r^2$.

3. 圆周角与圆心角

3.1　定义

(1)圆周角:顶点在圆周上的角.

(2)圆心角:顶点在圆心上的角.

3.2　性质

(1)同弧所对的圆周角相等.

(2)同弧所对的圆周角等于圆心角的一半.

(3)直径所对的圆周角为直角.

4. 扇形

4.1　扇形弧长

$l=\dfrac{\alpha^{\circ}}{360^{\circ}}\cdot 2\pi r=\theta r$,其中$\alpha^{\circ}$为扇形角的度数,$\theta$为扇形角的弧度数,$r$为扇形半径.

4.2　扇形面积

$S=\dfrac{\alpha^{\circ}}{360^{\circ}}\cdot \pi r^{2}=\dfrac{1}{2}lr$,其中$\alpha^{\circ}$为扇形角的度数,$l$为扇形弧长,$r$为扇形半径.

5. 弓形

(1)弓形的周长 ＝ 弧长＋弦长.

(2)弓形的面积 ＝ 扇形的面积－三角形的面积.

二、经典例题

思维点拨　求与圆弧相关的面积的方法较多,常用的方法有割补法、分块编号法、反面求解法、等面积转化法、对称图形倍数法、重叠面积集合法等.

例38　一个长为 8 cm,宽为 6 cm 的长方形木板在桌面上做无滑动的滚动(顺时针方向),如图所示,第二次滚动中被一小木块垫住而停止,使木板边沿 AB 与桌面成30°角,则在木板滚动中,点 A 经过的路径长为(　　).

A. 4π cm　　　　B. 5π cm　　　　C. 6π cm　　　　D. 7π cm　　　　E. 8π cm

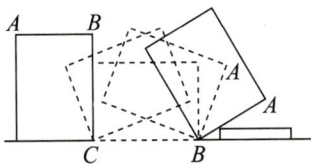

【解析】由题意可知,滚动过程中,A 的运动可分为两步,第一步,以 C 为旋转中心,旋转角为

$90°$,半径为 10 cm;第二步,以 B 为旋转中心,旋转角为 $60°$,半径为 6 cm,所以点 A 经过的路径长为

$$2\pi \times 10 \times \frac{90°}{360°} + 2\pi \times 6 \times \frac{60°}{360°} = 7\pi(\text{cm}). \text{故选 D.}$$

例 39 如图所示,C 是以 AB 为直径的半圆上一点,再分别以 AC 和 BC 为直径作半圆,若 $AB = 5$,$AC = 3$,则图中阴影部分的面积是(　　).

A. 3π　　　　　B. 4π　　　　　C. 6π　　　　　D. 6　　　　　E. 4

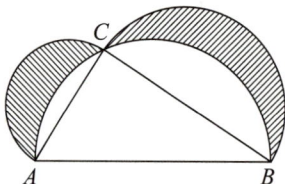

【解析】 依题可得,$S_{阴影} = S_{半圆AC} + S_{半圆BC} - (S_{半圆AB} - S_{\triangle ABC}) = \frac{1}{2}\pi\left(\frac{3}{2}\right)^2 + \frac{1}{2}\pi\left(\frac{4}{2}\right)^2 - \frac{1}{2}\pi\left(\frac{5}{2}\right)^2 + \frac{1}{2}\times 3\times 4 = 6.$ 故选 D.

例 40 如图所示,四边形 $ABCD$ 是边长为 1 的正方形,弧 AOB,BOC,COD,DOA 均为半圆,则阴影部分的面积为(　　).

A. $\frac{1}{2}$　　　　B. $\frac{\pi}{2}$　　　　C. $1 - \frac{\pi}{4}$　　　　D. $\frac{\pi}{2} - 1$　　　　E. $2 - \frac{\pi}{2}$

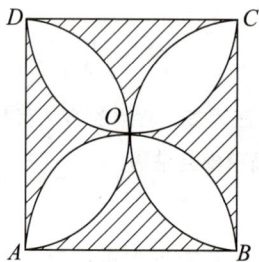

【解析】 将空白部分看成四片叶子形状,一片叶子的面积 $= \left[\frac{1}{4}\pi\left(\frac{1}{2}\right)^2 - \frac{1}{2}\times\frac{1}{2}\times\frac{1}{2}\right]\times 2 = \frac{\pi}{8} - \frac{1}{4}$,则四片叶子的面积 $= 4\left(\frac{\pi}{8} - \frac{1}{4}\right)$,所以 $S = 1 - \left(\frac{\pi}{2} - 1\right) = 2 - \frac{\pi}{2}.$ 故选 E.

例 41 如图所示,BC 是半圆的直径,且 $BC = 4$,$\angle ABC = 30°$,则图中阴影部分的面积为(　　).

A. $\frac{4}{3}\pi - \sqrt{3}$　　　B. $\frac{4}{3}\pi - 2\sqrt{3}$　　　C. $\frac{2}{3}\pi + \sqrt{3}$　　　D. $\frac{2}{3}\pi + 2\sqrt{3}$　　　E. $2\pi - 2\sqrt{3}$

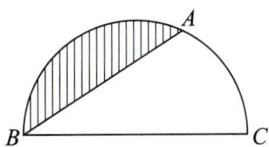

【解析】 设圆心为 O,连接 AO,则 $\triangle AOB$ 为等腰三角形,又 $\angle ABC = 30°$,故 $\angle BAO = 30°$,

$\angle AOB = 180° - 30° - 30° = 120°$, $S_{扇形AOB} = \dfrac{1}{3}\pi r^2 = \dfrac{4}{3}\pi$, $S_{\triangle AOB} = \dfrac{1}{2} \times 2\sqrt{3} \times 1 = \sqrt{3}$,则 $S_{阴影} =$

$S_{扇形AOB} - S_{\triangle AOB} = \dfrac{4}{3}\pi - \sqrt{3}$. 故选 A.

例 42　如图所示,已知圆的半径为 1,作圆的内接正八边形,则阴影部分的面积为（　　）.

A. $\dfrac{\pi}{4} - \dfrac{\sqrt{2}}{2}$　　　B. $\dfrac{\pi}{8} - \dfrac{\sqrt{2}}{4}$　　　C. $\dfrac{\pi}{8} - \dfrac{\sqrt{2}}{2}$　　　D. $\dfrac{\pi}{2} - \dfrac{\sqrt{2}}{4}$　　　E. $\pi - \dfrac{\sqrt{2}}{2}$

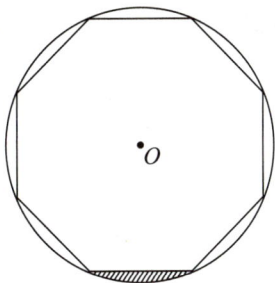

【解析】 阴影部分的面积 $= \dfrac{1}{8}$(圆的面积-正八边形的面积) $= \dfrac{\pi}{8} - \dfrac{1}{2} \times 1 \times 1 \times \sin 45° = \dfrac{\pi}{8} -$

$\dfrac{\sqrt{2}}{4}$. 故选 B.

例 43　如图所示,以 AC,AD 和 AF 为直径画成的三个圆,已知 $AB = BC = CD = DE = EF$,
则圆 X、弯月 Y 以及弯月 Z 三部分的面积之比为（　　）.

A. $4:5:16$　　　B. $4:5:14$　　　C. $4:7:12$　　　D. $4:7:14$　　　E. $4:7:15$

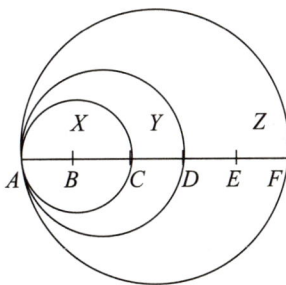

【解析】 设 $AB = 2$,则小圆的半径为 2,中圆的半径为 3,大圆的半径为 5,所以三个圆的面积之
比为 $4:9:25$,故圆 X、弯月 Y 以及弯月 Z 三部分的面积之比为 $4:5:16$. 故选 A.

第四节 技巧篇（38技－50技）

38技 **维维亚尼模型**

适用题型	等边三角形求长度
技巧说明	在等边三角形内任取一点 P，过点 P 作三边的垂线段，分别记为 h_1，h_2，h_3，则 $h_1 + h_2 + h_3 = h$（h 为等边三角形的高）
代表例题	例 44

例 44 如图所示，等边三角形 ABC 内一点 P，过点 P 作 $PD \perp AB$，$PE \perp BC$，$PF \perp AC$，垂线段 PD，PF，PE 的长度分别为 $1,3,5$，则这个三角形的面积为（   ）.

A. 25   B. 27   C. $25\sqrt{3}$

D. $27\sqrt{3}$ E. 36

【解析】 由 38 技可得等边三角形的高 $h = 1 + 3 + 5 = 9$，设等边三角形的边长为 a，则 $h = \dfrac{\sqrt{3}}{2}a$，得 $a = 6\sqrt{3}$，则面积 $S = \dfrac{\sqrt{3}}{4}a^2 = 27\sqrt{3}$. 故选 D.

39技 **燕尾模型**

适用题型	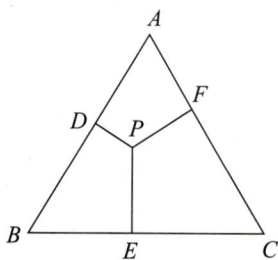
技巧说明	$S_{\triangle ABE} : S_{\triangle ACE} = BD : CD$，面积之比只与 D 点位置有关，与 E 点位置无关
代表例题	例 45

例 45 如图所示，若 $AE : CE = 1 : 2$，$BD : CD = 3 : 2$，$S_{\triangle AEF} = 1$，则 $S_{\triangle ABF} = ($ $)$.

A. 3.5   B. 4   C. 4.5   D. 5   E. 5.5

【解析】因为 $\triangle AEF$ 和 $\triangle CEF$ 等高,所以面积之比等于底之比,又 $AE:CE=1:2$,$S_{\triangle AEF}=1$,则 $S_{\triangle CEF}=2$,由 39 技可知,$S_{\triangle ABF}:S_{\triangle ACF}=BD:CD=3:2$,因为 $S_{\triangle ACF}=3$,所以 $S_{\triangle ABF}=4.5$.故选 C.

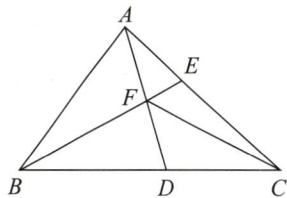

40技 中线模型

适用题型	已知三角形三边求中线长度
技巧说明	如图所示,在 $\triangle ABC$ 中,点 D 为 BC 的中点,则 $AB^2+AC^2=\dfrac{1}{2}BC^2+2AD^2$
代表例题	例 46

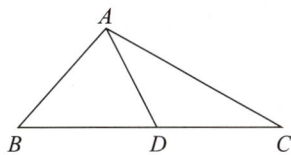

例 46　在 $\triangle ABC$ 中,$AB=4$,$AC=6$,$BC=8$,D 为 BC 中点,则 $AD=$（　　　）.

A. $\sqrt{11}$　　　B. $\sqrt{10}$　　　C. 3　　　D. $2\sqrt{2}$　　　E. $\sqrt{7}$

【解析】由 40 技可知,$4^2+6^2=\dfrac{1}{2}\times 8^2+2AD^2$,解得 $AD=\sqrt{10}$.故选 B.

41技 角平分线模型

适用题型	在题干中出现角平分线,求某条线段的长度
技巧说明	如图所示,在 $\triangle ABC$ 中,AD 为 $\angle BAC$ 的角平分线,则 (1) $\dfrac{AB}{AC}=\dfrac{BD}{CD}$. (2) $AD^2=AB\cdot AC-BD\cdot CD$
代表例题	例 47

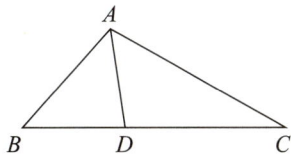

例47 如图所示,在 $\triangle ABC$ 中,$\angle BAC = 90°$,$AB = 4$,$AC = 3$,$\triangle ABC$ 的高 AD 与 $\angle ACB$ 的角平分线 CF 交于点 E,则 $\dfrac{AF}{DE}$ 的值为(   ).

A. 2   B. $\dfrac{5}{3}$ C. $\dfrac{4}{3}$

D. $\dfrac{2}{3}$ E. $\dfrac{1}{3}$

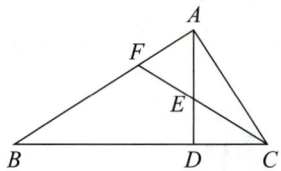

【解析】 依题可得,$AD \perp BC$,$AB \perp AC$,$\angle ACF + \angle AFC = 90°$,$\angle DCE + \angle DEC = 90°$,因为 $\angle AEF$,$\angle DEC$ 是对顶角,所以 $\angle AEF = \angle DEC$,又因为 CF 是角平分线,所以 $\angle ACF = \angle DCE$,故有 $\angle AFC = \angle AEF$,等边对等角,所以 $AF = AE$,故 $\dfrac{AF}{DE} = \dfrac{AE}{DE}$,再由角平分线模型,可得 $\dfrac{AF}{DE} = \dfrac{AE}{DE} = \dfrac{AC}{CD}$,因为 $AB = 4$,$AC = 3$,所以 $BC = 5$,$AD = \dfrac{12}{5}$,再由勾股定理可求出 $CD = \dfrac{9}{5}$,因此 $\dfrac{AF}{DE} = \dfrac{AE}{DE} = \dfrac{AC}{CD} = \dfrac{5}{3}$. 故选 B.

42技 对半模型

适用题型	平行四边形相关面积问题
技巧说明	(1) $S_{\triangle PCD} = \dfrac{1}{2} S_{\square ABCD}$(见图). (2) $S_{\triangle PBC} = \dfrac{1}{2} S_{\square ABCD}$(见图). (3) 如图所示,若 P 为平行四边形 $ABCD$ 内任意一点,则 $S_{\triangle PAB} + S_{\triangle PCD} = \dfrac{1}{2} S_{\square ABCD}$;同理 $S_{\triangle PAD} + S_{\triangle PBC} = \dfrac{1}{2} S_{\square ABCD}$
代表例题	例48、例49

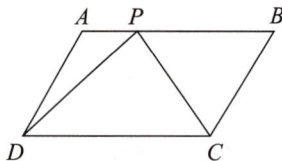

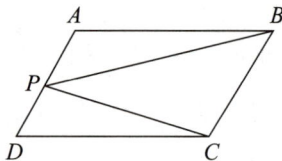

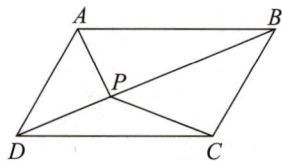

例 48 如图所示,在平行四边形 $ABCD$ 中,$S_{\triangle AQE}=2$,$S_{\text{四边形}QDPF}=5$,$S_{\triangle PCG}=2$,则四边形 $EFGB$ 的面积为(　　).

A. 7   B. 8   C. 9   D. 10   E. 11

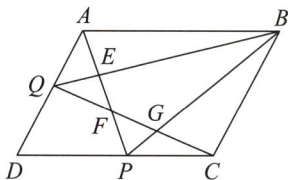

【解析】由对半模型可知,$S_{\triangle PAB}=S_{\triangle ABQ}+S_{\triangle CDQ}$,设 $S_{\triangle ABE}=m$,$S_{\triangle PFG}=n$,四边形 $EFGB$ 的面积为 S,则 $m+S+n=m+2+5+n+2$,得 $S=9$.故选 C.

例 49 如图所示,平行四边形 $ABCD$ 的对角线 AC,BD 相交于点 F,在平行四边形内有一点 E,分别连接 AE,BE,CE,DE,若 $S_{\triangle ABF}=4$,$S_{\triangle ADE}=1$,则 $S_{\triangle BCE}=$(　　).

A. 4   B. 5   C. 6   D. 7   E. 8

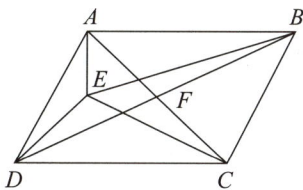

【解析】平行四边形 $ABCD$ 中,$S_{\triangle ABF}=4$,则 $S_{\square ABCD}=16$,由对半模型可知,$S_{\triangle ADE}+S_{\triangle BCE}=\dfrac{1}{2}S_{\square ABCD}$,又 $S_{\triangle ADE}=1$,所以 $S_{\triangle BCE}=7$.故选 D.

43 技 蝴蝶模型

适用题型	梯形相关面积问题
技巧说明	如图所示,在梯形 $ABCD$ 中,上底是 AB,下底是 CD,设上底与下底的最简整数比为 $a:b$. (1)$S_{\triangle ABE}=a^2$,$S_{\triangle CDE}=b^2$(上下两三角形相似,相似比为 $a:b$,所以面积之比为 $a^2:b^2$). (2)$S_{\triangle ADE}=S_{\triangle BCE}=ab$(由三角形底、高关系可证明). 注意:$a^2$,$b^2$,$ab$ 不是对应三角形的实际面积,而是对应三角形所占的份数

技巧说明	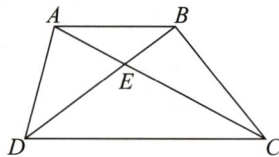
代表例题	例 50

例 50 如图所示,在四边形 $ABCD$ 中,$AB \parallel CD$,AB 与 CD 的边长分别为 4 和 8,若 $\triangle ABE$ 的面积为 4,则四边形 $ABCD$ 的面积为( ).

A. 24   B. 30   C. 32   D. 36   E. 40

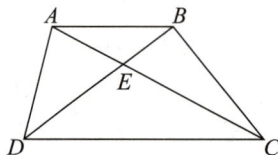

【解析】四边形 $ABCD$ 中,$AB \parallel CD$,所以四边形 $ABCD$ 为梯形,AB 与 CD 的边长分别为 4 和 8,根据 43 技可知,$a:b = 4:8 = 1:2$,则 $S_{\triangle ABE} = 1$ 份,$S_{\triangle CDE} = 4$ 份,$S_{\triangle ADE} = S_{\triangle BCE} = 2$ 份,所以梯形 $ABCD$ 共 9 份,因为 $\triangle ABE$ 的面积为 4,即 1 份为 4,所以梯形的面积为 36. 故选 D.

44技 颈线模型

适用题型	在梯形中求颈线长度
技巧说明	如图所示,在梯形 $ABCD$ 中,对角线 AC,BD 交于点 E,过点 E 作 $FG \parallel AB$,设 $AB = m$,$CD = n$,则 $FG = \dfrac{2mn}{m+n}$ 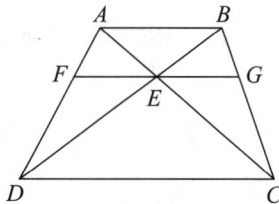
代表例题	例 51

例 51　如图所示,梯形 $ABCD$ 的上底与下底分别为 $5,7$,E 为 AC 和 BD 的交点,过点 E 作 MN 平行于 AD,则 $MN = ($ 　 $)$.

A. $\dfrac{26}{5}$　　　　B. $\dfrac{11}{2}$　　　　C. $\dfrac{35}{6}$　　　　D. 5　　　　E. $\dfrac{40}{7}$

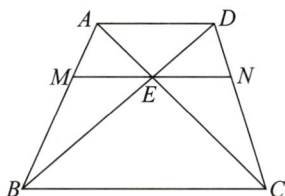

【解析】　法一: 由题设知 $AD \parallel MN \parallel BC$,可得到 $\triangle AED \sim \triangle CEB$,$\triangle AME \sim \triangle ABC$,$\triangle DEN \sim \triangle DBC$,已知 $AD : BC = 5 : 7$,所以 E 到 AD 的距离与 E 到 BC 的距离之比为 $5 : 7$,则有 $ME : BC = 5 : 12$,$EN : BC = 5 : 12$,又 $BC = 7$,则 $MN = ME + EN = \dfrac{5}{12} \times 7 + \dfrac{5}{12} \times 7 = \dfrac{35}{6}$.故选 C.

法二: 根据 44 技可得 $MN = \dfrac{2 \times 5 \times 7}{5 + 7} = \dfrac{35}{6}$.故选 C.

45技　垂直模型

适用题型	对角线互相垂直的四边形求长度问题
技巧说明	如图所示,在四边形 $ABCD$ 中,对角线 $AC \perp BD$,设 $AB = a,BC = b,CD = c,AD = d$,则 $a^2 + c^2 = b^2 + d^2$ 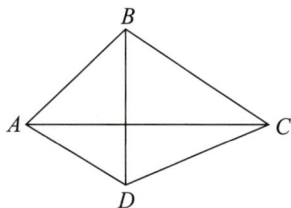
代表例题	例 52

例 52　如图所示,在四边形 $ABCD$ 中,对角线 AC 与 BD 相交于点 O,且 $AC \perp BD$,若 $AD = 2,BC = 4$,则 $AB^2 + CD^2 = ($ 　 $)$.

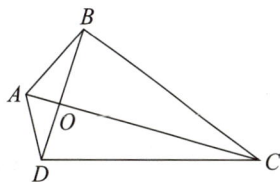

A. 16　　　　B. 18　　　　C. 20

D. 22　　　　E. 24

【解析】 由 45 技可知,对角线互相垂直的四边形对边平方和相等,因为 $AD = 2,BC = 4$,所以 $AB^2 + CD^2 = 2^2 + 4^2 = 20$.故选 C.

46技 弦切角模型

适用题型	在圆内出现切线和割线的相关问题
技巧说明	弦切角是指弦与切线的夹角,如图所示,在圆 O 中,AB 为圆的弦,AC 为圆的切线,则弦切角等于它所夹的弧所对的圆周角,即 $\angle BAC = \angle ADB$ 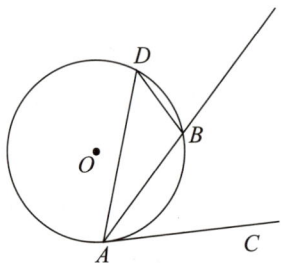
代表例题	例 53

例 53 如图所示,在圆 O 中,PB,PC 为圆的弦,PA 为圆的切线,分别连接 OP,OB,BC,若已知 $\angle BPA = 45°$,$OP = 1$,则扇形 POB 的面积为(   ).

A. $\dfrac{\pi}{2}$ B. $\dfrac{\pi}{4}$ C. $\dfrac{\pi}{6}$ D. $\dfrac{\pi}{8}$ E. $\dfrac{\pi}{10}$

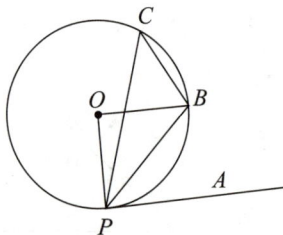

【解析】 由 46 技可知,$\angle BPA = \angle PCB = 45°$,又因为同弧所对的圆周角等于圆心角的一半,所以 $\angle POB = 90°$,又 $OP = 1$,所以扇形 POB 的面积为 $\dfrac{1}{4} \times \pi = \dfrac{\pi}{4}$. 故选 B.

47技 相交弦模型

适用题型	圆中有两条相交弦的求长度问题
技巧说明	如图所示,在圆 O 中,弦 AB 和弦 CD 相交于点 P,则两条弦被交点所分成的两线段乘积相等,即 $PA \cdot PB = PC \cdot PD$

技巧说明	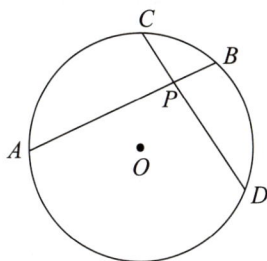
代表例题	例 54

例 54 如图所示,在圆 O 中,弦 AB 和弦 CD 相交于点 E,若 $CE:$
$BE = 2:3$,则 $AE:DE = ($　　$).$

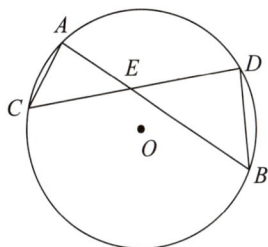

A. $\dfrac{2}{3}$　　　　B. $\dfrac{1}{2}$　　　　C. $\dfrac{2}{5}$

D. $\dfrac{3}{4}$　　　　E. 1

【解析】根据 47 技可知,$AE \cdot BE = CE \cdot DE$,所以 $\dfrac{AE}{DE} = \dfrac{CE}{BE} = \dfrac{2}{3}$.

故选 A.

48技 切割线模型

适用题型	在圆内出现切线和割线的相关问题
技巧说明	如图所示,在圆 O 中,圆外有一点 P,PA 是圆的切线,切点是 A,PC 是圆的割线,与圆分别交于 B,C 两点,则切线的平方等于割线与其前半部分的乘积,即 $PA^2 = PC \cdot PB$ 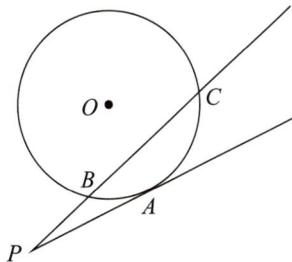
代表例题	例 55

例 55 如图所示,直线 PA 过半圆的圆心 O,交半圆于 A,B 两点,PC 与半圆相切于点 C,若已知 $PB=1,PC=3$,则与此半圆半径相同的圆的面积为(   ).

A. 12π B. 13π C. 14π D. 15π E. 16π

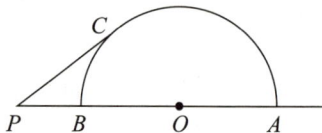

【解析】 由 48 技可知,$PC^2=PA\cdot PB$,因为 $PB=1,PC=3$,所以 $PA=9$,则 $AB=8$,故圆的半径为 4,面积为 16π. 故选 E.

49技 双割线模型

适用题型	圆中出现两条割线求长度
技巧说明	如图所示,在圆 O 中,圆外有一点 P,PB 是圆的割线,与圆分别交于 A,B 两点;PD 也是圆的割线,与圆分别交于 C,D 两点,则割线 PB 的前半部分与割线 PB 的乘积等于割线 PD 的前半部分与割线 PD 的乘积,即 $PA\cdot PB=PC\cdot PD$ 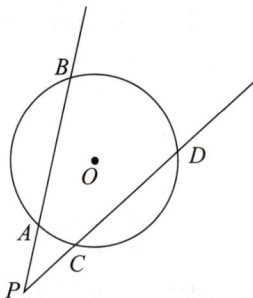
代表例题	例 56

例 56 如图所示,P 是圆 O 外一点,点 B,D 在圆上,PB,PD 分别交圆 O 于点 A,C,若已知 $PA=4,AB=2,PC=CD$,则 $PD=$(   ).

A. 5   B. 6   C. $4\sqrt{3}$ D. $5\sqrt{3}$ E. $6\sqrt{3}$

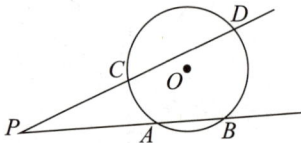

【解析】 由 49 技可得,$PA\cdot PB=PC\cdot PD$,因为 $PA=4,AB=2,PC=CD$,解得 $PD=4\sqrt{3}$. 故选 C.

50技　圆内接四边形模型

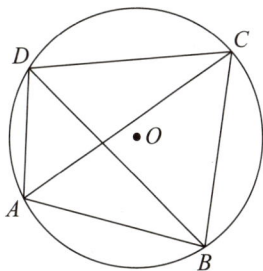

适用题型	圆内接四边形求长度问题
技巧说明	如图所示,在圆 O 中,圆上有四点 A,B,C,D,连接四边形四点及对角线,则四边形对边乘积之和等于对角线的乘积,即 $AB\cdot CD+AD\cdot BC=AC\cdot BD$
代表例题	例 57

例 57 如图所示,AB 是圆 O 的直径,$AB=5$,$AD=4$,$BF=1$,DE 交圆 O 于点 F,则 $DF=$（　　）.

A. $2+\sqrt{6}$　　　　B. $2+2\sqrt{6}$　　　　C. 8

D. $\dfrac{4+6\sqrt{6}}{5}$　　　　E. $\dfrac{2+6\sqrt{6}}{5}$

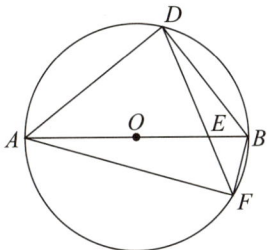

【解析】 因为 AB 是圆 O 的直径,所以 $\triangle ABD$、$\triangle ABF$ 均为直角三角形,又因为 $AB=5$,$AD=4$,$BF=1$,所以由勾股定理可得 $BD=3$,$AF=2\sqrt{6}$,再由 50 技得 $AB\cdot DF=AD\cdot BF+AF\cdot BD$,即 $5\cdot DF=4\cdot 1+2\sqrt{6}\cdot 3$,解得 $DF=\dfrac{4+6\sqrt{6}}{5}$.故选 D.

第五节　专题测评

一、问题求解

1.某工业园拟为园内一个长 100 米、宽 8 米的花坛设置若干定点智能洒水装置,洒水范围是半径为 5 米的圆形,要保证花坛各个区域都可被灌溉,则最少需要（　　）个洒水装置.

A. 16   B. 17   C. 18   D. 19   E. 23

2. 如图所示,等腰三角形ABC的底边上的高AD等于18,腰上的中线BE等于15,则等腰三角形ABC的面积等于(   ).

A. 100   B. 120   C. 144   D. 160   E. 180

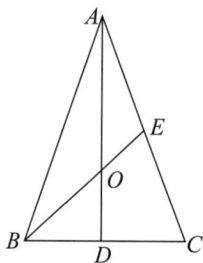

3. 如图所示,在$\triangle ABC$中,$CE:EB=1:2$,$DE \parallel AC$,若$\triangle ABC$的面积为18,则$\triangle ADE$的面积为(   ).

A. 2   B. 3   C. 4   D. 6   E. 8

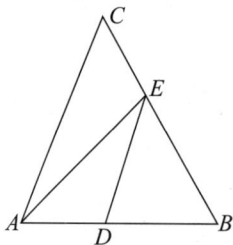

4. 如图所示,正方形$MNEF$的四个顶点在直径为4的大圆上,小圆与正方形$MNEF$各边相切,AB与CD是大圆的直径,$AB \perp CD$,$CD \perp MN$,则图中阴影部分的面积是(   ).

A. 4π B. 3π C. 2π D. π E. 0.5π

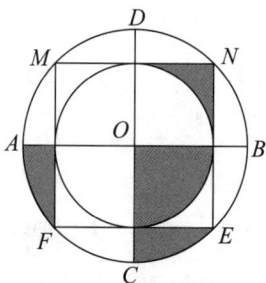

5. 如图所示,在一张正方形大纸片上覆盖着A,B两张面积相等的小正方形纸片,已知A与B重叠部分的小正方形面积是5平方厘米,且两个空白部分的面积之和是40平方厘米,则大正方形的面积

是(　　)平方厘米.

A. 115　　　　　　B. 120　　　　　　C. 125　　　　　　D. 130　　　　　　E. 135

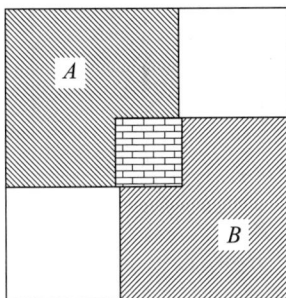

6. 在 $\triangle ABC$ 中,D,E 分别是 BC,AC 上的点,$BC = 3BD$,$AC = 4AE$,AD 与 BE 相交于点 F,已知 $\triangle AFE$ 面积为 1,则三角形 ABC 面积是(　　).

A. 14　　　　　　B. 12　　　　　　C. 10　　　　　　D. 8　　　　　　E. 6

7. 如图所示,半圆与 Rt$\triangle ABC$ 相交,已知 $BC = 10$,$\angle ACB = 45°$,则阴影部分面积为(　　).

A. $25\pi - 25$　　B. $25\pi - 50$　　C. 25　　D. $\dfrac{25\pi}{2} - 50$　　E. $50\pi - 25$

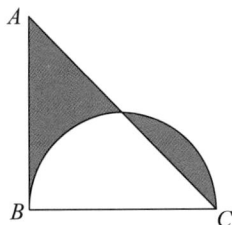

8. 如图所示,在平行四边形 $ABCD$ 中,点 O 是平行四边形内一点,且 $S_{\triangle AOB} = 6$,$S_{\triangle COD} = 4$,$S_{\triangle BOC} = 3$,则 $S_{\triangle AOD} = $(　　).

A. 4　　　　　　B. 5　　　　　　C. 6　　　　　　D. 7　　　　　　E. 8

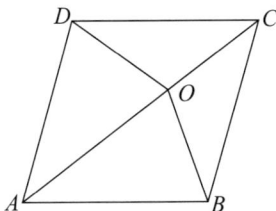

9. 如图所示,将一块边长为 12 的正方形纸片 $ABCD$ 的顶点 A 折叠至 DC 边上的点 E,使 $DE = 5$,折痕为 PQ,则 PQ 的长为(　　).

A. 12　　　　　　B. 13　　　　　　C. 14　　　　　　D. 15　　　　　　E. 16

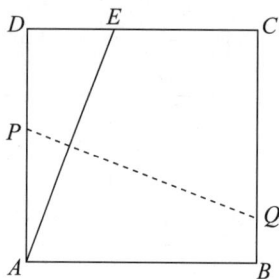

10. 如图所示,E 为平行四边形 $ABCD$ 的边 AD 上的一点,且 $AE:ED = 3:2$,CE 交 BD 于 F,则 $BF:FD = ($ $)$.

   A. $3:5$ B. $5:3$ C. $2:5$ D. $5:2$ E. $3:4$

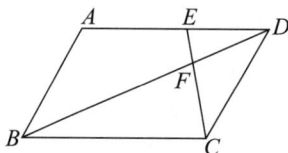

11. 如图所示,在平行四边形 $ABCD$ 中,点 E 是 BC 的中点,$DF = 2FC$,若阴影部分的面积是 10,则平行四边形 $ABCD$ 的面积是($\quad$).

   A. 36   B. 22   C. 16   D. 18   E. 24

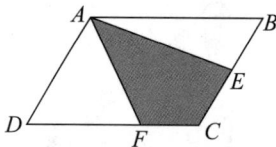

12. 如图所示,四边形 $ABCD$ 的对角线 BD 被 E,F 两点三等分,且四边形 $AECF$ 的面积为 15,则四边形 $ABCD$ 的面积为($\quad$).

   A. 42   B. 40   C. 45   D. 50   E. 48

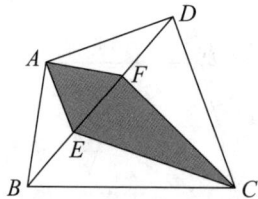

13. 正六边形两条对边之间的距离是 2,则它的边长是($\quad$).

   A. $\dfrac{\sqrt{3}}{3}$ B. $\dfrac{2\sqrt{3}}{3}$ C. $\dfrac{\sqrt{2}}{3}$ D. $\dfrac{2\sqrt{2}}{3}$ E. $\dfrac{1}{2}$

14. 如图所示,等边 $\triangle ABC$ 边长为 10,以 AB 为直径的 $\odot O$ 分别交 CA,CB 于 D,E 两点,则图中阴影

部分的面积是(　　).

A. $25\left(\dfrac{\sqrt{3}}{2}-\dfrac{\pi}{6}\right)$

B. $25\left(\dfrac{\sqrt{3}}{2}-\dfrac{\pi}{3}\right)$

C. $25\left(\dfrac{\pi}{3}-\dfrac{\sqrt{3}}{2}\right)$

D. $25\left(\sqrt{3}-\dfrac{\pi}{3}\right)$

E. $25\left(\dfrac{3\sqrt{3}}{2}-\dfrac{\pi}{6}\right)$

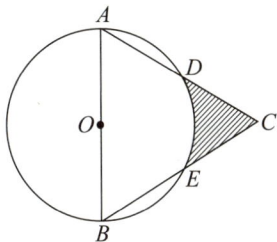

15. 如图所示,已知阴影部分的面积为 4,M 是 AB 边中点,CM 交 BD 于 E,则图中平行四边形 $ABCD$ 的面积为(　　).

A. 12　　　　　　B. 16　　　　　　C. 18　　　　　　D. 24　　　　　　E. 28

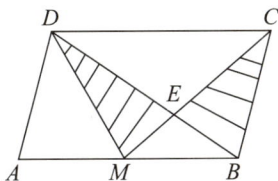

二、条件充分性判断

16. 如图所示,正方形 $ABCD$ 面积是 3 cm²,M 在 AD 边上,则图中阴影部分的面积是 1 cm².

(1)$AM=MD$.

(2)$AM=2MD$.

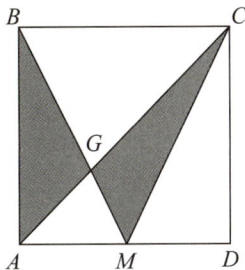

17. 三角形 ABC 的外接圆和内切圆的面积之比为 $4+2\sqrt{3}:1$.

(1) 三角形 ABC 为有一个角为 $30°$ 的直角三角形.

(2) 三角形 ABC 为等边三角形.

18. 如图所示，在矩形 $ABCD$ 中，E 为 CD 上一点，则三角形 ABE 的面积等于矩形 $ABCD$ 面积的一半.
    (1) 点 E 为边 CD 的中点.
    (2) 点 E 为边 CD 的三等分点.

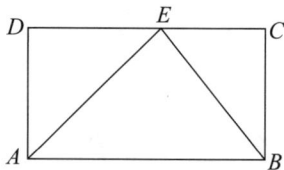

19. 某市规划建设的4个小区，分别位于直角梯形 $ABCD$ 的4个顶点处(见图)，$AD = 4$ 千米. 现想在 CD 上选一点 S 建幼儿园，使其与4个小区的直线距离之和为最小，则 S 与 C 的距离是9千米.
    (1) $BC = 12$ 千米.
    (2) $BC = CD$.

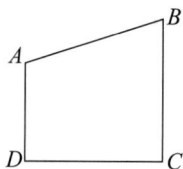

20. 三角形三边长为 a,b,c，则可确定三角形为等边三角形.
    (1) $(a-b)(b-c) = 0$.
    (2) $(a+b)^2 - 4c^2 = 0$.

21. 在 $\triangle ABC$ 内部(不含边界)任取一点 p，记 p 到三边 a,b,c 的距离依次为 x,y,z，则 $ax+by+cz = 12$.
    (1) $\triangle ABC$ 的边长为 $3,4,5$.
    (2) $\triangle ABC$ 的面积为 6.

22. 已知 a,b,c 是 $\triangle ABC$ 的三边长，c 为最长的边，则方程 $cx^2 + (a+b)x + \frac{c}{4} = 0$ 的两实根 x_1,x_2 满足 $|x_1 - x_2| = 1$.
    (1) $\triangle ABC$ 为等腰三角形.
    (2) $\triangle ABC$ 为直角三角形.

23. 如图所示，已知梯形 $ABCD$ 的面积，则能确定阴影部分的面积.
    (1) E 为 BC 上任意一点.
    (2) E 为 BC 的中点.

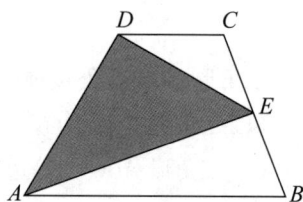

24. 如图所示,矩形 $ABCD$ 的对角线 AC,BD 相交于点 O,过点 O 的直线分别交 AD,BC 于点 E,F,则能确定阴影部分的面积.

    (1) 已知矩形 $ABCD$ 的面积.

    (2) 已知 E 为 AD 的中点.

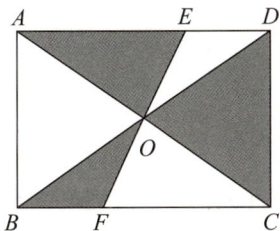

25. 抛物线 $y = x^2 - 2x - 3$ 与 x 轴两交点分别为 A,B,点 P 为抛物线上的一动点,则满足条件的 P 点有两个.

    (1) $S_{\triangle ABP} = 6$.

    (2) $S_{\triangle ABP} = 10$.

测评解析

1. 【答案】B

   【解析】一个洒水装置最多能覆盖一个长为 6 米的长方形,花坛总长 100 米,故至少需要 17 个洒水装置. 故选 B.

2. 【答案】C

   【解析】如图所示,作 $EF \perp BC$ 于 F. 因为 $AE = EC$,$EF \parallel AD$,所以 $DF = FC$,$EF = \frac{1}{2}AD = 9$.

   在 $\mathrm{Rt}\triangle BFE$ 中,$BE = 15$,$EF = 9$,所以 $BF = 12$. 又因 $BD = DC = 2DF$,所以 $3DF = 12$,$DF = 4$,$BC = 16$. 故 $S_{\triangle ABC} = \frac{1}{2}BC \cdot AD = \frac{1}{2} \cdot 16 \cdot 18 = 144$. 故选 C.

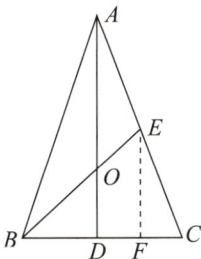

3. 【答案】C

   【解析】由题意知,E 是 BC 的三等分点,又 $DE \parallel AC$,则 $BD = 2AD$,则有 $S_{\triangle ABC} = \frac{3}{2}S_{\triangle ABE} = $

$\frac{9}{2}S_{\triangle ADE}$.因为 $S_{\triangle ABC}=18$,所以 $S_{\triangle ADE}=4$.故选 C.

4.【答案】D

【解析】因为 $AB\perp CD,CD\perp MN$,所以阴影部分的面积为大圆面积的 $\frac{1}{4}$.因为正方形 $MNEF$ 的

四个顶点在直径为 4 的大圆上,所以阴影部分面积为 $\frac{1}{4}\pi\left(\frac{4}{2}\right)^2=\pi$.故选 D.

5.【答案】C

【解析】一个空白部分的面积为 $40\div2=20$(平方厘米),重叠部分面积为 5 平方厘米,所以空白部分的边长是重叠部分边长的 2 倍.因此大正方形的边长是重叠部分的 5 倍,面积是重叠部分的 25 倍,则大正方形面积为 $5\times25=125$(平方厘米).故选 C.

6.【答案】B

【解析】连接 CF.由 $\triangle AFE$ 面积为 1,得 $\triangle CFE$ 面积为 3,$\triangle ACF$ 面积为 4.由燕尾模型可得 $\triangle ABF$ 面积为 2,$\triangle BCF$ 面积为 6,故 $\triangle ABC$ 面积为 $4+2+6=12$.故选 B.

7.【答案】C

【解析】如图所示,AC 交半圆于点 D,连接 BD.因为 BC 是直径,所以三角形 BDC 为直角三角形.又因为 $\angle ACB=45°$,所以三角形 BDC 和三角形 BDA 全等,且均为等腰直角三角形,则点 D 是半圆的中点,故 $S_2=S_3$,所以 $S_{阴影}=\frac{1}{2}S_{Rt\triangle ABC}=25$.故选 C.

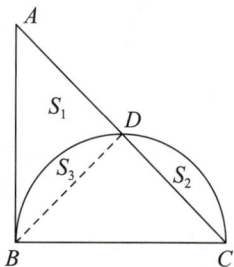

8.【答案】D

【解析】由对半模型可知,在平行四边形 $ABCD$ 中,上、下三角形面积相加等于左、右三角形面积相加,所以 $6+4=3+S_{\triangle AOD}$,故 $S_{\triangle AOD}=7$.故选 D.

9.【答案】B

【解析】作 $BF\parallel PQ$,且 BF 交 AD 于 F,易得四边形 $BFPQ$ 为平行四边形,则 $BF=PQ$.根据折叠可知 $AE\perp PQ$,即 $AE\perp BF$,可证 $\triangle ABF$ 与 $\triangle DAE$ 全等,所以 $PQ=BF=AE=13$.故选 B.

10.【答案】D

【解析】三角形 DEF 和三角形 BCF 相似,因为 $AE:ED=3:2$,所以相似比为 $2:5$,故 $BF:FD=5:2$.故选 D.

11.【答案】E

【解析】连接 AC,则 $S_{\triangle ACF}=\frac{1}{3}S_{\triangle ACD}=\frac{1}{6}S_{平行四边形ABCD}$,$S_{\triangle ACE}=\frac{1}{2}S_{\triangle ABC}=\frac{1}{4}S_{平行四边形ABCD}$,故阴影部分占平行四边形 $ABCD$ 的 $\frac{5}{12}$.由阴影部分的面积等于 10,可得平行四边形 $ABCD$ 的面积是 24.故选 E.

12.【答案】C

【解析】因为 E,F 是 BD 的三等分点,所以 $3S_{\triangle AEF}=S_{\triangle ABD}$,$3S_{\triangle CEF}=S_{\triangle BCD}$.因为四边形 $AECF$ 的面积为 15,所以四边形 $ABCD$ 的面积为 $3\times S_{四边形AECF}=3\times15=45$.故选 C.

13.【答案】B

【解析】由已知作图,如图所示,$BF=2$,过点 A 作 $AG\perp BF$ 于 G,则 $FG=1$,又因为 $\angle FAG=$ $60°$,则 $AF=\dfrac{FG}{\sin\angle FAG}=\dfrac{1}{\dfrac{\sqrt{3}}{2}}=\dfrac{2\sqrt{3}}{3}$. 故选 B.

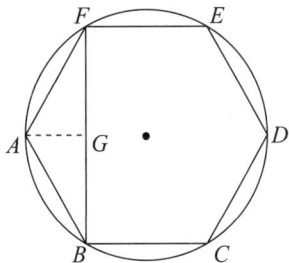

14.【答案】A

【解析】连接 OD 和 OE,可知 $\triangle AOD$ 和 $\triangle BOE$ 是边长为 5 的等边三角形,所以 $S_{\text{阴影}}=S_{\triangle ABC}-2S_{\triangle AOD}-\dfrac{1}{6}S_{\text{圆}}=\dfrac{\sqrt{3}}{4}\times10^2-2\times\dfrac{\sqrt{3}}{4}\times5^2-\dfrac{1}{6}\pi\times5^2=25\left(\dfrac{\sqrt{3}}{2}-\dfrac{\pi}{6}\right)$. 故选 A.

15.【答案】A

【解析】M 是 AB 的中点,则 $S_{\triangle BMD}=\dfrac{1}{4}S_{\text{平行四边形}ABCD}$,且 $\dfrac{DE}{EB}=\dfrac{CD}{BM}=2$,所以 $S_{\triangle DEM}=\dfrac{2}{3}S_{\triangle BDM}$. 又因为 $S_{\text{阴}}=2S_{\triangle DEM}=4$,所以 $S_{\triangle BDM}=3$,$S_{\text{平行四边形}ABCD}=12$. 故选 A.

16.【答案】A

【解析】由条件(1)得,$AM=MD$,依据蝴蝶模型可知阴影部分总共占 4 份,整个正方形为 12 份,因为正方形 $ABCD$ 面积是 $3\ \text{cm}^2$,故阴影部分的面积是 $1\ \text{cm}^2$,条件(1) 充分. 同理条件(2) 不充分. 故选 A.

17.【答案】A

【解析】条件(1) 中,$R:r=\sqrt{3}+1:1$,外接圆和内切圆的面积之比为 $4+2\sqrt{3}:1$,充分. 条件(2)中,$R:r=2:1$,不充分. 故选 A.

18.【答案】D

【解析】由对半模型可知,只要点 E 在 CD 上,则三角形 ABE 的面积始终等于矩形 $ABCD$ 面积的一半,所以两个条件都充分. 故选 D.

19.【答案】C

【解析】如图所示,单独显然不充分,联合,有 S 在 CD 上,则 $SC+SD=CD=12$,只需让 $SA+SB$ 最小即可. 作 A 点关于 CD 的对称点 A',则 $A'B$ 即为 $SA+SB$ 的最小值. 因为 $\triangle A'DS$ 和 $\triangle SCB$ 相似,且相似比为 $4:12=1:3$,故 $SC=12\times\dfrac{3}{4}=9$(千米),充分. 故选 C.

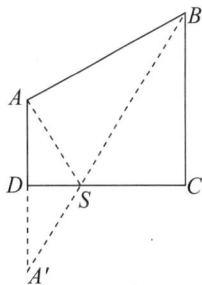

20.【答案】C

【解析】条件(1)，$(a-b)(b-c)=0 \Rightarrow a=b$ 或 $b=c$，三角形为等腰三角形，不一定等边，故条件(1)不充分；条件(2)，$(a+b)^2-4c^2=(a+b+2c)(a+b-2c)=0 \Rightarrow a+b=2c$，故条件(2)也不充分. 联合，有 $\begin{cases} a+b=2c, \\ a=b, \end{cases}$ 或 $\begin{cases} a+b=2c, \\ b=c, \end{cases}$ 则 $a=b=c$，充分. 故选 C.

21.【答案】D

【解析】根据 p 到三边 a,b,c 的距离依次为 x,y,z 知，$S_{\triangle ABC}=\dfrac{1}{2}ax+\dfrac{1}{2}by+\dfrac{1}{2}cz$，所以 $2S_{\triangle ABC}=ax+by+cz$. 条件(1)，$S_{\triangle ABC}=\dfrac{1}{2}\times 3\times 4=6$，充分；条件(2)，显然也充分. 故选 D.

22.【答案】C

【解析】$|x_1-x_2|=1 \Rightarrow (x_1-x_2)^2=1 \Rightarrow \left(-\dfrac{a+b}{c}\right)^2-4\times\dfrac{1}{4}=1 \Rightarrow (a+b)^2=2c^2.$

条件(1) 和条件(2) 单独都不充分，两条件联合得，$b=a,c=\sqrt{2}a$，则 $(a+b)^2=4a^2=2c^2$，充分. 故选 C.

23.【答案】B

【解析】延长 DE,AB 交于 F 点. 条件(1)中，E 位置不定，无法确定阴影面积，故不充分. 条件(2)中，E 为 BC 的中点，所以三角形 DCE 和三角形 FBE 全等，所以 $S_{梯形ABCD}=S_{\triangle ADF}$，$S_{阴}=\dfrac{1}{2}S_{\triangle ADF}$，故条件(2) 充分. 故选 B.

24.【答案】A

【解析】条件(1) 中，因为四边形 $ABCD$ 是矩形，所以 $OA=OC$，$\angle AEO=\angle CFO$，$\angle AOE=\angle COF$，所以 $\triangle AOE\cong\triangle COF$，即 $S_{\triangle AOE}=S_{\triangle COF}$，则图中阴影部分的面积等于矩形 $ABCD$ 面积的一半，充分；条件(2)中，无具体值，不充分. 故选 A.

25.【答案】B

【解析】根据题意得抛物线 $y=x^2-2x-3$ 与 x 轴两交点分别为 $A(-1,0),B(3,0)$，顶点为 $C(1,-4)$，$S_{\triangle ABC}=\dfrac{1}{2}\cdot AB\cdot|y_C|=8$. 条件(1)，$S_{\triangle ABP}<S_{\triangle ABC}$，故 P 点有四个，不充分；条件(2)，$S_{\triangle ABP}>S_{\triangle ABC}$，故 P 点有两个，充分. 故选 B.

专题七　　解析几何

专题解读　本专题是平面几何的进阶内容,所谓解析几何就是将平面几何放在直角坐标系中,进行定量化研究,所以本专题呈现的特点是公式多,运算量大,题目较为灵活.考题以直线和圆为载体,重点考查解析几何三大位置关系和最值问题.三大位置关系重点学习直线与圆的位置关系,最值问题会涉及相关动点问题,难度较大.除此以外,对称问题也需重点记忆点关于直线对称的公式.

考试范围　1.平面直角坐标系.

2.直线方程与圆的方程.

3.两点间的距离公式与点到直线的距离公式.

考试地位　本部分每年考试中大约占 2 道题目,题目难度 1 道简单,1 道较难.

考试重点　1.相关距离公式.

2.直线与圆的方程.

3.直线与圆、圆与圆位置关系的判定.

4.最值问题.

5.点关于直线的对称问题.

专题导航

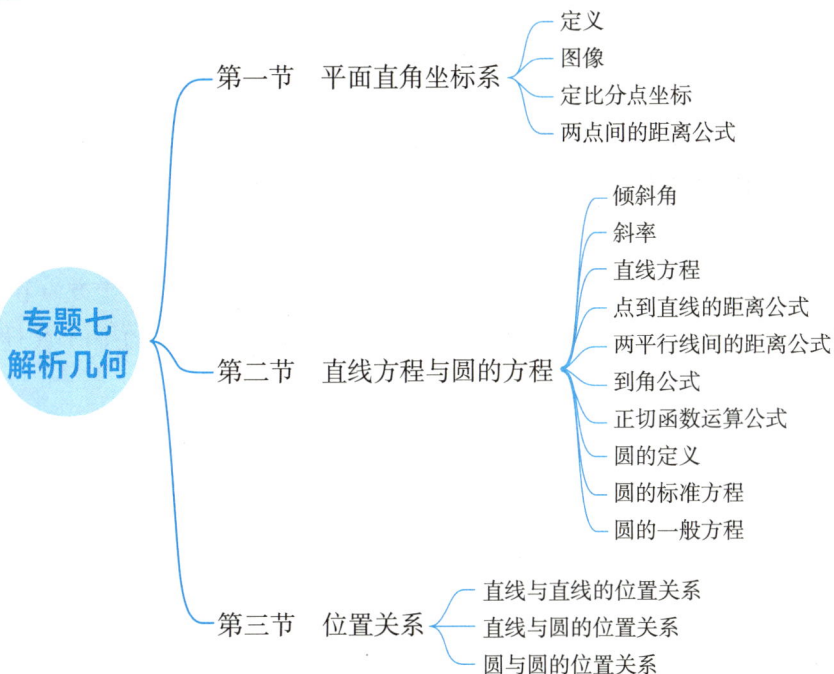

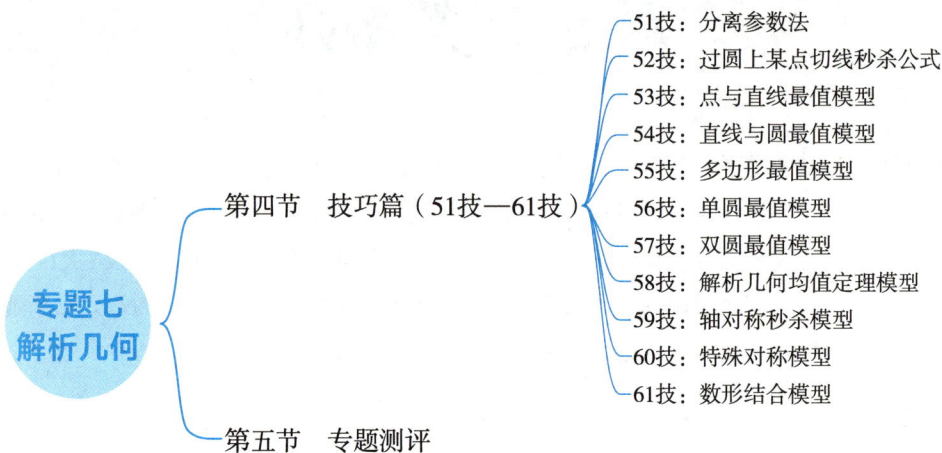

第一节　平面直角坐标系

> **本节说明**　本节内容均为基本概念，考生只需简单理解即可，此外本节也会涉及中点坐标公式、两点间的距离公式等．

一、考点精析

1. 定义

在同一个平面上互相垂直且有公共原点的两条数轴即可构成平面直角坐标系，简称直角坐标系．通常，两条数轴分别置于水平位置与垂直位置，取向右与向上的方向分别为两条数轴的正方向．水平的数轴叫作 x 轴或横轴，垂直的数轴叫作 y 轴或纵轴，它们的公共原点 O 称为直角坐标系的原点，以点 O 为原点的平面直角坐标系通常记作平面直角坐标系 xOy．

2. 图像

两条坐标轴可以将平面分为四个象限，如图所示，右上方为第一象限，左上方为第二象限，左下方为第三象限，右下方为第四象限，每个象限内的点的横、纵坐标正负会有所不同，坐标轴上的点不属于任何象限．

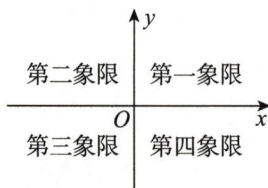

3. 定比分点坐标

如图所示,A,B 是两个不同点,设 $A(x_1,y_1)$,$B(x_2,y_2)$,设 P 是 AB 上的一个动点,$AP=\lambda PB$,则 P 的坐标为 $\left(\dfrac{x_1+\lambda x_2}{1+\lambda},\dfrac{y_1+\lambda y_2}{1+\lambda}\right)$,若 P 是 AB 上的中点,则 $\lambda=1$,此时 P 的坐标为 $\left(\dfrac{x_1+x_2}{2},\dfrac{y_1+y_2}{2}\right)$.

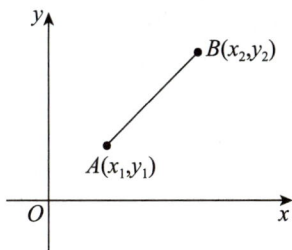

4. 两点间的距离公式

设 $A(x_1,y_1)$,$B(x_2,y_2)$,则 A,B 两点间的距离 $d=\sqrt{(x_1-x_2)^2+(y_1-y_2)^2}$.

二、经典例题

思维点拨　本部分内容简单,只需记住相关距离公式即可,其中定比分点坐标公式简单了解,只需重点记忆中点坐标公式即可.

例 1　在平行四边形 $ABCD$ 中,$A(-3,3)$,$B(-2,1)$,$C(3,1)$,则点 D 的坐标为(　　).

A.$(1,3)$　　　B.$(2,3)$　　　C.$(3,4)$　　　D.$(4,3)$　　　E.$(5,6)$

【解析】平行四边形对角线互相平分,假设对角线 AC,BD 相交于点 E,因为 $A(-3,3)$,$C(3,1)$,所以由中点坐标公式可求出点 E 的坐标为 $(0,2)$,又因为点 B 的坐标为 $(-2,1)$,所以点 D 的坐标为 $(2,3)$.故选 B.

例 2　已知 $A(2,3)$,$B(-4,5)$,以 AB 为直径的圆的面积为(　　).

A.10π　　　B.11π　　　C.12π　　　D.13π　　　E.14π

【解析】求圆的面积关键求圆的半径,由距离公式可知,$d_{AB}=\sqrt{6^2+(-2)^2}=2\sqrt{10}$,所以半径为 $\sqrt{10}$,故圆的面积为 10π.故选 A.

例 3　已知点 $A(-1,2)$,$B(2,\sqrt{7})$,在 x 轴上有一点 P,使得 $PA=PB$,则 PA 为(　　).

A.1　　　B.$\sqrt{2}$　　　C.$\sqrt{3}$　　　D.$2\sqrt{2}$　　　E.$3\sqrt{3}$

【解析】设点 P 的坐标为 $(x,0)$,则 $PA=\sqrt{(x+1)^2+(0-2)^2}=\sqrt{x^2+2x+5}$,$PB=\sqrt{(x-2)^2+(0-\sqrt{7})^2}=\sqrt{x^2-4x+11}$.又因为 $PA=PB$,所以有 $x^2+2x+5=x^2-4x+11$,解

得 $x=1$,所以点 P 的坐标为 $(1,0)$,因此 $PA=2\sqrt{2}$.故选 D.

第二节   直线方程与圆的方程

> **本节说明**   直线是解析几何的考核重点.关于直线,考生在学习时一定要理解各个概念,比如什么是倾斜角,什么是斜率,斜率大小怎么变化,直线方程都有哪些种类,每类直线方程的适用条件是什么等.圆的方程重点掌握标准方程即可.

一、考点精析

1. 倾斜角

直线向上的方向与 x 轴正向所成的夹角,称为倾斜角,记为 θ,其中要求 $\theta\in[0,\pi)$.

2. 斜率

倾斜角的正切值为斜率,记为 $k=\tan\theta\left(\theta\neq\dfrac{\pi}{2}\right)$.

2.1   特殊角度的正切值

θ	30°	45°	60°	90°	120°	135°	150°
$\tan\theta$	$\dfrac{\sqrt{3}}{3}$	1	$\sqrt{3}$	∞	$-\sqrt{3}$	-1	$-\dfrac{\sqrt{3}}{3}$

2.2   已知两点求斜率

设 $A(x_1,y_1)$,$B(x_2,y_2)$,则 A,B 两点所确定的直线斜率为 $k=\dfrac{y_2-y_1}{x_2-x_1}(x_1\neq x_2)$.

2.3   斜率的正负变化

$$\begin{cases}k>0, & 0°<\theta<90°,\\ k=0, & \theta=0°,\\ k<0, & 90°<\theta<180°.\end{cases}$$

2.4   斜率大小变化

(1)直线顺时针旋转斜率变小.

(2)直线逆时针旋转斜率变大.

> **超言超语**
>
> 注意以倾斜角为90°的竖直直线为分界线.

2.5　若两直线关于水平直线或竖直直线对称则斜率互为相反数

3. 直线方程

3.1　点斜式

过点 $P(x_0, y_0)$,斜率为 k 的直线方程为 $y - y_0 = k(x - x_0)$.

3.2　斜截式

斜率为 k,在 y 轴上的截距为 b,即过点 $(0,b)$ 的直线方程为 $y = kx + b$.

3.3　两点式

过两个点 $P_1(x_1,y_1),P_2(x_2,y_2)$ 的直线方程为 $\dfrac{y-y_1}{y_2-y_1} = \dfrac{x-x_1}{x_2-x_1}(x_1 \neq x_2, y_1 \neq y_2)$.

3.4　截距式

在 x 轴上的截距为 a,即过点 $(a,0)$,在 y 轴上的截距为 b,即过点 $(0,b)$ 的直线方程为 $\dfrac{x}{a} + \dfrac{y}{b} = 1(a \neq 0, b \neq 0)$.

3.5　一般式

$ax + by + c = 0(a,b$ 不全为零$)$.

4. 点到直线的距离公式

点 $P(x_0,y_0)$ 到直线 $ax + by + c = 0$ 的距离 $d = \dfrac{|ax_0 + by_0 + c|}{\sqrt{a^2 + b^2}}$.

5. 两平行线间的距离公式

$l_1: ax + by + c_1 = 0, l_2: ax + by + c_2 = 0$,两直线平行,则两平行线间的距离 $d = \dfrac{|c_1 - c_2|}{\sqrt{a^2 + b^2}}$.

6. 到角公式

若直线 $l_1: y = k_1 x + b_1$ 逆时针旋转 θ 到直线 $l_2: y = k_2 x + b_2$,则 $\tan\theta = \dfrac{k_2 - k_1}{1 + k_1 \cdot k_2}, \theta \in [0,\pi]$.

7. 正切函数运算公式

(1) $\tan(\alpha + \beta) = \dfrac{\tan\alpha + \tan\beta}{1 - \tan\alpha \cdot \tan\beta}$.

(2) $\tan(\alpha - \beta) = \dfrac{\tan\alpha - \tan\beta}{1 + \tan\alpha \cdot \tan\beta}$.

(3) $\tan(2\alpha) = \dfrac{2\tan\alpha}{1 - \tan^2\alpha}$.

8. 圆的定义

平面内到定点距离等于定长的点的集合叫作圆,其中定点叫圆心,定长叫半径.

9. 圆的标准方程

设圆心为 (x_0, y_0),半径为 r,圆的标准方程为 $(x - x_0)^2 + (y - y_0)^2 = r^2$.特别地,当圆心在原点

$(0,0)$ 时,圆的标准方程为 $x^2+y^2=r^2$.

10.圆的一般方程

$$x^2+y^2+ax+by+c=0.$$

配方后得到 $\left(x+\dfrac{a}{2}\right)^2+\left(y+\dfrac{b}{2}\right)^2=\dfrac{a^2+b^2-4c}{4}$,要求 $a^2+b^2-4c>0$.

圆心坐标 $\left(-\dfrac{a}{2},-\dfrac{b}{2}\right)$,半径 $r=\dfrac{\sqrt{a^2+b^2-4c}}{2}>0$.

二、经典例题

思维点拨　　直线与圆贯穿整个解析几何始终.在直线中,重点掌握斜率相关运算及五大直线方程;在圆中重点掌握圆的标准方程,除此以外本部分所涉及的相关公式如距离公式、到角公式等也需记忆.

例 4　已知 $a>0$,平面内 $A(1,-a),B(2,a^2),C(3,a^3)$ 三点共线,则 $a=($ 　　).

A. $\sqrt{2}+1$　　　　B. $\sqrt{2}-1$　　　　C. $\sqrt{2}$　　　　D. 1　　　　E. 2

【解析】因为三点共线,所以直线 AB 的斜率和直线 BC 的斜率相同,故有 $\dfrac{a^2+a}{2-1}=\dfrac{a^3-a^2}{3-2}$,又因为 $a>0$,所以 $a=1+\sqrt{2}$.故选 A.

例 5　直线过点 $P(0,1)$,且倾斜角是直线 $2x-y+2=0$ 的倾斜角的 2 倍,则该直线方程为(　　).

A. $3x-4y+4=0$　　　　　　B. $4x-3y+3=0$　　　　　　C. $3x+4y-4=0$

D. $4x+3y-3=0$　　　　　　E. $3x-4y+2=0$

【解析】直线 $2x-y+2=0$ 的斜率为 $\tan\alpha=2$,由倍角公式可得,$\tan(2\alpha)=\dfrac{2\tan\alpha}{1-\tan^2\alpha}$,故所求直线的斜率为 $-\dfrac{4}{3}$.又因为直线过点 $P(0,1)$,由点斜式可得方程为 $4x+3y-3=0$.故选 D.

例 6　过点 $P(0,-1)$ 作直线 l,已知 $A(1,-2),B(2,1)$,若直线 l 与线段 AB 有公共点,则直线 l 斜率的取值范围是(　　).

A. $[-1,1]$　　　　　　B. $(-\infty,-1]$　　　　　　C. $[1,+\infty)$

D. $(-\infty,-1]\cup[1,+\infty)$　　　　E. 无法确定

【解析】依题可得,直线 PA 的斜率为 -1,直线 PB 的斜率为 1,因为直线 l 与线段 AB 有公共点,所以直线 PA 应逆时针旋转,直线 PB 应顺时针旋转,故斜率的取值范围为 $[-1,1]$.故选 A.

例 7　已知过点 $P(-3,0)$ 的直线 l 被圆 $x^2+(y+2)^2=25$ 所截得的弦长为 8,则直线 l 的方程是(　　).

　　A. $3x-4y+15=0$　　　　　　B. $5x-3y-15=0$　　　　　　C. $x+3=0$

　　D. $5x-12y+15=0$　　　　　　E. $5x-12y+15=0$ 或 $x+3=0$

【解析】 设圆心到直线的距离为 d,因为直线 l 被圆 $x^2+(y+2)^2=25$ 所截得的弦长为 8,由勾股定理可得,$2\sqrt{r^2-d^2}=8$,因为 $r=5$,所以解得 $d=3$.又因为直线 l 过点 $P(-3,0)$,设其斜率为 k,则直线方程可表示为 $y-0=k(x+3)$,化为一般式为 $kx-y+3k=0$.因为 $d=3$,圆心 $(0,-2)$,套点到直线的距离公式即可求得 $k=\dfrac{5}{12}$,所以直线方程整理为一般式是 $5x-12y+15=0$;因为 $P(-3,0)$,$d=3$,所以还有一条斜率不存在的直线为 $x=-3$.故选 E.

例 8　直线 $x-2y+6=0$ 与两坐标轴围成的三角形的面积为(　　).

A. 8　　　　　B. 9　　　　　C. 10　　　　　D. 11　　　　　E. 12

【解析】 $x-2y+6=0$ 与两坐标轴的交点分别为 $(-6,0)$,$(0,3)$,所以与两坐标轴围成的三角形的面积为 $\dfrac{1}{2}\times 6\times 3=9$.故选 B.

例 9　一个圆通过坐标原点,又通过抛物线 $y=\dfrac{x^2}{4}-2x+4$ 与坐标轴的交点,则该圆的半径为(　　).

　　A. $\sqrt{2}$　　　　　B. $2\sqrt{2}$　　　　　C. $3\sqrt{2}$　　　　　D. $\dfrac{\sqrt{2}}{2}$　　　　　E. $4\sqrt{2}$

【解析】 $y=\dfrac{x^2}{4}-2x+4=\dfrac{1}{4}(x^2-8x+16)=\dfrac{1}{4}(x-4)^2$,所以抛物线与 x 轴的交点为 $(4,0)$,与 y 轴的交点为 $(0,4)$.设圆的方程为 $x^2+y^2+Dx+Ey+F=0$,经过 $(0,0)$ 点,所以 $F=0$,将点 $(4,0)$ 与 $(0,4)$ 代入可得,$16+4D=0$,$D=-4$;$16+4E=0$,$E=-4$,所以圆的方程为 $x^2-4x+y^2-4y=0$,即 $(x-2)^2+(y-2)^2=8$,$r=2\sqrt{2}$.故选 B.

例 10　若圆的方程是 $y^2+4y+x^2-2x+1=0$,直线方程是 $3y+2x=1$,则过已知圆的圆心并与已知直线平行的直线方程是(　　).

　　A. $2y+3x+1=0$　　　　　　B. $2y+3x-7=0$　　　　　　C. $3y+2x+4=0$

　　D. $3y+2x-8=0$　　　　　　E. $2y+3x-6=0$

【解析】 将圆 $y^2+4y+x^2-2x+1=0$ 化为标准方程为 $(x-1)^2+(y+2)^2=4$,则圆心为 $(1,-2)$,半径 r 为 2.又因为所求直线与 $3y+2x=1$ 平行,所以设所求直线方程为 $3y+2x=t$,将 $(1,-2)$ 代入可得 $-6+2=-4=t$,故 $3y+2x=-4$.故选 C.

第三节　位 置 关 系

> **本节说明**　位置关系是解析几何的必考点，在考试中以直线与直线的位置关系、直线与圆的位置关系和圆与圆的位置关系为主，考生务必掌握每类位置关系的判定方法，本部分题目难度较小，套路固定，但是部分题目运算量较大.

一、考点精析

1. 直线与直线的位置关系

1.1　两条直线的位置关系

位置关系	斜截式 $l_1:y=k_1x+b_1$； $l_2:y=k_2x+b_2$	一般式 $l_1:a_1x+b_1y+c_1=0$； $l_2:a_2x+b_2y+c_2=0$
重合	$k_1=k_2,b_1=b_2$	$\dfrac{a_1}{a_2}=\dfrac{b_1}{b_2}=\dfrac{c_1}{c_2}$
平行	$k_1=k_2,b_1\neq b_2$	$\dfrac{a_1}{a_2}=\dfrac{b_1}{b_2}\neq\dfrac{c_1}{c_2}$
相交	$k_1\neq k_2$	$\dfrac{a_1}{a_2}\neq\dfrac{b_1}{b_2}$
垂直	$k_1k_2=-1$	$\dfrac{a_1}{b_1}\cdot\dfrac{a_2}{b_2}=-1\Leftrightarrow a_1a_2+b_1b_2=0$

1.2　三条直线的位置关系

能围成三角形	三条直线必须有 3 个交点

续表

	三条直线有 2 个交点
不能围成三角形	三条直线有 1 个交点
	三条直线没有交点

1.3　四条直线的位置关系

$\lvert ax \pm b \rvert + \lvert cy \pm d \rvert = e$	(1) 若 $a = c$,则图像为正方形,若 $a \neq c$,则图像为菱形; (2) 围成图形的面积均为 $S = \dfrac{2e^2}{\lvert ac \rvert}$(与 b,d 无关); (3) 画图可用描点法,分别令 $\lvert ax \pm b \rvert$ 和 $\lvert cy \pm d \rvert$ 为 0,即可计算出四个点的坐标,将四个点连线即可得到该四边形
$\lvert xy \rvert + ab = a\lvert x \rvert + b\lvert y \rvert$	(1) 若 $a = b$,则围成的图形为正方形,若 $a \neq b$,则围成的图形为矩形; (2) 围成图形的面积均为 $S = 4ab$; (3) $\lvert xy \rvert + ab = a\lvert x \rvert + b\lvert y \rvert \Rightarrow (\lvert x \rvert - b)(\lvert y \rvert - a) = 0$

2. 直线与圆的位置关系

直线 $l: y = kx + b$,圆 $O: (x - x_0)^2 + (y - y_0)^2 = r^2$,$d$ 为圆心 (x_0, y_0) 到直线 l 的距离.

直线与圆的位置关系	图形	判定方法（几何法）	判定方法（代数法）
相离		$d > r$	方程组 $\begin{cases} y = kx + b, \\ (x-x_0)^2 + (y-y_0)^2 = r^2 \end{cases}$ 无实根，即 $\Delta < 0$
相切		$d = r$	方程组 $\begin{cases} y = kx + b, \\ (x-x_0)^2 + (y-y_0)^2 = r^2 \end{cases}$ 有两个相等的实根，即 $\Delta = 0$
相交		$d < r$	方程组 $\begin{cases} y = kx + b, \\ (x-x_0)^2 + (y-y_0)^2 = r^2 \end{cases}$ 有两个不等的实根，即 $\Delta > 0$

3. 圆与圆的位置关系

圆 $O_1 : (x-x_1)^2 + (y-y_1)^2 = r_1^2$，圆 $O_2 : (x-x_2)^2 + (y-y_2)^2 = r_2^2$，$d$ 为圆心 (x_1, y_1) 与圆心 (x_2, y_2) 之间的距离，即圆心距.

两圆的位置关系	图形	判定方法（几何法）	公切线条数
外离		$d > r_1 + r_2$	4
外切		$d = r_1 + r_2$	3
相交		$|r_1 - r_2| < d < r_1 + r_2$	2

续表

两圆的 位置关系	图形	判定方法 （几何法）	公切线条数
内切		$d=\mid r_1-r_2\mid$	1
内含		$d<\mid r_1-r_2\mid$	0

二、经典例题

思维点拨　位置关系是解析几何考试的重点，考生需掌握每类位置关系的判定方法．在直线与直线的位置关系中，重点掌握两条直线的位置关系；在直线与圆的位置关系中，重点掌握两大判定方法的适用条件；在圆与圆的位置关系中，重点掌握两圆交点个数的判定．

例11　已知直线 $l_1:(a+2)x+(1-a)y-3=0$ 与直线 $l_2:(a-1)x+(2a+3)y+2=0$ 互相垂直，则 a 等于（　　）．

A. -1　　　　B. 1　　　　C. ±1　　　　D. $-\dfrac{2}{3}$　　　　E. 0

【解析】当 $a\neq1$ 且 $a\neq-\dfrac{3}{2}$ 时，两直线垂直则斜率乘积为 -1. $k_1=\dfrac{a+2}{a-1}$，$k_2=\dfrac{1-a}{2a+3}$，所以 $k_1k_2=-\dfrac{a+2}{2a+3}=-1$，解得 $a=-1$. 当 $a=1$ 时，$l_1:3x-3=0$，即 $x=1$；$l_2:5y+2=0$，即 $y=-\dfrac{2}{5}$，显然也是垂直的．所以 $a=\pm1$. 故选 C.

例12　集合 $A=\left\{(x,y)\left|\dfrac{y-3}{x-1}=1\right.\right\}$，$B=\{(x,y)\mid y=kx+3\}$，若 $A\cap B=\varnothing$，则实数 k 的值为（　　）．

A. 0　　　　B. 1　　　　C. 2　　　　D. ±1　　　　E. 0 或 1

【解析】$\dfrac{y-3}{x-1}=1$ 可变形为 $y-3=x-1(x\neq1)$，即 $y=x+2(x\neq1)$. 因为 $A\cap B=\varnothing$，所以 $y=kx+3$ 与 $y=x+2(x\neq1)$ 平行或 $y=kx+3$ 过点 $(1,3)$，故实数 k 的值为 1 或 0. 故选 E.

例13　平面上有三条直线，其方程分别为 $x-2y+1=0$，$x-1=0$，$x+ky=0$，若这三条直线将平面划分为六个部分，则满足条件的实数 k 有（　　）种不同的取值．

A. 1　　　　B. 2　　　　C. 3　　　　D. 4　　　　E. 5

【解析】 三条直线将平面划分为六个部分,说明三条直线的位置关系可能是三条直线交于一点,也可能是三条直线交于两点.若三条直线交于一点:$x-2y+1=0,x-1=0$ 的交点为$(1,1)$,所以 $x+ky=0$ 过点$(1,1)$,解得 $k=-1$;若三条直线交于两点:$x-1=0$ 和 $x+ky=0$ 平行,解得 $k=0$ 或 $x-2y+1=0$ 和 $x+ky=0$ 平行,解得 $k=-2$.故 k 有 3 个取值,$k=-1,0,-2$.故选 C.

例 14 $|x-\sqrt{2}|+|2y+3|=4$ 所围成图形的面积为( ).

A. 8　　　　　B. 16　　　　　C. 32　　　　　D. 48　　　　　E. 64

【解析】 $|x-\sqrt{2}|+|2y+3|=4$ 所围成图形的面积为 $\dfrac{2\times4^2}{|1\times2|}=16$.故选 B.

例 15 $|xy|+16=4|x|+4|y|$ 所围成的图形的外接圆面积为( ).

A. 8π　　　　B. 16π　　　　C. 32π　　　　D. 48π　　　　E. 64π

【解析】 $|xy|+16=4|x|+4|y|$ 所围成的图形是边长为8的正方形,所以外接圆的直径为正方形的对角线长,边长为8,则对角线长为 $8\sqrt{2}$,所以外接圆的半径为 $4\sqrt{2}$,面积为 32π.故选 C.

例 16 已知直线 $y=kx$ 与圆 $x^2+y^2=2y$ 有两个交点 A,B,若 AB 的长度大于 $\sqrt{2}$,则 k 的取值范围是( ).

A. $(-\infty,-1)$　　　　　　B. $(-1,0)$　　　　　　C. $(0,1)$

D. $(1,+\infty)$　　　　　　E. $(-\infty,-1)\bigcup(1,+\infty)$

【解析】 将圆的方程化为标准式:$x^2+(y-1)^2=1$,弦长 $AB=2\sqrt{r^2-d^2}>\sqrt{2}$,因为 $r=1\Rightarrow d^2<\dfrac{1}{2}$,即为 $d^2=\left(\dfrac{|1|}{\sqrt{k^2+1}}\right)^2<\dfrac{1}{2}\Rightarrow k\in(-\infty,-1)\bigcup(1,+\infty)$.故选 E.

例 17 过点 $P(2,1)$,且被圆 $C:x^2+y^2-2x+4y=0$ 截得弦最大的直线 l 与两坐标轴围成的面积为( ).

A. $\dfrac{25}{6}$　　　　B. $\dfrac{25}{8}$　　　　C. $\dfrac{35}{6}$　　　　D. $\dfrac{25}{4}$　　　　E. $\dfrac{25}{9}$

【解析】 圆 $C:(x-1)^2+(y+2)^2=5$,圆心为 $(1,-2)$,半径为 $\sqrt{5}$,最长弦是圆的直径,则直线 l 的斜率 $k=\dfrac{-2-1}{1-2}=3$,直线 l 的方程为:$y-1=3(x-2)$,即 $3x-y-5=0$.令 $x=0$,得 $y=-5$;令 $y=0$,得 $x=\dfrac{5}{3}$,故 $S=\dfrac{1}{2}\times\dfrac{5}{3}\times5=\dfrac{25}{6}$.故选 A.

例 18 圆 $x^2+y^2-ax-by+c=0$ 与 x 轴相切,则能确定 c 的值.

(1) 已知 a 的值.

(2) 已知 b 的值.

【解析】**法一**：圆心为 $\left(\dfrac{a}{2},\dfrac{b}{2}\right)$，半径 $r=\sqrt{\dfrac{a^2}{4}+\dfrac{b^2}{4}-c}$，因为与 x 轴相切，所以 $d=\left|\dfrac{b}{2}\right|=r=$

$\sqrt{\dfrac{a^2}{4}+\dfrac{b^2}{4}-c}$，等号两边分别平方得 $\dfrac{a^2}{4}=c$，条件 (1) 充分，条件 (2) 不充分. 故选 A.

　　法二：联立方程得 $\begin{cases} x^2+y^2-ax-by+c=0, \\ y=0, \end{cases}$ 即 $x^2-ax+c=0$，圆与直线相切所以有 $\Delta=$

$a^2-4c=0$，即 $a^2=4c$，条件 (1) 充分，条件 (2) 不充分. 故选 A.

例 19 设 a,b 为实数，则圆 $x^2+y^2=2y$ 与直线 $x+ay=b$ 不相交.

(1) $|a-b|>\sqrt{1+a^2}$.

(2) $|a+b|>\sqrt{1+a^2}$.

【解析】要使圆 $x^2+y^2=2y$ 与直线 $x+ay=b$ 不相交，则圆心 $(0,1)$ 到直线 $x+ay=b$ 的距离

大于等于半径 1，即 $\dfrac{|a-b|}{\sqrt{1+a^2}}\geqslant 1$，所以条件 (1) 充分，条件 (2) 不充分. 故选 A.

例 20 已知 $A(4,0)$，$B(0,3)$，则在直线 L 上至少存在一点 P，可使 $PA\perp PB$.

(1) 直线 $L:x-y+1=0$.

(2) 直线 $L:x+y-1=0$.

【解析】条件 (1)，设 P 点坐标为 (x_0,y_0)，则 $\begin{cases} x_0-y_0+1=0, \\ \dfrac{y_0-0}{x_0-4}\cdot\dfrac{y_0-3}{x_0-0}=-1, \end{cases}$ 化简为 $2x_0^2-5x_0-2=0$，方

程显然有两个不同的解，充分；同理，条件 (2) 也充分. 故选 D.

例 21 圆 $C_1:\left(x-\dfrac{3}{2}\right)^2+(y-2)^2=r^2$ 与圆 $C_2:x^2-6x+y^2-8y=0$ 有交点.

(1) $0<r<\dfrac{5}{2}$.

(2) $r>\dfrac{15}{2}$.

【解析】两圆有交点，即 $|r_1-r_2|\leqslant O_1O_2\leqslant|r_1+r_2|$，将圆 $C_2:x^2-6x+y^2-8y=0$ 化为标

准式 $C_2:(x-3)^2+(y-4)^2=5^2$，因此 $|r-5|\leqslant\dfrac{5}{2}\leqslant|r+5|\Rightarrow\dfrac{5}{2}\leqslant r\leqslant\dfrac{15}{2}$，因此条件 (1) 和条

件 (2) 单独均不充分，且无法联合. 故选 E.

例 22 若圆 $(x-a)^2+(y-a)^2=4$ 上存在不同的两点到原点的距离为 1，则实数 a 的取值范

围是（　　）.

A. $\left[\dfrac{\sqrt{2}}{2},\dfrac{3\sqrt{2}}{2}\right]$ 　　　　　　B. $\left(-\dfrac{3\sqrt{2}}{2},-\dfrac{\sqrt{2}}{2}\right)\cup\left(\dfrac{\sqrt{2}}{2},\dfrac{3\sqrt{2}}{2}\right)$ 　　C. $\left[\dfrac{\sqrt{2}}{2},5\right]$

D. $\left[1, \dfrac{3\sqrt{2}}{2}\right]$　　　　　　　　　　E. 无法确定

【解析】圆 $(x-a)^2+(y-a)^2=4$ 上存在不同的两点到原点的距离为1,则代表 $(x-a)^2+(y-a)^2=4$ 与 $x^2+y^2=1$ 相交,两圆相交,故两圆心的距离大于半径之差的绝对值,小于半径之和,解得实数 a 的取值范围是 $\left(-\dfrac{3\sqrt{2}}{2}, -\dfrac{\sqrt{2}}{2}\right) \cup \left(\dfrac{\sqrt{2}}{2}, \dfrac{3\sqrt{2}}{2}\right)$. 故选 B.

例23 已知点 $A(1,6),B(-5,2),C(1,k)$,若点 C 在以 AB 为直径的圆外,则 k 的取值范围是(　　).

A. $k<2$　　　　　　　B. $k<3$　　　　　　　C. $k>6$

D. $k<3$ 或 $k>6$　　　E. $k<2$ 或 $k>6$

【解析】A,B 两点的距离为 $\sqrt{6^2+4^2}=2\sqrt{13}$,$A,B$ 两点的中点为 $(-2,4)$,所以以 AB 为直径的圆的方程为 $(x+2)^2+(y-4)^2=13$,因为点 C 在圆外,则 $9+(k-4)^2>13$,解得 $k<2$ 或 $k>6$. 故选 E.

第四节　技巧篇（51技—61技）

51技　分离参数法

适用题型	解析几何恒过定点问题
技巧说明	当题干直线方程除 x,y 以外还存在其他参数时,则可用恒过定点分析,即将含参数的放在一起,将不含参数的放在一起,再分别令其为0即可
代表例题	例24、例25

例24 圆 $(x-1)^2+(y-2)^2=4$ 和直线 $(1+2\lambda)x+(1-\lambda)y-3-3\lambda=0$ 相交于两点.

(1) $\lambda=\dfrac{2\sqrt{3}}{5}$.

(2) $\lambda=\dfrac{5\sqrt{3}}{2}$.

【解析】$(1+2\lambda)x+(1-\lambda)y-3-3\lambda=0$,利用分离参数法整理可得,$\lambda(2x-y-3)+(x+y-3)=0$,分别令 $2x-y-3$ 和 $x+y-3$ 为0,解得直线恒过 $(2,1)$. 因为点 $(2,1)$ 在圆内,所以直线恒与圆相交. 因此条件(1)和条件(2)均充分. 故选 D.

例 25 曲线 $ax^2 + by^2 = 1$ 通过 4 个定点.

(1) $a + b = 1$.

(2) $a + b = 2$.

【解析】 对于条件 (1)，$a + b = 1$，则 $ax^2 + by^2 = a + b$，利用分离参数法整理可得，$a(x^2 - 1) + b(y^2 - 1) = 0$，分别令 $x^2 - 1$ 和 $y^2 - 1$ 为 0，解得曲线恒过 $(1,1)$，$(1,-1)$，$(-1,-1)$，$(-1,1)$ 四个点，充分；同理条件 (2) 也充分. 故选 D.

52技　过圆上某点切线秒杀公式

适用题型	过圆上某点求切线方程或其他相关问题
技巧说明	(1) 过圆 $x^2 + y^2 = r^2$ 上一点 $P(a,b)$ 的切线方程为：$ax + by = r^2$； (2) 过圆 $(x-x_0)^2 + (y-y_0)^2 = r^2$ 上一点 $P(a,b)$ 的切线方程为： $\quad\quad (a-x_0)(x-x_0) + (b-y_0)(y-y_0) = r^2$
代表例题	例 26

例 26 已知直线 l 是圆 $x^2 + y^2 = 5$ 在点 $(1,2)$ 处的切线，则直线 l 在 y 轴上的截距为（　　　）.

A. $\dfrac{2}{5}$　　　　B. $\dfrac{2}{3}$　　　　C. $\dfrac{3}{2}$　　　　D. $\dfrac{5}{2}$　　　　E. 5

【解析】 根据 52 技可得，切线方程为 $x + 2y = 5$，所以直线 l 在 y 轴上的截距为 $\dfrac{5}{2}$. 故选 D.

53技　点与直线最值模型

适用题型	动点 P 在直线上运动，求 $MP + NP$ 的最小值
技巧说明	M,N 在直线的同侧，则作 M 关于直线的对称点 M'，连接 $M'N$ 交直线于点 P，此时 $MP + NP$ 最小，最小值为 $M'N$ 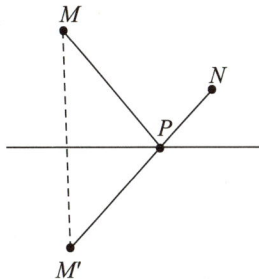
代表例题	例 27

例 27 如图所示,在三角形 ABC 中,$AC = BC = 2$,$\angle ACB = 90°$,D 是 BC 的中点,E 是 AB 边上的一个动点,则 $EC + ED$ 的最小值是(   ).

A. 1   B. 2   C. 3   D. $\sqrt{5}$ E. $\sqrt{3}$

【解析】 E 是 AB 边上的一个动点,作 C 关于直线 AB 的对称点 M,连接 MD,MD 与 AB 的交点即为取到最小值的点 E,最小值为 MD. 依题可得,三角形 BDM 为直角三角形,套勾股定理可得 $MD = \sqrt{2^2 + 1^2} = \sqrt{5}$. 故选 D.

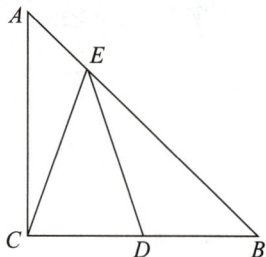

54技 直线与圆最值模型

适用题型	动点 P 在圆上运动,求点 P 到某直线距离的最值
技巧说明	设圆心到直线的距离为 d,圆的半径为 r. (1) 若直线与圆相离,最大值为 $d + r$,最小值为 $d - r$; (2) 若直线与圆相切,最大值为 $2r$,最小值为 0; (3) 若直线与圆相交,最大值为 $d + r$,最小值为 0
代表例题	例 28

例 28 $x^2 + y^2 = 2x + 2y$ 上的点到 $ax + by + \sqrt{2} = 0$ 的距离最小值大于 1.

(1) $a^2 + b^2 = 1$.

(2) $a > 0, b > 0$.

【解析】 曲线 $x^2 + y^2 = 2x + 2y$,即 $(x-1)^2 + (y-1)^2 = 2$,它是以 $(1,1)$ 为圆心,以 $\sqrt{2}$ 为半径的圆,该圆上的点到直线 $ax + by + \sqrt{2} = 0$ 的距离的最小值为 $d_{min} = \dfrac{|a + b + \sqrt{2}|}{\sqrt{a^2 + b^2}} - \sqrt{2}$,条件(1) 可举反例,比如 $a = 0, b = 1$,此时最小值为 1,故不充分;条件(2) 也可举反例,比如 $a = 1, b = 1$,此时最小值也为 1,故不充分. 联合得 $d_{min} = |a + b + \sqrt{2}| - \sqrt{2} = a + b > 1$,联合充分. 故选 C.

55技 多边形最值模型

适用题型	动点 P 在多边形上运动,求 $ax \pm by$ 或 $(x \pm a)^2 + (y \pm b)^2$ 的最值
技巧说明	(1) 若求 $ax \pm by$ 的最值,直接将顶点代入验证即可; (2) 若求 $(x \pm a)^2 + (y \pm b)^2$ 的最值,直接画图分析
代表例题	例 29 至例 31

例 29 已知点 $P(x,y)$ 是平行四边形 $ABCD$ 内一点,点 A,B,C 三点的坐标分别为 $A(-3,3)$,$B(-2,1)$,$C(3,1)$,则 $2x+3y$ 的最大值与最小值之差为(　　).

A. 3　　　　B. 9　　　　C. 11　　　　D. 13　　　　E. 14

【解析】由中点坐标公式可得,点 D 的坐标为 $(2,3)$,再由 55 技可知,$2x+3y$ 的最值在平行四边形四个顶点处取到.经验证,最大值在点 D 取到为 13,最小值在点 B 取到为 -1,所以最大值与最小值之差为 14.故选 E.

例 30 已知点 $P(m,0)$,$A(1,3)$,$B(2,1)$,点 (x,y) 在三角形 PAB 上,则 $x-y$ 的最小值与最大值分别为 $-2,1$.

(1)$m\leqslant 1$.

(2)$m\geqslant -2$.

【解析】由 55 技可知,$x-y$ 的最值显然在三角形的 3 个顶点处取到,故 $x-y$ 的最小值和最大值 $\in\{m,-2,1\}$,两条件显然单独均不充分,联合分析可得 $x-y$ 的最小值和最大值分别为 -2 和 1,故联合充分.故选 C.

例 31 设实数 x,y 满足 $|x-2|+|y-2|\leqslant 2$,则 x^2+y^2 的取值范围是(　　).

A. $[2,18]$　　　B. $[2,20]$　　　C. $[2,36]$　　　D. $[4,18]$　　　E. $[4,20]$

【解析】本题可画图分析,当 $x=1,y=1$ 时取到最小值 2;当 $x=4,y=2$ 时取到最大值 20,故 $x^2+y^2\in[2,20]$.故选 B.

56技 单圆最值模型

适用题型	动点 P 在圆上运动,求 $ax\pm by$ 或 $\dfrac{y-b}{x-a}$ 的最值
技巧说明	本题通用方法为三步走法,部分题目也可画图分析: 第一步:设 $ax\pm by=k$,转化为直线方程; 第二步:将直线方程和圆的方程都转化为标准式; 第三步:利用圆心到直线的距离等于半径构建方程求 k,一般情况下都有两个解,大的即为最大值,小的即为最小值
代表例题	例 32、例 33

例 32 若实数 x,y 满足条件 $x^2+y^2-2x+4y=0$,则 $x-2y$ 的最大值与最小值之差为(　　).

A. 6　　　　B. 7　　　　C. 8　　　　D. 9　　　　E. 10

【解析】 第一步：设 $x-2y=k$；第二步：直线方程为 $x-2y-k=0$，圆的方程为 $(x-1)^2+(y+2)^2=5$；第三步：圆心为 $(1,-2)$，半径为 $\sqrt{5}$，$\dfrac{|5-k|}{\sqrt{5}}=\sqrt{5}$，解得 $k=0$ 或 10. 故选 E.

例 33　已知实数 x,y 满足方程 $x^2+y^2-4x+1=0$，则 $\dfrac{y}{x}$ 的最大值为（　　）.

A. 3　　　　　B. $\sqrt{3}$　　　　　C. $\sqrt{2}$　　　　　D. 2　　　　　E. 4

【解析】 **法一**：第一步：设 $\dfrac{y}{x}=k$；第二步：圆的方程为 $(x-2)^2+y^2=3$，直线方程为 $kx-y=0$；第三步：圆心到直线的距离 $d=\sqrt{3}=\dfrac{|2k|}{\sqrt{1+k^2}}\Rightarrow k=\pm\sqrt{3}$，因此 $\dfrac{y}{x}$ 的最大值为 $\sqrt{3}$. 故选 B.

法二：利用画图也可以分析，依题可得圆心为 $(2,0)$，半径为 $\sqrt{3}$，$\dfrac{y}{x}$ 的几何意义是圆上的点与原点连线的斜率，相切时斜率会取到最值，斜率即为倾斜角的正切值，计算即可得到 $\dfrac{y}{x}$ 的最大值为 $\sqrt{3}$. 故选 B.

57技 双圆最值模型

适用题型	动点 P,Q 分别在两圆上运动，求 PQ 的最值
技巧说明	(1) 两圆相离，半径分别为 r_1,r_2，圆心距为 d，最大值为 r_1+r_2+d，最小值为 $d-(r_1+r_2)$； 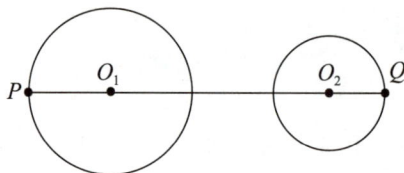 (2) 两圆相交，半径分别为 r_1,r_2，圆心距为 d，最大值为 r_1+r_2+d，最小值为 0. 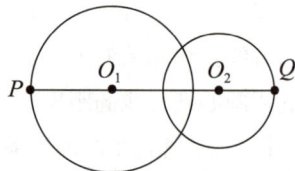 注意：其他位置关系分析思路相同，故不再一一列举
代表例题	例34

例 34 动点 P,Q 分别在圆 $x^2+y^2=1$ 和 $(x-1)^2+(y+2)^2=9$ 上运动,则 PQ 的最大值为( ).

A. $5+\sqrt{5}$ B. $4+\sqrt{5}$ C. $\sqrt{5}$ D. 5 E. 4

【解析】圆心距 $d=\sqrt{1^2+(-2)^2}=\sqrt{5}$,两圆相交,所以最大值为 $r_1+r_2+d=4+\sqrt{5}$. 故选 B.

58技 解析几何均值定理模型

适用题型	解析几何结合均值不等式的相关最值问题
技巧说明	(1) 利用均值定理求最值; (2) 利用恒成立的不等式求最值; (3) 若实在没有思路可直接找特殊点分析
代表例题	例 35、例 36

例 35 已知直线 $ax+2by-2=0(a,b>0)$ 能把圆 $x^2+y^2-4x-2y-8=0$ 分为等面积的两部分,则该直线与两个坐标轴围成的三角形面积最小为( ).

A. 3 B. 4 C. 6 D. 8 E. 10

【解析】直线将圆分为等面积的两部分,所以直线必过圆心,依题可得,圆心为 $(2,1)$,所以有 $2a+2b-2=0$,化简得 $a+b=1$,直线与两坐标轴围成的三角形面积为 $S=\dfrac{2}{2|a\cdot b|}$,因为 $a,b>0$,所以 $S=\dfrac{1}{ab}$,由 $a+b=1$ 及均值定理可得,和定积有最大值,所以 ab 的最大值为 $\dfrac{1}{4}$,所以 $S=\dfrac{1}{ab}$ 的最小值为 4. 故选 B.

例 36 设点 $A(0,2)$ 和 $B(1,0)$,在线段 AB 上取一点 $M(x,y)(0<x<1)$,则以 x,y 为两边长的矩形面积的最大值为( ).

A. $\dfrac{5}{8}$ B. $\dfrac{1}{2}$ C. $\dfrac{3}{8}$ D. $\dfrac{1}{4}$ E. $\dfrac{1}{8}$

【解析】**法一**:由条件可得过 A,B 两点直线方程为 $2x+y-2=0$,点 M 在线段 AB 上,则 x,y 满足 $2x+y=2(0<x<1)$,由均值不等式可得,$2=2x+y\geqslant 2\sqrt{2xy}$,则 $xy\leqslant\dfrac{1}{2}$. 故选 B.

法二:可取特殊点分析,线段 AB 的特殊点只有中点,故取中点时,由中位线性质可计算出面积的最值为 $\dfrac{1}{2}$. 故选 B.

59技 轴对称秒杀模型

适用题型	图像关于某直线的对称问题
技巧说明	轴对称的核心是点关于某直线的对称,故本技巧只总结点关于直线的对称. 设点 $P(x_0,y_0)$ 关于直线 $ax+by+c=0$ 的对称点为 P',则 (1) 若对称轴斜率为 ± 1 时,可采用代入法求解; (2) 若对称轴斜率不为 ± 1 时,可采用公式法求解, $$P'\left(x_0-\frac{2a\times(ax_0+by_0+c)}{a^2+b^2},\ y_0-\frac{2b\times(ax_0+by_0+c)}{a^2+b^2}\right)$$
代表例题	例37至例39

例 37 点 $(0,4)$ 关于 $2x+y+1=0$ 的对称点为(   ).

A. $(2,0)$ 　　　　B. $(-3,0)$ 　　　　C. $(-6,1)$ 　　　　D. $(4,2)$ 　　　　E. $(-4,2)$

【解析】**法一**:设对称点的坐标为 (x_0,y_0),依题可得:$\begin{cases} \dfrac{y_0-4}{x_0-0}=\dfrac{1}{2}, \\ \dfrac{2x_0}{2}+\dfrac{y_0+4}{2}+1=0 \end{cases} \Rightarrow x_0=-4,y_0=2.$

故选 E.

法二:由 59 技可得:$P'\left(0-\dfrac{4\times5}{5},4-\dfrac{2\times5}{5}\right)$,化简得 $P'(-4,2)$.故选 E.

例 38 点 $(1,4)$ 关于 $x+y=0$ 的对称点为(   ).

A. $(2,0)$ 　　　　B. $(-3,0)$ 　　　　C. $(-6,1)$ 　　　　D. $(4,2)$ 　　　　E. $(-4,-1)$

【解析】由 59 技可得,对称轴斜率为 ± 1 可用代入法,即 $x=1$,代入 $x+y=0$ 得 $y=-1$;$y=4$ 代入 $x+y=0$ 得 $x=-4$,故对称点坐标为 $(-4,-1)$.故选 E.

例 39 点 $(1,4)$ 关于 $x+y+1=0$ 的对称点为(   ).

A. $(2,0)$ 　　　　B. $(-3,0)$ 　　　　C. $(-5,-2)$ 　　　　D. $(4,2)$ 　　　　E. $(-4,-1)$

【解析】由 59 技可得,对称轴斜率为 ± 1 可用代入法,即 $x=1$,代入 $x+y+1=0$ 得 $y=-2$;$y=4$ 代入 $x+y+1=0$ 得 $x=-5$,故对称点坐标为 $(-5,-2)$.故选 C.

60 技 **特殊对称模型**

适用题型	求解图像关于 x 轴、y 轴、原点等特殊对称问题		
技巧说明	对称方式	点 $P(x_0, y_0)$	直线 $l: ax + by + c = 0$
	关于 x 轴对称	$P'(x_0, -y_0)$	$l': ax - by + c = 0$
	关于 y 轴对称	$P'(-x_0, y_0)$	$l': -ax + by + c = 0$
	关于原点对称	$P'(-x_0, -y_0)$	$l': ax + by - c = 0$
	关于 $y = x$ 对称	$P'(y_0, x_0)$	$l': ay + bx + c = 0$
	关于 $y = -x$ 对称	$P'(-y_0, -x_0)$	$l': ay + bx - c = 0$
代表例题	例 40		

例 40 直线 l 与直线 $2x + 3y = 1$ 关于 x 轴对称.

(1) $l: 2x - 3y = 1$.

(2) $l: 3x + 2y = 1$.

【解析】两直线关于 x 轴对称,将解析式 $2x + 3y = 1$ 中 y 替换成 $-y$ 即可,即 $l: 2x - 3y = 1$,故条件(1)充分,条件(2)不充分.故选 A.

61 技 **数形结合模型**

适用题型	题干出现圆、半圆、直线、绝对值等方程(不等式)的比大小问题
技巧说明	所谓数形结合,就是根据数与形之间的对应关系,通过数与形的相互转化来解决数学问题的思想.纵观管综数学真题,巧妙运用数形结合的思想方法解决一些抽象的数学问题,可起到事半功倍的效果,数形结合的重点是研究"以形助数"
代表例题	例 41、例 42

例 41 已知 x, y 为实数,则 $x^2 + y^2 \geqslant 1$.

(1) $4y - 3x \geqslant 5$.

(2) $(x - 1)^2 + (y - 1)^2 \geqslant 5$.

【解析】分别在平面直角坐标系中画出题目中三个表达式的图形(见图),条件(1)表示的区域均

在圆 $x^2+y^2=1$ 外,充分;条件(2) 圆 $(x-1)^2+(y-1)^2=5$ 外的区域覆盖到了圆 $x^2+y^2=1$ 内区域,不充分. 故选 A.

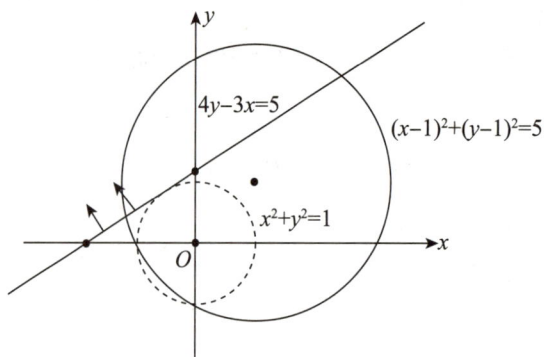

例 42 设 x,y 为实数,则能确定 $x \leqslant y$.

(1) $x^2 \leqslant y-1$.

(2) $x^2+(y-2)^2 \leqslant 2$.

【解析】由(1) 得 $y \geqslant x^2+1$,表示抛物线上方区域,画图可得在 $x \leqslant y$ 的区域内,故充分;由(2) 得,x,y 为以 $(0,2)$ 为圆心,以 $\sqrt{2}$ 为半径的圆内一点,画图可得圆内任意一点都在 $x \leqslant y$ 的区域内,故充分. 故选 D.

第五节 专题测评

一、问题求解

1. 已知直线 $l_1: ax+4y+5=0$ 与直线 $l_2: x-y=0$ 平行,则 a 等于(   ).

   A. -1 B. -2 C. -3 D. -4 E. 0

2. 点 $A(-1,0)$,$B(0,2)$,点 P 是圆 $(x-1)^2+y^2=1$ 上任意一点,则 $\triangle PAB$ 面积的最大值为(   ).

   A. 2 B. $\dfrac{4+\sqrt{5}}{2}$ C. $\dfrac{2+\sqrt{5}}{2}$ D. $\dfrac{\sqrt{5}}{2}$ E. $\sqrt{5}$

3. 已知圆 $(x-a)^2+(y-2)^2=4(a>0)$ 及直线 $x-y+3=0$,当直线被圆截得的弦长为 $2\sqrt{3}$ 时,则 $a=$(   ).

   A. $\sqrt{2}$ B. $2-\sqrt{2}$ C. $\sqrt{2}-1$ D. $\sqrt{2}+1$ E. $2+\sqrt{2}$

4. 已知直线 l_1 的方程为 $2x-y+1=0$,直线 l_2 与 l_1 关于原点对称,直线 l_3 与 l_2 关于 $y=x$ 对称,直线 l_4 与 l_3 关于 y 轴对称,则 l_4 必过点(   ).

A. $(-3,1)$ B. $(-3,-1)$ C. $(-1,3)$ D. $(3,-1)$ E. $(4,-1)$

5. 若直线 $\dfrac{x}{a}+\dfrac{y}{b}=1$ 与圆 $x^2+y^2=1$ 有公共点,则(　　).

A. $a^2+b^2\leqslant 1$ B. $a^2+b^2\geqslant 1$ C. $\dfrac{1}{a^2}+\dfrac{1}{b^2}\leqslant 1$ D. $\dfrac{1}{a^2}+\dfrac{1}{b^2}\geqslant 1$ E. 无法确定

6. 如图所示,在直角坐标系中,点 A,B 的坐标分别为 $(1,4)$ 和 $(3,0)$,点 C 是 y 轴上的一个动点,且 A,
B,C 三点不在同一条直线上,当 $\triangle ABC$ 的周长最小时,点 C 的坐标是(　　).

A. $(0,0)$ B. $(0,1)$ C. $(0,2)$ D. $(0,3)$ E. $(1,2)$

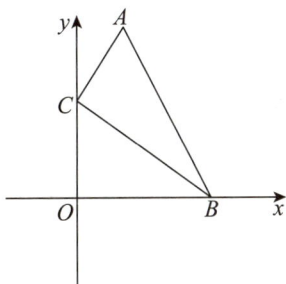

7. 圆 $x^2+y^2-2x-8y+13=0$ 的圆心到直线 $ax+y-1=0$ 的距离为 1,则 $a=$ (　　).

A. 3 B. $-\dfrac{3}{4}$ C. $\sqrt{3}$ D. 2 E. $-\dfrac{4}{3}$

8. 已知圆 $C_1:(x+1)^2+(y-3)^2=25$,圆 C_2 与圆 C_1 关于点 $(2,1)$ 对称,则圆 C_2 的方程是(　　).

A. $(x-3)^2+(y-5)^2=25$ B. $(x-5)^2+(y+1)^2=25$

C. $(x-1)^2+(y-4)^2=25$ D. $(x-3)^2+(y+2)^2=25$

E. $(x-3)^2+(y-5)^2=5$

9. 已知点 P 是直线 $l:3x-y-2=0$ 上任意一点,过点 P 引圆 $(x+3)^2+(y+1)^2=1$ 的切线,则切
线段长度的最小值为(　　).

A. $\sqrt{3}$ B. 1 C. 2 D. 3 E. 4

10. 点 $P(x,y)$ 到点 $A(0,4)$ 和点 $B(-2,0)$ 的距离相等,则 2^x+4^y 的最小值为(　　).

A. 2 B. 4 C. $8\sqrt{2}$ D. $4\sqrt{2}$ E. $2\sqrt{2}$

11. 已知动点 $P(x,y)$ 在圆 $(x-2)^2+y^2=1$ 上,则 $\dfrac{y}{x}$ 的最大值为(　　).

A. $\sqrt{3}$ B. $\sqrt{2}$ C. $\dfrac{\sqrt{3}}{3}$ D. $\dfrac{\sqrt{2}}{2}$ E. $\sqrt{5}$

12. 已知圆 $x^2 + y^2 = 5$ 在 M, N 两点处的切线均与直线 $2x - y + 3 = 0$ 平行,则直线 MN 的方程为(   ).

    A. $2x + y = 0$ B. $x + 2y = 0$ C. $2x - y = 0$ D. $x - 2y = 0$ E. 不能确定

13. 方程 $x^2 + y^2 + 4mx - 2y + 5m = 0$ 表示圆的充分必要条件是(   ).

    A. $\dfrac{1}{4} < m < 1$ B. $m < \dfrac{1}{4}$ 或 $m > 1$ C. $m < \dfrac{1}{4}$

    D. $m > 1$ E. $1 < m < 4$

14. 过点 $A(2,1)$ 且在 x, y 轴上截距相等的直线有(   )条.

    A. 1   B. 2   C. 3   D. 4   E. 5

15. 圆 $x^2 + y^2 - 4x + 2 = 0$ 与直线 l 相切于点 $A(3,1)$,则直线 l 的方程为(   ).

    A. $2x - y - 5 = 0$ B. $x - 2y - 1 = 0$ C. $x - y - 2 = 0$

    D. $x + y - 4 = 0$ E. $x - y - 4 = 0$

二、条件充分性判断

16. 已知 x, y 为实数,则 $x^2 + y^2 \leqslant 4$.

    (1) $|x| + |y| \leqslant 4$.

    (2) $|x| + |y| \leqslant 2$.

17. $m, n \in \mathbf{R}$,则 $m + n = 1$.

    (1) 直线 $(2 + m)x - y + 5 - n = 0$ 平行于 x 轴,且与 x 轴的距离为 2.

    (2) $k \in \mathbf{R}$,直线: $(2k + 1)x + (2 - k)y - 4 + 7k = 0$ 恒过点 (m, n).

18. 已知圆 $C: x^2 + (y - 2)^2 = 5$ 与直线 $l: mx - y + 1 = 0$ 有两个交点.

    (1) $m = \sqrt{2}$.

    (2) $m = -\sqrt{5}$.

19. 圆 $x^2 + y^2 - 2x + 4y + 1 = 0$ 上恰好有两个点到直线 $2x + y + c = 0$ 的距离等于 1.

    (1) $|c| > \sqrt{5}$.

    (2) $|c| < 3\sqrt{5}$.

20. 直线 $ax + by - 1 = 0$ 与圆 $(x - b)^2 + (y + a)^2 = 1$ 相切.

    (1) $a^2 + b^2 = 1$.

    (2) 直线 $ax + by - 1 = 0$ 与圆 $x^2 + y^2 = 1$ 相切.

21. 直线 $ax + by = 2\sqrt{2}$ 与圆 $x^2 + y^2 = 1$ 有交点.

(1)$a^2 + b^2 = 12$.

(2)$a^2 + b^2 = 51$.

22. 点$(3,1)$ 和点$(-4,6)$ 在直线 $3x - 2y + a = 0$ 的两侧.

(1)$-8 < a < 5$.

(2)$-1 < a < 25$.

23. 点$(1,3)$ 到曲线 l 上各点的最短距离为 2.

(1) 曲线 l 为 $y = \sqrt{2x - x^2}$.

(2) 曲线 l 为 $x^2 + y^2 + 4x - 6y + 13 = 0$.

24. $x, y \in \mathbf{R}$,则能确定 $3x + 2y$ 的最值.

(1)x, y 满足 $|x - \sqrt{3}| + |y + \sqrt{2}| = 5$.

(2)x, y 在 $x + 2y - 4 = 0$ 与两坐标轴围成的三角形上运动.

25. 已知三点 $A(-1, -1), B(1, x), C(2, 5)$,则 A, B, C 三点可以构成三角形.

(1)$x = 3$.

(2)$x = 1$.

测评解析

1.【答案】D

【解析】因为两直线平行,所以 $\dfrac{a}{1} = \dfrac{4}{-1}$,解得 $a = -4$.故选 D.

2.【答案】B

【解析】依题意得,要使 $\triangle PAB$ 面积最大,由于底为定值,则求高最大,最大值为圆心到直线 AB 的距离加半径,计算得 $\dfrac{4}{\sqrt{5}} + 1$,故 $\triangle PAB$ 面积最大为 $2 + \dfrac{\sqrt{5}}{2}$.故选 B.

3.【答案】C

【解析】圆心到直线的距离 $d = \sqrt{r^2 - \left(\dfrac{l}{2}\right)^2} = 1, d = \dfrac{|a - 2 + 3|}{\sqrt{2}} = 1$,得 $a + 1 = \sqrt{2} \Rightarrow a = \sqrt{2} - 1$.故选 C.

4.【答案】D

【解析】直线 l_1 的方程为 $2x - y + 1 = 0$.

直线 l_2 与 l_1 关于原点对称,故直线 l_2 的方程为 $-2x+y+1=0$.

直线 l_3 与 l_2 关于 $y=x$ 对称,故直线 l_3 的方程为 $-2y+x+1=0$.

直线 l_4 与 l_3 关于 y 轴对称,故直线 l_4 的方程为 $-2y-x+1=0$.

将选项中的点的坐标分别代入直线 l_4 的方程,可见只有 D 选项的 $(3,-1)$ 符合. 故选 D.

5.【答案】D

【解析】要使直线 $\dfrac{x}{a}+\dfrac{y}{b}=1$ 与圆 $x^2+y^2=1$ 有公共点,则圆心到该直线的距离不能大于半径,即

$\dfrac{|ab|}{\sqrt{a^2+b^2}}\leqslant 1$,于是 $\dfrac{1}{a^2}+\dfrac{1}{b^2}\geqslant 1$. 故选 D.

6.【答案】D

【解析】作 B 点关于 y 轴对称点 B' 点,连接 AB',交 y 轴于点 C,此时 $\triangle ABC$ 的周长最小,因为点 A,B 的坐标分别为 $(1,4)$ 和 $(3,0)$,所以 B' 点坐标为 $(-3,0)$,故直线 AB' 的方程为 $y=x+3$,故点 C 的坐标是 $(0,3)$,此时 $\triangle ABC$ 的周长最小. 故选 D.

7.【答案】E

【解析】根据点到直线的距离公式 $d=\dfrac{|a+3|}{\sqrt{a^2+1}}=1$,$a=-\dfrac{4}{3}$. 故选 E.

8.【答案】B

【解析】圆 C_2 与圆 C_1 的半径相等,且圆 C_2 的圆心为 C_1 圆心 $O(-1,3)$ 关于点 $(2,1)$ 的对称点 $(5,-1)$,故圆 C_2 的方程是 $(x-5)^2+(y+1)^2=25$. 故选 B.

9.【答案】D

【解析】切线长度为 $\sqrt{(x+3)^2+(3x-2+1)^2-1^2}=\sqrt{10x^2+9}$,所以最小值为 3. 故选 D.

10.【答案】D

【解析】由题意得,点 P 在线段 AB 的中垂线上,则有 $x+2y=3$,根据均值定理 $2^x+4^y=2^x+2^{2y}\geqslant 2\sqrt{2^{x+2y}}=4\sqrt{2}$. 故选 D.

11.【答案】C

【解析】第一步:设 $\dfrac{y}{x}=k$;第二步:圆的方程为 $(x-2)^2+y^2=1$,直线方程为 $kx-y=0$;第三步:圆心到直线的距离 $d=1=\dfrac{|2k|}{\sqrt{1+k^2}}\Rightarrow k=\pm\dfrac{\sqrt{3}}{3}$,因此 $\dfrac{y}{x}$ 的最大值为 $\dfrac{\sqrt{3}}{3}$. 故选 C.

12.【答案】B

【解析】直线 MN 与切线垂直,则直线 MN 的斜率 $k=-\dfrac{1}{2}$,直线 MN 经过圆心 $(0,0)$,所以直线 MN 方程为:$x+2y=0$. 故选 B.

13.【答案】B

【解析】$x^2+y^2+4mx-2y+5m=0\Rightarrow(x+2m)^2+(y-1)^2=4m^2+1-5m$,只要 $4m^2+1-5m>0$ 即可,解得 $m<\dfrac{1}{4}$ 或 $m>1$. 故选 B.

14.【答案】B

【解析】采用截距式方程,设截距为a,由题意得,点$A(2,1)$在直线上,有$\dfrac{2}{a}+\dfrac{1}{a}=1 \Rightarrow a=3$,故直线方程为$x+y-3=0$.除此以外,还有1条过原点,故直线方程为$y=\dfrac{1}{2}x$.故选B.

15.【答案】D

【解析】圆$x^2+y^2-4x+2=0$与直线l相切于点$A(3,1)$,所以直线l过$(3,1)$且与过这一点的半径垂直,因为过$(3,1)$的半径的斜率为$\dfrac{1-0}{3-2}=1$,所以直线l的斜率是-1,故直线l的方程是$y-1=-(x-3)$,整理为一般式得$x+y-4=0$.故选D.

16.【答案】B

【解析】题干所表示的为以$(0,0)$为圆心,以2为半径的圆内区域,条件(1)和条件(2)均为正方形区域,条件(1)的范围超出题干范围,条件(2)的范围在题干范围之内.故选B.

17.【答案】B

【解析】由条件(1)可得直线方程为$y=\pm 2$,此时有$m=-2$,$n=3$或7,不充分.

条件(2)方程可变形为$(2x-y+7)k+x+2y-4=0$,对$k\in\mathbf{R}$,直线恒过(m,n),即有$\begin{cases}2m-n+7=0,\\ m+2n-4=0,\end{cases}$解得:$\begin{cases}m=-2,\\ n=3,\end{cases}$充分.故选B.

18.【答案】D

【解析】直线$l:mx-y+1=0$恒过定点$(0,1)$,此点存在于圆C内,故不论m取何值,直线l与圆C均有两个交点.故选D.

19.【答案】C

【解析】圆的标准方程为$(x-1)^2+(y+2)^2=4$,圆心为$(1,-2)$,半径为2,当圆心到直线的距离$1<d<3$时可以得到结论,$d=\dfrac{|c|}{\sqrt{5}}$,得$1<\dfrac{|c|}{\sqrt{5}}<3 \Rightarrow \sqrt{5}<|c|<3\sqrt{5}$,联合充分.故选C.

20.【答案】D

【解析】由条件(1)和条件(2)均能推出$a^2+b^2=1$.故选D.

21.【答案】D

【解析】由圆心到直线距离小于等于半径可知:$d=\dfrac{|2\sqrt{2}|}{\sqrt{a^2+b^2}}\leqslant r=1 \Rightarrow a^2+b^2\geqslant 8$,显然条件(1)和条件(2)均充分.故选D.

22.【答案】C

【解析】点$(3,1)$和点$(-4,6)$在直线$3x-2y+a=0$的两侧,等价于$(9-2+a)(-12-12+a)<0$,即$(a+7)(a-24)<0$,解得$-7<a<24$,因此条件(1)和条件(2)均不充分,若联合,则$-1<a<5$,此时充分.故选C.

23.【答案】A

【解析】条件(1),其图像如下图所示,圆心为$(1,0)$,则点$A(1,3)$到曲线l上的最短距离为2,

充分；

条件(2)，曲线 l 可化为 $(x+2)^2+(y-3)^2=0$，则曲线 l 为定点 $(-2,3)$，从而点 $(1,3)$ 到曲线 l 的距离为 3. 故选 A.

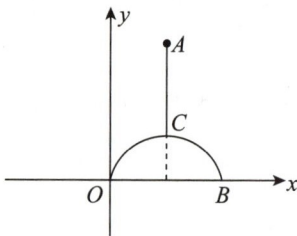

24.【答案】D

【解析】条件(1) 所围成的图像为四边形，条件(2) 所围成的图像为三角形，故 $3x+2y$ 的最值都会在多边形顶点处取到. 故选 D.

25.【答案】B

【解析】依题可得 $k_{AB} \neq k_{AC}$，即有 $\dfrac{x+1}{2} \neq \dfrac{6}{3} \Rightarrow x \neq 3$，故条件(1) 不充分，条件(2) 充分. 故选 B.

专题八　立体几何

专题解读　立体几何相对比较容易,考试中以长方体、柱体、球体为出题模板,考查常规立体图形的表面积、体积或相关求长度问题,除此以外,内切球和外接球的相关变形问题考查频率较高,考生需掌握常规立体图形内切球、外接球半径的求解方法.从近五年的命题趋势来看,立体几何题目整体难度较低.

考试范围　1.长方体(正方体).
　　　　　　2.柱体.
　　　　　　3.球体.

考试地位　本部分每年考试大约占 2 道题目,题目难度较低.

考试重点　1.立体图形求长度问题.
　　　　　　2.立体图形求表面积问题.
　　　　　　3.立体图形求体积问题.
　　　　　　4.内切球与外接球问题.

专题导航

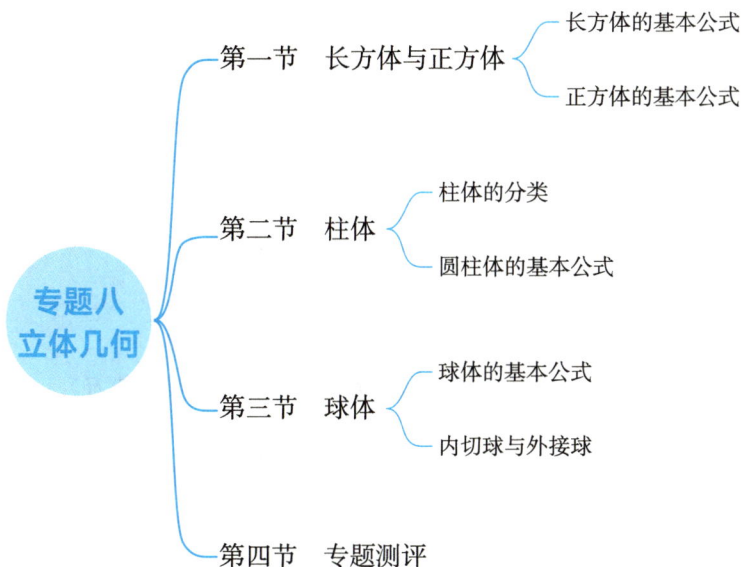

第一节　**长方体与正方体**

一、考点精析

1. 长方体的基本公式

如图所示，设长方体一个顶点引出的三条棱长分别为 a, b, c.

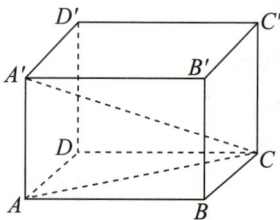

1.1　表面积

$$F = 2(ab + bc + ac).$$

1.2　体积

$$V = abc.$$

1.3　所有棱长和

$$l = 4(a + b + c).$$

1.4　体对角线

$$d = \sqrt{a^2 + b^2 + c^2}\text{（长方体体对角线即为外接球的直径）}.$$

2. 正方体的基本公式

如图所示，设正方体的棱长为 a.

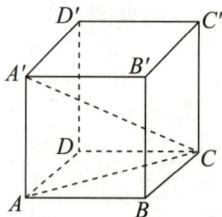

2.1　表面积

$$F = 6a^2.$$

2.2　体积

$$V = a^3.$$

2.3　所有棱长和

$$l = 12a.$$

2.4　体对角线

$$d = \sqrt{3}a(正方体体对角线即为外接球的直径).$$

二、经典例题

> **思维点拨**　本部分的题目难度较低,只需记住相关公式即可.

例 1　有一块长为 35,宽为 25 的长方形铁皮,现从四个角各剪去边长为 5 的正方形后,正好可以折成一个无盖的长方体铁盒,则这个铁盒的容积为(　　).

A. 1 360　　　　B. 1 455　　　　C. 1 650　　　　D. 1 725　　　　E. 1 875

【解析】四个角各剪去一个正方形后,该长方体的长变为 25,宽变为 15,高为 5,故其体积为 $25 \times 15 \times 5 = 1\,875$.故选 E.

例 2　有一个无盖的长方体木箱是用厚度为 2 厘米的木板制成的,从外面量,它的长、宽、高分别为 64 厘米、56 厘米、42 厘米,则该长方体的容积为(　　)立方分米.

A. 96　　　　B. 102　　　　C. 114.4　　　　D. 120　　　　E. 124.8

【解析】从里面量,它的长、宽、高分别变为 60 厘米、52 厘米、40 厘米,所以容积为 $6 \times 5.2 \times 4 = 124.8$(立方分米).故选 E.

例 3　三个完全相同的正方体拼成一个长方体后,表面积减少了 196,则该长方体的体积是(　　).

A. 960　　　　B. 996　　　　C. 1 020　　　　D. 1 029　　　　E. 1 049

【解析】三个完全相同的正方体拼成一个长方体后,表面积就减少了 4 个正方形的面积,设正方形的棱长为 a,则 $4a^2 = 196$,解得 $a = 7$,所以长方体的体积为 $7 \times 7 \times 7 \times 3 = 1\,029$.故选 D.

例 4　一个长方体的底是面积为 3 的正方形,它的侧面展开图恰好也是一个正方形,则该长方体的表面积为(　　).

A. 48　　　　　B. 51　　　　　C. 54　　　　　D. 60　　　　　E. 72

【解析】长方体底面积为 3,所以底面正方形的边长为 $\sqrt{3}$,因为侧面展开图恰好也是一个正方形,所以长方体的高为 $4\sqrt{3}$,因此长方体的表面积为 $4\sqrt{3}\times 4\sqrt{3}+6=54$. 故选 C.

例 5　如图所示,正方体 $ABCD-A'B'C'D'$ 的棱长为 2,F 是棱 $C'D'$ 的中点,则 AF 的长为(　　).

A. 3　　　　　B. 5　　　　　C. $\sqrt{5}$　　　　　D. $2\sqrt{2}$　　　　　E. $2\sqrt{3}$

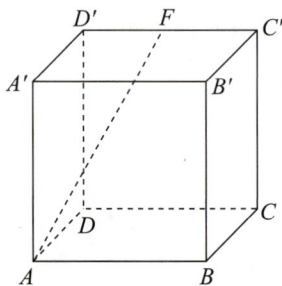

【解析】根据体对角线公式可知,$AF=\sqrt{1^2+2^2+2^2}=3$. 故选 A.

例 6　在长方体中,能确定长方体的体对角线长度.

(1) 已知长方体一个顶点的三个面的面积.

(2) 已知长方体一个顶点的三个面的面对角线.

【解析】设长方体的长、宽、高分别为 $a,b,c(a,b,c>0)$.

条件(1),设这三个面积分别为 k,m,n,则 $\begin{cases} ab=k, \\ ac=m, \\ bc=n, \end{cases}$ 该方程组有且只有一组解,所以条件(1) 充

分;条件(2),设这三条对角线长分别为 k,m,n,则 $\begin{cases} \sqrt{a^2+b^2}=k, \\ \sqrt{a^2+c^2}=m, \\ \sqrt{b^2+c^2}=n, \end{cases}$ 该方程组有且只有一组解,所以

条件(2) 充分. 故选 D.

第二节　**柱体**

> **本节说明**　柱体是三大基本立方体之一,在考试真题中我们只考圆柱体和四棱柱,三棱柱或圆锥不在我们考试范围内,所以考生学习本节内容时重点掌握圆柱体的相关公式以及内切球、外接球问题即可.

一、考点精析

1. 柱体的分类

圆柱:底面为圆的柱体称为圆柱.

棱柱:底面为多边形的柱体称为棱柱,底面为 n 边形的柱体就称为 n 棱柱.

2. 圆柱体的基本公式

如图所示,设底面半径为 r,高为 h.

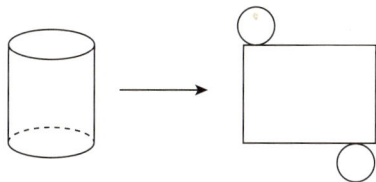

2.1 侧面积

$$S = 2\pi rh\,(\text{其侧面展开图为一个长为 } 2\pi r,\text{宽为 } h \text{ 的长方形}).$$

2.2 全面积

$$F = S_{侧} + 2S_{底} = 2\pi rh + 2\pi r^2.$$

2.3 体积

$$V = \pi r^2 h.$$

2.4 体对角线

$$d = \sqrt{(2r)^2 + h^2}\,(\text{柱体体对角线即为外接球的直径}).$$

二、经典例题

> **思维点拨**　本部分的题目难度较低,只需记住相关公式即可.

例 7　如图所示,一个储物罐的下半部分是底面直径与高均是 20 m 的圆柱体,上半部分(顶部)是半球形,已知底面与顶部的造价是 400 元 /m²,侧面的造价是 300 元 /m²,则该储物罐的造价是(　　).($\pi = 3.14$)

A. 56.52 万元　　　　B. 62.8 万元　　　　C. 75.36 万元

D. 87.92 万元　　　　E. 100.48 万元

【解析】先分部分计算储物罐表面积,再与对应的单位面积造价相乘即可得总造价,$(2\pi \times 10 \times 20) \times 300 + \left(\pi \times 10^2 + \dfrac{1}{2} \times 4\pi \times 10^2\right) \times 400 = 753\,600 = 75.36(\text{万元}).$ 故选 C.

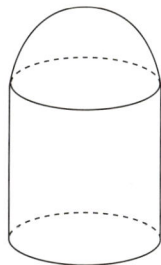

例 8　如图所示,在半径为 10 厘米的球体上开一个底面半径是 6 厘米的圆柱形洞,则洞的内壁面积(单位:平方厘米)为(　　).

　　A. 48π　　　　　　B. 288π　　　　　　C. 96π　　　　　　D. 576π　　　　　　E. 192π

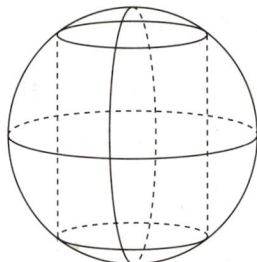

【解析】　设球的半径为 R,圆柱体的底面半径为 r,圆柱体的高为 h,则 $\sqrt{\left(\dfrac{h}{2}\right)^2 + r^2} = R \Rightarrow h = 16$(厘米),因此洞的内壁面积为 $2\pi rh = 192\pi$(平方厘米). 故选 E.

例 9　做一个无盖的圆柱形状的水桶,高 5 分米,底面直径 4 分米,则需要(　　)平方分米的铁皮.($\pi = 3.14$)

　　A. 72.6　　　　　　B. 75.36　　　　　　C. 76.65　　　　　　D. 78　　　　　　E. 78.36

【解析】　柱体的底面积为 $3.14 \times 2^2 = 12.56$(平方分米),侧面积为 $2 \times 3.14 \times 2 \times 5 = 62.8$(平方分米),所以至少需要铁皮 $12.56 + 62.8 = 75.36$(平方分米). 故选 B.

例 10　把一个圆柱的侧面展开得到一个正方形,已知圆柱的底面半径为 4 厘米,则圆柱的体积约为(　　)立方厘米.($\pi = 3$)

　　A. 1 020　　　　　　B. 1 152　　　　　　C. 1 172　　　　　　D. 1 220　　　　　　E. 1 330

【解析】　设圆柱的底面半径和高分别为 r, h,依题可得柱体的高即为圆柱底面圆的周长,所以高 $h = 2\pi r = 2 \times 3 \times 4 = 24$(厘米),所以圆柱的体积 $V = \pi r^2 h = 3 \times 4^2 \times 24 = 1\,152$(立方厘米). 故选 B.

第三节　**球体**

> **本节说明**　球体是立体几何考试的核心,本节容易出稍微有难度的题目,所以考生在学习本节时除牢记基本的体积和表面积公式,还需理解清楚各类立体图形的组合及分解等.

一、考点精析

1. 球体的基本公式

　　设球体的半径为 R.

1.1　表面积

$$S = 4\pi R^2.$$

1.2　体积

$$V = \frac{4}{3}\pi R^3.$$

2. 内切球与外接球

设圆柱底面半径为 r，球半径为 R，圆柱的高为 h.

	内切球	外接球
长方体	无	$\sqrt{a^2+b^2+c^2}=2R$
正方体	$a=2R$	$\sqrt{3}a=2R$
圆柱体	无	$\sqrt{h^2+(2r)^2}=2R$
等边圆柱	$2r=h=2R$	$\sqrt{h^2+(2r)^2}=2R$

二、经典例题

> **思维点拨**　本部分的题目略微难一些，考生在学习本部分时牢记一条：只要在立体几何中求长度，立马想到构建直角三角形套勾股定理即可，另外，碰到运算量大的题目要学会估算结果.

例 11　将体积为 4π cm³ 和 32π cm³ 的两个实心金属球熔化后铸成一个实心大球，则大球的表面积是（　　）π cm².

A. 32　　　　　B. 36　　　　　C. 38　　　　　D. 40　　　　　E. 42

【解析】 设两个小球熔化后铸成实心大球半径为 R，由题设知，体积不变，所以 $36\pi = \dfrac{4}{3}\pi R^3 \Rightarrow$

$R=3 \Rightarrow S = 4\pi R^2 = 36\pi (\text{cm}^2)$. 故选 B.

例 12　某工厂在半径为 5 cm 的球形工艺品上镀一层装饰金属，厚度为 0.01 cm，已知装饰金属的原材料是棱长为 20 cm 的正方体锭子，则加工 $10\,000$ 个该工艺品需要的锭子数最少为（　　）（不考虑加工损耗，$\pi \approx 3.14$）.

A. 2　　　　　B. 3　　　　　C. 4　　　　　D. 5　　　　　E. 20

【解析】 **法一**：需要锭子数为 n 个，$10\,000\left[\dfrac{4}{3}\pi(5+0.01)^3 - \dfrac{4}{3}\pi \times 5^3\right] = 20^3 n$，解得 $n =$

$\dfrac{10\,000 \times \frac{4}{3}\pi(5.01^3 - 5^3)}{8\,000} \approx 3.9$，所以 $n=4$. 故选 C.

法二：可用表面积乘以厚度估算体积，所以加工 $10\,000$ 个该工艺品需要的锭子数最少为

$$\frac{4\pi \times 5^2 \times 0.01 \times 10\ 000}{20 \times 20 \times 20} \approx 3.9. 故选 C.$$

例 13　长方体的长、宽、高分别为 3,2,1,其顶点都在球 O 的球面上,则该球体的表面积为(　　).

A. 12π　　　　B. 13π　　　　C. 14π　　　　D. 15π　　　　E. 16π

【解析】长方体外接球的直径为 $\sqrt{3^2 + 2^2 + 1^2} = \sqrt{14}$,所以球体的表面积为 $S = 4\pi \times \dfrac{7}{2} = 14\pi$. 故选 C.

例 14　若正方体的体积为 8,则其外接球的表面积与内切球的表面积之差为(　　).

A. 4π　　　　B. 5π　　　　C. 6π　　　　D. 7π　　　　E. 8π

【解析】正方体的体积为 8,所以棱长为 2,因此内切球的直径为 2,外接球的直径为 $2\sqrt{3}$,故外接球的表面积为 $4\pi \times (\sqrt{3})^2 = 12\pi$,内切球的表面积 $4\pi \times 1^2 = 4\pi$,所以差值为 8π. 故选 E.

例 15　如图所示,正方体位于半径为 3 的球内,且一面位于球的大圆上,则正方体的表面积最大为(　　).

A. 12　　　　B. 18　　　　C. 24　　　　D. 30　　　　E. 36

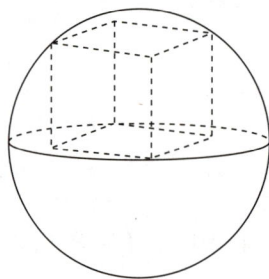

【解析】正方体的面积最大则正方体是半球的内接正方体,所以设正方体的棱长为 a,则 $a^2 + \left(\dfrac{\sqrt{2}}{2}a\right)^2 = 3^2$,解得 $a^2 = 6$,所以正方体的表面积为 $6a^2 = 36$. 故选 E.

第四节　专题测评

一、问题求解

1.已知轴截面是正方形的圆柱体的高与球的直径相同,则圆柱体的表面积与球的表面积之比是(　　).

A. $6:5$　　　　B. $5:4$　　　　C. $4:3$　　　　D. $3:2$　　　　E. $5:2$

2. 一个圆柱体的底面周长和高相等,如果高缩短4厘米,则圆柱的表面积就减少48平方厘米,则这个圆柱原来的表面积是(　　)平方厘米.($\pi = 3$)

A. 148　　　　　　B. 156　　　　　　C. 168　　　　　　D. 170　　　　　　E. 172

3. 现需要给一个底面直径和高均为$\sqrt{2}$的圆柱体的外接球涂漆,则该外接球的表面积为(　　).

A. 8π　　　　　B. 6π　　　　　C. 4π　　　　　D. 2π　　　　　E. $\dfrac{4}{3}\pi$

4. 一个圆柱体形状的木棒,沿着底面直径竖直切成两部分,已知这两部分的表面积之和比原来圆柱体的表面积大120平方厘米,则这个圆柱体木棒的侧面积是(　　)平方厘米.($\pi = 3$)

A. 168　　　　　　B. 170　　　　　　C. 172　　　　　　D. 176　　　　　　E. 180

5. 已知正方体的内切球为等边圆柱的外接球,则正方体的体积与等边圆柱的体积之比为(　　).

A. $\dfrac{6\sqrt{2}}{\pi}$　　　　B. $\dfrac{8\sqrt{3}}{\pi}$　　　　C. $\dfrac{4\sqrt{3}}{\pi}$　　　　D. $\dfrac{4\sqrt{2}}{\pi}$　　　　E. $\dfrac{8\sqrt{2}}{\pi}$

6. 平面α截圆球O的所得圆的半径为1,球心O到平面α的距离为$\sqrt{2}$,则此球的体积为(　　).

A. $\sqrt{6}\pi$　　　　B. $4\sqrt{3}\pi$　　　　C. $4\sqrt{6}\pi$　　　　D. $6\sqrt{3}\pi$　　　　E. 以上均不正确

7. 有一只底面半径是12的圆柱形容器,水深是10,要在容器中放入一个铁球,铁球与下底面接触,且使得水面恰好与铁球相切,则放入铁球的半径为(　　).

A. 4　　　　　　　B. 5　　　　　　　C. 6　　　　　　　D. 7.5　　　　　　E. 9

8. 一个底面半径为R的圆柱形量杯中装有适量的水. 若放入一个半径为r的实心铁球(小球完全浸入水中),水面高度恰好升高$\dfrac{r}{3}$,则$\dfrac{R}{r} = ($　　$)$.

A. 2　　　　　　　B. $\dfrac{8}{3}$　　　　　C. 3　　　　　　　D. 4　　　　　　　E. $\dfrac{9}{2}$

9. 某村民要在屋顶建造一个长方体无盖储水池,池底造价为150元/平方米,池壁的造价为120元/平方米,现要建造一个深3米容积为48立方米的无盖储水池,则最低造价为(　　)元.

A. 6 460　　　　　B. 7 200　　　　　C. 8 160　　　　　D. 8 864　　　　　E. 9 600

10. 把一个正方体和一个等底面积的长方体拼成一个新的长方体,拼成的长方体的表面积比原来的长方体的表面积增加了60 cm²,那么原来正方体的表面积是(　　)cm².

A. 60　　　　　　B. 70　　　　　　C. 75　　　　　　D. 80　　　　　　E. 90

11. 若长方体不同的三个面的面积分别为 $10\ cm^2$, $15\ cm^2$, $6\ cm^2$, 则这个长方体的体积是( )cm^3.

    A. 80   B. 50   C. 45   D. 30   E. 75

12. 正方体的内切球与外接球的体积之比为( ).

    A. $\dfrac{\sqrt{2}}{2}$ B. $\dfrac{\sqrt{2}}{8}$ C. $\dfrac{\sqrt{3}}{3}$ D. $\dfrac{\sqrt{3}}{6}$ E. $\dfrac{\sqrt{3}}{9}$

13. 现有一大球一小球, 若将大球的 $\dfrac{1}{8}$ 溶液倒入小球中, 正好可装满小球, 那么大球与小球的半径之比为( ).

    A. 2∶1   B. 3∶1   C. 4∶1   D. 6∶1   E. 8∶1

14. 一个长方体, 前面和上面的面积之和是 209, 这个长方体的长、宽、高都为质数, 则这个长方体的体积为( ).

    A. 209   B. 374   C. 450   D. 187   E. 342

15. 一个长方体, 长与宽之比是 2∶1, 宽与高之比是 3∶2, 若长方体的全部棱长之和是 220, 则长方体的体积是( ).

    A. 2 880   B. 7 200   C. 4 600   D. 4 500   E. 3 600

二、条件充分性判断

16. 一个长、宽、高分别为 $a\ cm$, $b\ cm$, $c\ cm$ 的长方体的体积是 $8\ cm^3$, 它的全面积是 $32\ cm^2$, 那么这个长方体棱长的和是 $32\ cm$.

    (1) $b^2 = ac$.

    (2) $b = 2$.

17. 设圆柱体的底面半径为 r, 高为 h, 则可以确定 $\dfrac{1}{r} + \dfrac{1}{h}$ 的值.

    (1) 该圆柱体的体积为 2.

    (2) 该圆柱体的表面积为 24.

18. 设长方体的三条棱长分别为 a, b, c, 若其所有棱长之和为 24, 一条对角线的长度为 5, 则 $\dfrac{1}{a} + \dfrac{1}{b} + \dfrac{1}{c} = \dfrac{11}{4}$.

    (1) 长方体的体积为 10.

    (2) 长方体的体积为 2.

19. 若长方体的三条棱长分别为 a,b,c,则能确定长方体的表面积.

　　(1) 已知长方体的所有棱长之和.

　　(2) 已知长方体的体对角线长.

20. 能确定正方体的表面积.

　　(1) 已知该正方体外接球的体积.

　　(2) 已知该正方体外接半球的表面积.

21. $n=3$.

　　(1) 三个球的半径之比为 $1:2:3$,最大球的体积是另两个球体积的和的 n 倍.

　　(2) 正方体所有棱长的和为 24,则每条棱长为 n.

22. 能确定长方体的体积.

　　(1) 已知长方体的外接球半径为 3.

　　(2) 已知长方体的表面积为 72.

23. 如图所示,有一个水平放置的透明无盖的正方体容器,将一个球放在容器口,再向容器内注水,当球面恰好接触水面时停止注水,若不计容器的厚度,则能确定球的体积.

　　(1) 已知正方体的高度.

　　(2) 已知水的深度.

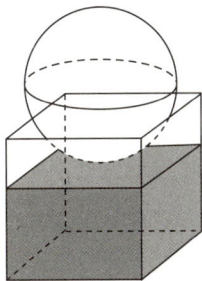

24. 侧面积相等的两个圆柱体的体积之比为 $3:2$.

　　(1) 圆柱底半径分别为 6 和 4.

　　(2) 圆柱底半径分别为 3 和 2.

25. 长方体的体对角线长为 a,则表面积为 $2a^2$.

　　(1) 该长方体的棱长之比为 $1:2:3$.

　　(2) 该长方体的棱长之比为 $1:1:1$.

测评解析

1.【答案】D

【解析】设圆柱体的底面半径为 r,则圆柱体的表面积为 $2\pi r^2 + 2\pi r \times 2r = 6\pi r^2$,球的表面积为 $4\pi r^2$,故二者之比为 $3:2$.故选 D.

2.【答案】C

【解析】设圆柱底面半径和高分别为 r,h,则 $2\pi r = h$,圆柱减少的表面积是 $2\pi r \times 4 = 48$,所以 $r = 2$(厘米)$,h = 12$(厘米),圆柱原来的表面积是 $2\pi r \times h + \pi r^2 \times 2 = 168$(平方厘米).故选 C.

3.【答案】C

【解析】依题得该外接球的直径为 2,故表面积为 4π.故选 C.

4.【答案】E

【解析】设圆柱底面半径和高分别为 r,h,切开后表面积增加的部分就是两个长方形的纵切面,即 $2\times 2r \times h = 120$,这个圆柱体木棒的侧面积 $= 2\pi r \times h = 180$(平方厘米).故选 E.

5.【答案】E

【解析】设圆柱底面半径为 r,则圆柱体积为 $V_1 = \pi r^2 \cdot 2r = 2\pi r^3$.设球的半径为 R,则 $R = \sqrt{2}r$,所以正方体棱长为 $2\sqrt{2}r$,体积为 $V_2 = (2\sqrt{2}r)^3 = 16\sqrt{2}r^3$,比值为 $\dfrac{V_2}{V_1} = \dfrac{16\sqrt{2}r^3}{2\pi r^3} = \dfrac{8\sqrt{2}}{\pi}$.故选 E.

6.【答案】B

【解析】设平面 α 截圆球 O 所得圆的圆心为 O_1,A 为圆上一点,则 $OO_1 = \sqrt{2},O_1A = 1$,所以球的半径 $R = OA = \sqrt{2+1} = \sqrt{3}$,所以体积 $V = \dfrac{4}{3}\pi R^3 = 4\sqrt{3}\pi$.故选 B.

7.【答案】C

【解析】设放入铁球的半径为 r.要使铁球与下底面接触,且使得水面恰好与铁球相切,此时水深为 $2r$,满足等式 $12^2\pi(2r - 10) = \dfrac{4}{3}\pi r^3 \Rightarrow 108(2r-10) = r^3 \Rightarrow r = 6$.故选 C.

8.【答案】A

【解析】由题干可知,铁球体积应为上升部分水的体积,可得 $\dfrac{4}{3}\pi r^3 = \pi R^2 \dfrac{r}{3}$,所以 $\dfrac{R}{r} = 2$.故选 A.

9.【答案】C

【解析】根据题干得池底的面积为 $48 \div 3 = 16$(平方米),则池底的造价为 $150 \times 16 = 2\,400$(元),设池底的一条边长为 x,则另一条边长为 $\dfrac{16}{x}$,因此池壁的造价为 $120 \times 2 \times \left(x + \dfrac{16}{x}\right) \times 3 = 720\left(x + \dfrac{16}{x}\right)$(元),可得到当 $x = \dfrac{16}{x}$ 即 $x = 4$(米)时总价最低,此时池壁的造价为 $5\,760$ 元,即总造价为 $8\,160$ 元.故选 C.

10.【答案】E

【解析】依题可得相接的部分是两个正方形,因此新的长方体比原来多了四个正方形的面积,因此每个正方形的面积为 $\dfrac{60}{4}=15(\mathrm{cm}^2)$,所以原来正方体的表面积为 $15\times 6=90(\mathrm{cm}^2)$.故选 E.

11.【答案】D

【解析】设长方体的长、宽、高分别为 $a\ \mathrm{cm},b\ \mathrm{cm},h\ \mathrm{cm}$,则依题可得:$ab=10,ah=15,bh=6$,左右分别相乘可得 $(abh)^2=900$,故长方体的体积 $V=abh=30(\mathrm{cm}^3)$.故选 D.

12.【答案】E

【解析】设正方体棱长为 a,正方体内切球的直径即为棱长,所以半径为 $\dfrac{a}{2}$,则内切球的体积为

$$V_{内}=\dfrac{4}{3}\pi\left(\dfrac{a}{2}\right)^3=\dfrac{\pi a^3}{6};$$外接球直径为正方体的体对角线,所以半径为 $\dfrac{\sqrt{3}a}{2}$,则外接球的体积为

$$V_{外}=\dfrac{4}{3}\pi\left(\dfrac{\sqrt{3}a}{2}\right)^3=\dfrac{\sqrt{3}}{2}\pi a^3;$$所以正方体的内切球与外接球的体积之比为 $\dfrac{\sqrt{3}}{9}$.故选 E.

13.【答案】A

【解析】设大球和小球半径为 R,r,依题可得:$\dfrac{V_{大}}{V_{小}}=\dfrac{\frac{4}{3}\pi R^3}{\frac{4}{3}\pi r^3}=\left(\dfrac{R}{r}\right)^3=\dfrac{8}{1}$,即 $\dfrac{R}{r}=\dfrac{2}{1}$.故选 A.

14.【答案】B

【解析】前面和上面的面积之和为 209,即 长×高+长×宽=209=长(宽+高),因为 $209=11\times 19$,又因为长、宽、高都是质数,11 无法再分解为 2 个质数的和,19 可分为 $2+17$,所以该长方体的长、宽、高为 $11,17,2$,所以其体积 $V=11\times 17\times 2=374$.故选 B.

15.【答案】D

【解析】长:宽$=2:1$,宽:高$=3:2$,设长为 $6a$,宽为 $3a$,高为 $2a$,则长方体所有棱长之和为 $4(6a+3a+2a)=220$,即 $a=5$,所以长方体的体积 $V=6a\cdot 3a\cdot 2a=36\cdot 5^3=4\,500$.故选 D.

16.【答案】D

【解析】条件(1),长、宽、高分别为 $a\ \mathrm{cm},b\ \mathrm{cm},c\ \mathrm{cm}$,长方体的体积是 $8\ \mathrm{cm}^3$,所以 $abc=8$,又 $2(ab+ac+bc)=32$,又 $b^2=ac$,可得 $b=2,ac=4,a+c=6$,这个长方体所有棱长之和为 $4(a+b+c)=32(\mathrm{cm})$.条件(2)同理.故选 D.

17.【答案】C

【解析】两条件单独显然不充分,考虑联合.由条件(1)可知圆柱体的体积为 $\pi r^2h=2$,由条件(2)可知圆柱体的表面积为 $2\pi r^2+2\pi rh=2\pi r(r+h)=24$,则有 $\dfrac{2\pi r(r+h)}{\pi r^2h}=\dfrac{24}{2}$,即

$$\dfrac{r+h}{rh}=\dfrac{1}{h}+\dfrac{1}{r}=6,$$

故条件(1)和条件(2)联合起来充分.故选 C.

18.【答案】B

【解析】所有棱长之和为 24，则 $a+b+c=6$，对角线的长度为 5，则 $a^2+b^2+c^2=25$，从而 $\dfrac{1}{a}+\dfrac{1}{b}+\dfrac{1}{c}=\dfrac{ab+ac+bc}{abc}=\dfrac{36-25}{2abc}=\dfrac{11}{4}\Rightarrow abc=2$．故选 B．

19.【答案】C

【解析】依题可得长方体的表面积为 $2\times(ab+bc+ac)$．

由条件(1)，长方体的所有棱长之和为 $4\times(a+b+c)$；由条件(2)，长方体的体对角线长为 $\sqrt{a^2+b^2+c^2}$，显然单独都不充分，联合两条件，运用公式 $(a+b+c)^2=a^2+b^2+c^2+2ab+2bc+2ac$ 可以求得长方体的表面积．故选 C．

20.【答案】D

【解析】两条件单独均能确定正方体的棱长，都充分．故选 D．

21.【答案】A

【解析】条件(1)，三个球的半径之比为 $1:2:3$，则它们的体积之比为 $1:8:27$，因此最大球的体积与另外两个球的体积的和之比为 $27:9=3:1$，故条件(1)充分；条件(2)，正方体所有棱长的和为 24，则每条棱长为 $\dfrac{24}{12}=2$，因此条件(2) 不充分．故选 A．

22.【答案】C

【解析】设长方体的长、宽、高分别为 a,b,c，由条件(1) 得 $\sqrt{a^2+b^2+c^2}=2\times3=6\Rightarrow a^2+b^2+c^2=36$；由条件(2) 得 $ab+bc+ca=36$；两个条件单独显然不能推出结论，联合两个条件有 $a^2+b^2+c^2=ab+bc+ca=36\Rightarrow a=b=c=2\sqrt{3}$，则可以确定该长方体的体积．故选 C．

23.【答案】C

【解析】两条件单独显然不充分，考虑联合．设容器的高度为 a，水深为 h，球半径为 R，则 $R^2=\left(\dfrac{a}{2}\right)^2+[R-(a-h)]^2$，联合充分．故选 C．

24.【答案】D

【解析】设两个圆柱体的高分别为 h_1,h_2，条件(1)，圆柱底半径分别为 6 和 4，侧面积相等，所以 $2\pi\times6\times h_1=2\pi\times4\times h_2$，化简得 $\dfrac{h_1}{h_2}=\dfrac{2}{3}$，故两圆柱体的体积之比为 $\dfrac{\pi\times6^2\times h_1}{\pi\times4^2\times h_2}=\dfrac{3}{2}$，条件(1)充分；同理条件(2) 也充分．故选 D．

25.【答案】B

【解析】设长方体的长、宽、高分别为 x,y,z，体对角线长 $a=\sqrt{x^2+y^2+z^2}$，若表面积 $S=2(xy+yz+xz)=2a^2$，则 $xy+yz+xz=a^2=x^2+y^2+z^2$，即 $x=y=z$，所以条件(1) 不充分，条件(2) 充分．故选 B．

专题九　计数原理

专题解读　本专题的题型较多,对考生的思维能力要求极强,其中排列组合也是数据分析部分的重点.由于很多考生之前没有学过此部分内容,因此学习起来遇到的问题较多,但管理类综合能力考试数学关于排列组合部分的考查较为基础,考生只需掌握常考题型的基本做题方法即可,其中分堆分配、穷举法、分类原理和分步原理的基本应用、错排问题和分房问题是学习的重点,需要多练习相关题目,提高做题准确度,其他题型只需掌握基本方法即可.学习排列组合时一定要先厘清两大基本原理和两大基本符号,切勿直接盲目刷题.从近五年的命题趋势来看,本部分所考题目整体难度适中.

考试范围　1.加法原理、乘法原理.

2.排列与排列数.

3.组合与组合数.

考试地位　本部分每年考试中大约占 2 道题目,题目难度适中.

考试重点　1.分类原理与分步原理的基本应用.

2.分堆与分组问题.

3.元素错排问题.

4.有约束条件的排列问题.

5.隔板法及其应用.

6.分房问题.

7.数字问题.

8.穷举法.

专题导航

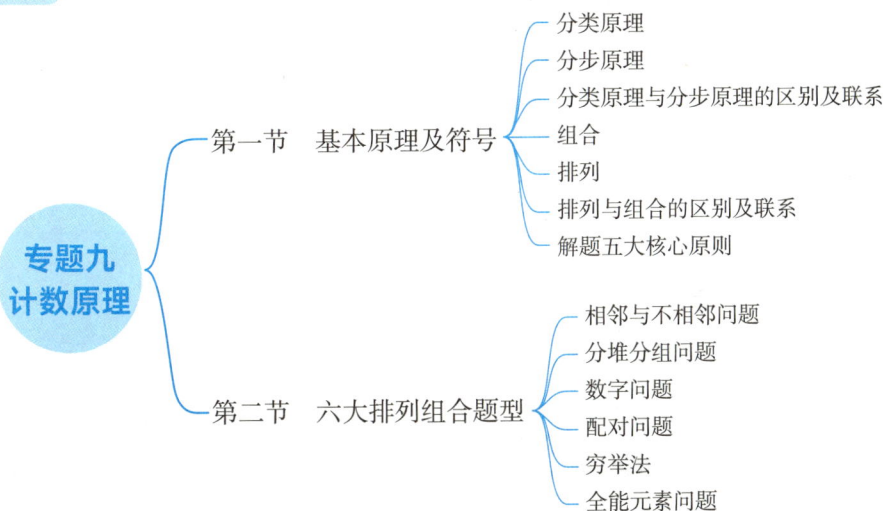

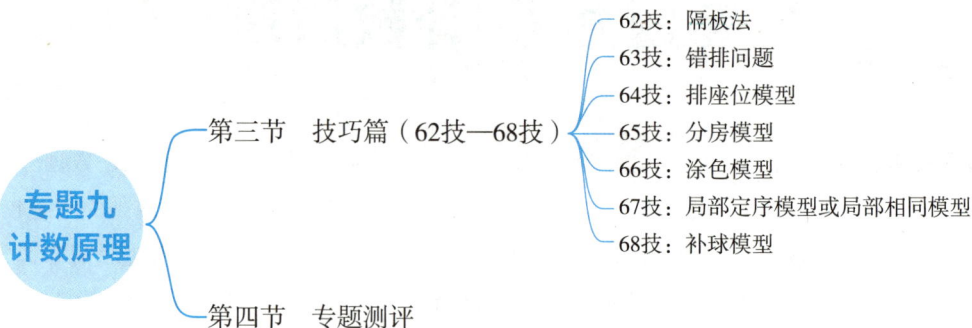

第一节　基本原理及符号

本节说明　分类原理、分步原理、组合、排列是计数原理的核心内容，所有题目都是围绕着这四块进行命题的，考生在学习本部分时一定要理解基本原理和基本符号，搞清楚什么时候用加法，什么时候用乘法，什么时候用组合，什么时候用排列. 另外，本部分题目需要多做多练，在解题中不断体会基本原理和基本符号的应用，熟能生巧，为方便大家理解和掌握相关概念. 本部分设置了很多例题，希望同学们多思考，多总结.

一、考点精析

1. 分类原理（加法原理）

1.1　分类原理的定义

若完成一件事有 n 类办法，其中第一类办法中有 m_1 种不同的方法，第二类办法中有 m_2 种不同的方法 …… 第 n 类办法中有 m_n 种不同的方法，那么完成此事共有 $N = m_1 + m_2 + \cdots + m_n$ 种不同的方法.

1.2　分类原理的本质

每类办法中的每一种方法都可以独立完成此事.

1.3　注意事项

分类时务必保证不重不漏.

2. 分步原理（乘法原理）

2.1　分步原理的定义

若完成一件事需要连续的 n 个步骤，其中第一步有 m_1 种不同的方法，第二步有 m_2 种不同的方法 …… 第 n 步有 m_n 种不同的方法，那么完成此事共有 $N = m_1 \times m_2 \times \cdots \times m_n$ 种不同的方法.

2.2　分步原理的本质

缺少任何一步都无法完成此事.

2.3　注意事项

分步时一般按照题干先后顺序进行分步.

3. 分类原理与分步原理的区别及联系

3.1　区别

若事情已完成则用加法,若事情未完成则用乘法.

3.2　联系

若两大原理同时出现则必须先分类再分步.

4. 组合

4.1　组合的定义

从 n 个不同元素中,任意取出 $m(m\leqslant n)$ 个元素并为一组,叫作组合,记为 C_n^m.

> **超言超语**
>
> (1) 不同元素;(2) 任意取;(3) 无序性.

4.2　组合数的计算

$$\mathrm{C}_n^m = \frac{n(n-1)\cdots(n-m+1)}{m!},m! = m(m-1)\cdot\cdots\cdot 2\cdot 1(m\leqslant n).$$

4.3　组合数的性质

$$\mathrm{C}_n^m = \mathrm{C}_n^{n-m}(m\leqslant n).$$

> **超言超语**
>
> (1) 当 $m > \dfrac{n}{2}$ 时,计算 C_n^m 可转化为计算 C_n^{n-m},能够使运算简化.
>
> (2) $\mathrm{C}_n^x = \mathrm{C}_n^y \Rightarrow x = y$ 或 $x + y = n$.

4.4　特殊的组合数

$$\mathrm{C}_n^0 = \mathrm{C}_n^n = 1,\mathrm{C}_n^1 = \mathrm{C}_n^{n-1} = n.$$

5. 排列

5.1　排列的定义

从 n 个不同元素中任意取出 $m(m\leqslant n)$ 个元素,按照一定的顺序排成一列,叫作排列,记为 A_n^m.

特别地,当 $m = n$ 时,这个排列被称作全排列.

> **超言超语**
>
> (1) 不同元素;(2) 任意取;(3) 有序性.

5.2　排列数的计算

$A_n^m = C_n^m \cdot m! = n(n-1)(n-2)\cdots(n-m+1)(m \leqslant n).$

5.3　特殊的排列数

$0! = 1! = 1.$

6. 排列与组合的区别及联系

6.1　区别

需要选取用组合,组合只取不排(无序性);需要排序用排列,排列先取再排(有序性).

6.2　联系

排列的本质是组合的递进,先选取叫组合再排序就叫排列.

7. 解题五大核心原则

(1) 先分类再分步.

(2) 先选取再排列.

(3) 先特殊再一般.

(4) 确定元素(位置)不参选不参排.

(5) 务必考虑到题干所有元素的位置.

二、经典例题

1. 分类原理

例 1　从大同到三亚有三种不同的出行方式,第一种飞机,每天有 15 个不同的航班,第二种高铁,每天有 10 个不同的班次,第三种大巴,每天有 2 个不同的班次,则小明从大同到三亚共有(　　)种不同的方法.

A. 2　　　　　B. 10　　　　　C. 15　　　　　D. 27　　　　　E. 300

【解析】 小明完成从大同到三亚这件事总共可分为三类:飞机、高铁、大巴,完成这件事总共有 $15+10+2 = 27$(种) 不同的方法. 故选 D.

例 2　有不同的数学书 6 本,不同的逻辑书 4 本,不同的写作书 2 本,不同的英语书 5 本,现从中任取 1 本,总共有(　　)种不同的方法.

A. 10　　　　　B. 15　　　　　C. 17　　　　　D. 20　　　　　E. 22

【解析】从中任取 1 本可分为四类:取数学书、取逻辑书、取写作书、取英语书,所以完成这件事共有 $6+4+2+5=17$(种) 不同的方法. 故选 C.

例 3　从 1 到 10 中每次取两个不同的数相加,其和大于 10 的共有(　　) 种不同的取法.

A. 15　　　　　B. 20　　　　　C. 25　　　　　D. 30　　　　　E. 35

【解析】本题在题干中没有直接给出分类的数量,所以需要自己固定一个标准进行分类.

我们可以先固定一个数再考虑另一个数,第一类:第一个数为 10,则另一个数可以取 1 到 9,共 9 种;第二类:第一个数取 9,另一个数可以取 2 到 8,共 7 种;第三类:第一个取 8,另一个数可以取 3 到 7,共 5 种;第四类:第一个数取 7,另一个数可以取 4 到 6,共 3 种;第五类:第一个数取 6,另一个数可以取 5,共 1 种;所以完成这件事一共有 5 类,共有 $9+7+5+3+1=25$(种) 不同的取法. 故选 C.

例 4　如图所示,是一个正方形的九宫格,则图中一共有(　　) 个正方形.

A. 9　　　　　B. 13　　　　　C. 14　　　　　D. 15　　　　　E. 16

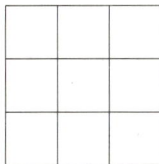

【解析】本题可分为三类:第一类"口"字形正方形,共有 9 个;第二类"田"字形正方形,共有 4 个;第三类"九宫格"大正方形,共有 1 个,所以总共有 $9+4+1=14$(个). 故选 C.

2. 分步原理

例 5　若从大同到三亚没有直达的交通方式,必须要在北京中转,假设从大同到北京有 2 种不同方式,从北京到三亚有 3 种不同方式,则小明从大同到三亚总共有(　　) 种不同的方法.

A. 2　　　　　B. 3　　　　　C. 6　　　　　D. 8　　　　　E. 10

【解析】小明完成从大同到三亚这件事总共需要 2 步:第一步有 2 种方法,第二步有 3 种方法,所以完成此事共有 $2\times3=6$(种) 不同的方法. 故选 C.

例 6　有不同的数学书 6 本,不同的逻辑书 4 本,不同的写作书 2 本,不同的英语书 5 本,现从中各取一本,总共有(　　) 种不同的方法.

A. 100　　　　　B. 150　　　　　C. 170　　　　　D. 200　　　　　E. 240

【解析】完成此事共需要四步:第一步有 6 种方法,第二步有 4 种方法,第三步有 2 种方法,第四步有 5 种方法,所以完成此事共有 $6\times4\times2\times5=240$(种) 不同的方法. 故选 E.

例7 用数字 1,2,3,4 可以组成（   ）个没有重复的三位数.

　　A. 15　　　　　B. 24　　　　　C. 28　　　　　D. 30　　　　　E. 36

　　【解析】 完成此事共需三步：第一步挑一个数字放在百位,共有 4 种,第二步从余下的数字挑一个放在十位,共有 3 种,第三步从余下的数字中挑一个放在个位,共有 2 种,故共可以组成 $4 \times 3 \times 2 = 24$（个）不同的三位数. 故选 B.

例8 有 8 名选手,要在 8 人中选出冠军、亚军、季军,则共有（   ）种不同的选取方式.

　　A. 56　　　　　B. 64　　　　　C. 113　　　　　D. 221　　　　　E. 336

　　【解析】 完成此事需要三步：第一步选冠军,共有 8 种；第二步选亚军,共有 7 种；第三步选季军,共有 6 种,所以共有 $8 \times 7 \times 6 = 336$（种）选取方式. 故选 E.

3. 分类原理和分步原理的区别及联系

例9 书架上有 4 本不同的数学书、3 本不同的逻辑书、2 本不同的写作书,若从中任取两本不同科目的书共有（   ）种不同的取法.

　　A. 25　　　　　B. 26　　　　　C. 27　　　　　D. 28　　　　　E. 29

　　【解析】 完成此事可分为三类：第一类取数学书和逻辑书,共有 $4 \times 3 = 12$（种）不同的取法；第二类取数学书和写作书,共有 $4 \times 2 = 8$（种）不同的取法；第三类取逻辑书和写作书,共有 $3 \times 2 = 6$（种）不同的取法,故共有 $12 + 8 + 6 = 26$（种）. 故选 B.

例10 某快递员要从 A 地出发,经过 B 地,再去 C 地,若从 A 地到 B 地有 2 种方式,B 地恰好是一个岔路口,从左侧岔路走有 3 种方式可以到 C 地,从右侧岔路走有 4 种方式可以到 C 地,则快递员共有（   ）种不同的安排方法.

　　A. 7　　　　　B. 12　　　　　C. 14　　　　　D. 16　　　　　E. 18

　　【解析】 完成此事可分为两类：第一类先从 A 到 B,再从左侧岔路到 C,共有 $2 \times 3 = 6$（种）方式；第二类先从 A 到 B,再从右侧岔路到 C,共有 $2 \times 4 = 8$（种）方式；所以共有 $6 + 8 = 14$（种）方式. 故选 C.

4. 组合

例11 有 9 种不同造型的吊坠,小红想买 3 个挂在手链上,则共有（   ）种不同的买法.

　　A. 36　　　　　B. 42　　　　　C. 54　　　　　D. 72　　　　　E. 84

　　【解析】 从 9 种不同造型的吊坠中任选 3 个,则共有 $C_9^3 = \dfrac{9 \times 8 \times 7}{3 \times 2 \times 1} = 84$（种）不同的买法. 故选 E.

例12 圆上有 5 个点,则可以组成（   ）条线段.

　　A. 5　　　　　B. 7　　　　　C. 8　　　　　D. 10　　　　　E. 15

【解析】从 5 个点中任取 2 个点都可以组成 1 条线段,所以共有 $C_5^2 = \dfrac{5 \times 4}{2 \times 1} = 10$(种)方法. 故选 D.

例 13　圆上有 6 个点,则可以组成(　　)个三角形.

A. 6　　　　　　B. 13　　　　　　C. 15　　　　　　D. 20　　　　　　E. 24

【解析】从 6 个点中任取 3 个点都可以组成 1 个三角形,所以共有 $C_6^3 = \dfrac{6 \times 5 \times 4}{3 \times 2 \times 1} = 20$(种)方法.
故选 D.

5. 排列

例 14　公司为奖励某部门,现从部门的 6 人中选 4 人分别到纽约、巴黎、伦敦、悉尼 4 个城市游玩,要求每人只能去 1 个城市游玩,每个城市都有 1 人游玩,则不同的安排方式共有(　　)种.

A. 350　　　　　B. 360　　　　　C. 372　　　　　D. 420　　　　　E. 485

【解析】先从 6 人中任选 4 人,再把 4 人分配到 4 个城市即可,故共有 $A_6^4 = C_6^4 \cdot 4! = 360$(种)方式. 故选 B.

例 15　将 5 名北京冬奥会志愿者分配到花样滑冰、短道速滑、冰球和冰壶 4 个项目进行培训,每名志愿者只分配到 1 个项目,每个项目至少分配 1 名志愿者,若短道速滑需要分配 2 人,则不同的分配方案有(　　)种.

A. 48　　　　　B. 52　　　　　C. 60　　　　　D. 66　　　　　E. 72

【解析】先从 5 人中选出 2 人分配到短道速滑,再将余下 3 人和余下的 3 个项目全排列,所以共有 $C_5^2 \times 3! = 60$(种)不同的分配方案. 故选 C.

6. 排列与组合的区别及联系

例 16　公路 AB 上各站之间共有 90 种不同的车票.

(1) 公路 AB 上有 10 个车站,每 2 站之间都有往返车票.

(2) 公路 AB 上有 9 个车站,每 2 站之间都有往返车票.

【解析】由条件(1)得,先从 10 个站任选 2 个站,再给选出的 2 个站作排序即可,所以共有 $C_{10}^2 \times 2! = 90$(种)方式,条件(1)充分;同理条件(2)不充分. 故选 A.

例 17　在某大学研一新学期的班会上,大家要从 9 名候选人中选出班干部,则不同的选法超过 300 种.

(1) 任选 3 人组成班委会.

(2) 任选 3 人分别担任财务管理、审计、微观经济学的课代表.

【解析】由条件(1)得,只需从 9 人中任选 3 人即可,所以共有 $C_9^3 = 84$(种)不同的选法,条件(1)

不充分;由条件(2)得,先从9人中任选3人,再将选出的3人和3个科目全排列,所以共有 $C_9^3 \times 3! = 504$(种)不同的选法,条件(2)充分. 故选 B.

7. 解题五大核心原则

例 18 从3名骨科、4名保健科、5名内科医生中选派5人组成一个运动会保障小组,若要求每个科室至少有1人,则不同选派方式有( )种.

A. 420   B. 455   C. 520   D. 590   E. 592

【解析】 本题可分为6类:第一类骨科1人、保健科1人、内科3人,共有 $C_3^1 \times C_4^1 \times C_5^3 = 120$(种)不同选派方式;第二类骨科1人、保健科2人、内科2人,共有 $C_3^1 \times C_4^2 \times C_5^2 = 180$(种)不同选派方式;第三类骨科1人、保健科3人、内科1人,共有 $C_3^1 \times C_4^3 \times C_5^1 = 60$(种)不同选派方式;第四类骨科2人、保健科1人、内科2人,共有 $C_3^2 \times C_4^1 \times C_5^2 = 120$(种)不同选派方式;第五类骨科2人、保健科2人、内科1人,共有 $C_3^2 \times C_4^2 \times C_5^1 = 90$(种)不同选派方式;第六类骨科3人、保健科1人、内科1人,共有 $C_3^3 \times C_4^1 \times C_5^1 = 20$(种)不同选派方式;所以共有 $120+180+60+120+90+20 = 590$(种)不同选派方式. 故选 D.

例 19 从甲、乙、丙、丁、戊、己、庚7人中选5人排成一排合影,要求甲不能排在最中间的位置,则共有( )种不同的排法.

A. 1 240   B. 1 680   C. 1 860   D. 1 980   E. 2 160

【解析】 甲不能排在最中间的位置则从余下的6人中先选1人站在最中间,再从剩下的6人任选4人排在其余的4个位置即可,所以共有 $C_6^1 \times C_6^4 \times 4! = 2\,160$(种)不同的排法. 故选 E.

例 20 现有3名男生和2名女生参加面试,则面试的排序方法有24种.

(1) 第一位面试的是女生.

(2) 第二位面试的是指定的某位男生.

【解析】 由条件(1)得,先从2名女生中选1人放在第一位,再给剩下的4人和4个位置全排列,所以共有 $C_2^1 \times 4! = 48$(种)排序方法,条件(1)不充分;由条件(2)得,第二个位置已经确定好了,只需给剩下的4个人和4个位置全排列即可,所以共有 $4! = 24$(种)排序方法,条件(2)充分. 故选 B.

第二节 六大排列组合题型

本节说明 本节内容囊括相邻与不相邻问题、分堆分组问题、数字问题、配对问题、穷举法和全能元素问题六大类,除此以外,我们会在技巧篇再总结另外七大类排列组合解题技巧,共计十三类,囊括真题所有命题方向,考生在学习本节时一定要分门别类的训练每类题目,掌握好每类题目的解题方法即可.

一、考点精析

1. 相邻与不相邻问题

方法说明：

（1）相邻问题解题方法：第一步先将相邻元素打包（注意"包"内顺序），第二步将"包"与其余元素排序.

（2）不相邻问题解题方法：第一步先将不相邻元素扔出，第二步给剩余元素排序，第三步选空插空（注意插空顺序）.

（3）相邻与不相邻同时出现解题方法：第一步先将不相邻元素扔出，第二步处理相邻问题，第三步选空插空.

2. 分堆分组问题

方法说明：在分堆分组中，先按照题干要求用组合完成选取，若遇见等数量分堆一定要消序，有几堆数量相同的就除以几的阶乘消序，如果堆与堆不同，则在完成分堆后还需要再分配.

3. 数字问题

方法说明：

（1）奇数偶数问题：先满足个位数要求，再满足最高位不为 0，最后满足其他位要求（注意若所给元素中有 0，可以按照含 0 和不含 0 分类，特别是在偶数中，可以分个位是 0 和不是 0）.

（2）整除（倍数）问题：按照整除特点分类.

（3）数位比大小问题：查字典法则，从最高位开始依次分类列举.

（4）数位定序问题：直接用组合选取即可（不用排序）.

4. 配对问题

方法说明：常见的配对问题有取鞋问题、取手套问题等，这类问题若取双直接用组合选取即可，若取单只则先取双，再从每双里取单只即可.

5. 穷举法

方法说明：穷举法的关键是保证不重不漏，所以在穷举时一定要先固定一个标准，再按顺序逐一列举.

6. 全能元素问题

方法说明：全能元素即身兼多职，此类问题可按照全能元素是否选中分类即可.

二、经典例题

1. 相邻与不相邻问题

例 21 不同的 5 种商品在货架上排成一排,其中甲、乙必须排在一起,则不同的排法种数为(   ).

A. 12   B. 20   C. 24   D. 48   E. 60

【解析】第一步先将甲、乙打包,有 2!种排法,第二步再将"包"与其余元素排序,有 4!种排法,所以完成此事共有 2!×4! = 48(种) 不同的排法. 故选 D.

例 22 不同的 5 种商品在货架上排成一排,其中丙、丁不能排在一起,则不同的排法种数为(   ).

A. 12   B. 20   C. 24   D. 48   E. 72

【解析】第一步先将丙、丁扔出,第二步给剩余元素排序,有 3!种不同的排法,第三步选空插空,剩余 3 个元素有 4 个空,所以有 $C_4^2 \times 2!$ 种不同的排法,故完成此事共有 $3! \times C_4^2 \times 2! = 72$(种) 不同的排法. 故选 E.

例 23 不同的 5 种商品在货架上排成一排,其中甲、乙必须排在一起,丙、丁不能排在一起,则不同的排法种数为(   ).

A. 12   B. 20   C. 24   D. 48   E. 60

【解析】第一步先将丙、丁扔出,第二步处理相邻,甲、乙在一起,所以打包有 2!种方式,再将"包"与剩余 1 种商品排序有 2!种方法,第三步"包"和剩余 1 种商品共有 3 个空,所以有 $C_3^2 \times 2! = 6$(种) 不同的排法,故完成此事共有 $2! \times 2! \times C_3^2 \times 2! = 24$(种) 不同的排法. 故选 C.

例 24 3 男 3 女站成一排,要求男生、女生均不相邻,则不同的排法种数为(   ).

A. 12   B. 20   C. 24   D. 36   E. 72

【解析】3 个男生排序有 3!种方法,3 个女生排序有 3!种方法,因为有男女男女男女和女男女男女男两种排法,所以完成此事共有 $3! \times 3! \times 2 = 72$(种) 不同的排法. 故选 E.

例 25 一排 6 张椅子上坐 3 人,每两人之间至少有 1 张空椅子,则不同的排法种数有(   ).

A. 12   B. 20   C. 24   D. 36   E. 48

【解析】先让 3 人各拿走 1 把椅子,剩下的 3 个椅子相同,无需排序,再选空插空,3 张空椅子有 4 个空,所以完成此事共有 $C_4^3 \times 3! = 24$(种) 不同的排法. 故选 C.

例 26 用 1~8 组成无重复数字的八位数,要求 1 和 2 相邻,2 和 4 相邻,5 和 6 相邻,7 和 8 不相邻,则一共可以组成(　　)个不同的八位数.

A. 122　　　　B. 148　　　　C. 182　　　　D. 288　　　　E. 325

【解析】1 和 2 相邻,2 和 4 相邻,说明 2 一定在中间,1 和 4 两边排有 2! 种,5 和 6 相邻有 2! 种,将 1,2,4 和 5,6 这两个"包"和 3 全排有 3! 种,共有 4 个空,最后选 2 个空把 7 和 8 插空进去有 2! 种,所以完成此事共有 $2! \times 2! \times 3! \times C_4^2 \times 2! = 288$(种)排法.故选 D.

2. 分堆分组问题

例 27 (1)6 本不同的书按照 1 本、2 本、3 本分 3 堆,共有多少种不同的分法?

(2)6 本不同的书按照 1 本、1 本、4 本分 3 堆,共有多少种不同的分法?

(3)6 本不同的书按照 2 本、2 本、2 本分 3 堆,共有多少种不同的分法?

(4)6 本不同的书按照 1 本、1 本、1 本、3 本分 4 堆,共有多少种不同的分法?

(5)6 本不同的书按照 1 本、1 本、2 本、2 本分 4 堆,共有多少种不同的分法?

【解析】(1)由于没有出现等数量分堆,则直接用组合选取即可,共有 $C_6^1 \cdot C_5^2 \cdot C_3^3 = 60$(种)分法.

(2)由于有 2 堆是相同的,因此需要消序,共有 $\dfrac{C_6^1 \cdot C_5^1 \cdot C_4^4}{2!} = 15$(种)分法.

(3)由于有 3 堆是相同的,因此需要消序,共有 $\dfrac{C_6^2 \cdot C_4^2 \cdot C_2^2}{3!} = 15$(种)分法.

(4)由于有 3 堆是相同的,因此需要消序,共有 $\dfrac{C_6^1 \cdot C_5^1 \cdot C_4^1 \cdot C_3^3}{3!} = 20$(种)分法.

(5)由于有 2 堆都是 1,2 堆都是 2,因此需要消序,共有 $\dfrac{C_6^1 \cdot C_5^1 \cdot C_4^2 \cdot C_2^2}{2! \cdot 2!} = 45$(种)分法.

例 28 (1)6 本不同的书按照 1 本、2 本、3 本分为甲、乙、丙 3 堆,共有多少种不同的分法?

(2)6 本不同的书按照 1 本、1 本、4 本分为甲、乙、丙 3 堆,共有多少种不同的分法?

(3)6 本不同的书按照 2 本、2 本、2 本分为甲、乙、丙 3 堆,共有多少种不同的分法?

(4)6 本不同的书按照 1 本、1 本、1 本、3 本分为甲、乙、丙、丁 4 堆,共有多少种不同的分法?

(5)6 本不同的书按照 1 本、1 本、2 本、2 本分为甲、乙、丙、丁 4 堆,共有多少种不同的分法?

【解析】(1)由于没有出现等数量分堆,则直接用组合选取即可,有 $C_6^1 \cdot C_5^2 \cdot C_3^3 = 60$(种)分法,再和甲、乙、丙 3 堆作匹配有 3! 种分法,所以完成此事共有 $C_6^1 \cdot C_5^2 \cdot C_3^3 \cdot 3! = 360$(种)不同分法.

(2)由于有 2 堆是相同的,因此需要消序,有 $\dfrac{C_6^1 \cdot C_5^1 \cdot C_4^4}{2!} = 15$(种)分法,再和甲、乙、丙 3 堆作匹配有 3! 种分法,所以完成此事共有 $\dfrac{C_6^1 \cdot C_5^1 \cdot C_4^4}{2!} \cdot 3! = 90$(种)不同分法.

(3)由于有 3 堆是相同的,因此需要消序,有 $\dfrac{C_6^2 \cdot C_4^2 \cdot C_2^2}{3!} = 15$(种)分法,再和甲、乙、丙 3 堆作匹配有 3! 种分法,所以完成此事共有 $\dfrac{C_6^2 \cdot C_4^2 \cdot C_2^2}{3!} \cdot 3! = 90$(种)不同分法.

(4) 由于有 3 堆是相同的,因此需要消序,有 $\dfrac{C_6^1 \cdot C_5^1 \cdot C_4^1 \cdot C_3^3}{3!} = 20$(种) 分法,再和甲、乙、丙、丁 4 堆作匹配有 4!种分法,所以完成此事共有 $\dfrac{C_6^1 \cdot C_5^1 \cdot C_4^1 \cdot C_3^3}{3!} \cdot 4! = 480$(种) 不同分法.

(5) 由于有 2 堆都是 1,2 堆都是 2,因此需要消序,有 $\dfrac{C_6^1 \cdot C_5^1 \cdot C_4^2 \cdot C_2^2}{2! \cdot 2!} = 45$(种) 分法,再和甲、乙、丙、丁 4 堆作匹配有 4!种分法,所以完成此事共有 $\dfrac{C_6^1 \cdot C_5^1 \cdot C_4^2 \cdot C_2^2}{2! \cdot 2!} \cdot 4! = 1\,080$(种) 不同分法.

例29 (1)6 本不同的书分给甲 1 本、乙 2 本、丙 3 本,共有多少种不同的分法?

(2)6 本不同的书分给甲 1 本、乙 1 本、丙 4 本,共有多少种不同的分法?

(3)6 本不同的书分给甲 2 本、乙 2 本、丙 2 本,共有多少种不同的分法?

(4)6 本不同的书分给甲 1 本、乙 1 本、丙 1 本、丁 3 本,共有多少种不同的分法?

(5)6 本不同的书分给甲 1 本、乙 1 本、丙 2 本、丁 2 本,共有多少种不同的分法?

【解析】(1) 第一步选 1 本给甲有 C_6^1 种分法,第二步再从余下的 5 本选 2 本给乙有 C_5^2 种分法,第三步再从余下的 3 本选 3 本给丙有 C_3^3 种分法,所以完成此事共有 $C_6^1 \cdot C_5^2 \cdot C_3^3 = 60$(种) 不同分法.

(2) 第一步选 1 本给甲有 C_6^1 种分法,第二步再从余下的 5 本选 1 本给乙有 C_5^1 种分法,第三步再从余下的 4 本选 4 本给丙有 C_4^4 种分法,所以完成此事共有 $C_6^1 \cdot C_5^1 \cdot C_4^4 = 30$(种) 不同分法.

(3) 第一步选 2 本给甲有 C_6^2 种分法,第二步再从余下的 4 本选 2 本给乙有 C_4^2 种分法,第三步再从余下的 2 本选 2 本给丙有 C_2^2 种分法,所以完成此事共有 $C_6^2 \cdot C_4^2 \cdot C_2^2 = 90$(种) 不同分法.

(4) 第一步选 1 本给甲有 C_6^1 种分法,第二步再从余下的 5 本选 1 本给乙有 C_5^1 种分法,第三步再从余下的 4 本选 1 本给丙有 C_4^1 种分法,第四步再从余下的 3 本选 3 本给丁有 C_3^3 种分法,所以完成此事共有 $C_6^1 \cdot C_5^1 \cdot C_4^1 \cdot C_3^3 = 120$(种) 不同分法.

(5) 第一步选 1 本给甲有 C_6^1 种分法,第二步再从余下的 5 本选 1 本给乙有 C_5^1 种分法,第三步再从余下的 4 本选 2 本给丙有 C_4^2 种分法,第四步再从余下的 2 本选 2 本给丁有 C_2^2 种分法,所以完成此事共有 $C_6^1 \cdot C_5^1 \cdot C_4^2 \cdot C_2^2 = 180$(种) 不同分法.

例30 将 6 张不同的卡片 2 张一组分别装入甲、乙、丙 3 个袋子,若指定的 2 张卡片要在同一组,则不同的装法有(　　).

A. 12 种　　　　B. 18 种　　　　C. 24 种　　　　D. 30 种　　　　E. 36 种

【解析】 先将余下的 4 张卡片按照 2 张、2 张分两堆有 $\dfrac{C_4^2 C_2^2}{2!}$ 种方法,再加上指定的 2 张共 3 堆和甲、乙、丙 3 个袋子作匹配有 3!种方法,所以完成此事共有 $\dfrac{C_4^2 C_2^2}{2!} \times 3! = 18$(种) 不同的装法. 故选 B.

3. 数字问题

例31 从 0,1,2,3,4,5 这 6 个数字中任取 4 个数字,可以组成(　　)个没有重复数字的四位奇数.

A. 60　　　　　B. 96　　　　　C. 133　　　　　D. 144　　　　　E. 156

【解析】先从 1,3,5 任选 1 个数字放个位有 C_3^1 种选法,再从余下的非 0 数字中任选 1 个数字放最高位有 C_4^1 种选法,最后从剩余的 4 个数字中任选 2 个数字放在百位和十位有 $C_4^2 \cdot 2!$ 种选法,所以共有 $C_3^1 \cdot C_4^1 \cdot C_4^2 \cdot 2! = 144$(个) 不同的四位奇数. 故选 D.

例 32 从 0,1,2,3,4,5 这 6 个数字中任取 4 个数字,可以组成(　　)个没有重复数字的四位偶数.

A. 60　　　　　B. 96　　　　　C. 133　　　　　D. 144　　　　　E. 156

【解析】若 0 在个位,则直接从 1,2,3,4,5 中任选 3 个在千位、百位、十位全排,则共有 $C_5^3 \cdot 3! = 60$(种) 排法;若 0 不在个位,则先从 2,4 挑一个放在个位有 C_2^1 种选法,再从余下的非 0 数字中任选 1 个数字放最高位有 C_4^1 种选法,最后从剩余的 4 个数字中任选 2 个数字放在百位和十位有 $C_4^2 \cdot 2!$ 种选法,则共有 $C_2^1 \cdot C_4^1 \cdot C_4^2 \cdot 2! = 96$(种) 选法,所以一共可以组成 $60 + 96 = 156$(个) 不同的四位偶数. 故选 E.

例 33 从 0,1,2,3,4,5 这 6 个数字中任取 4 个数字组成没有重复数字的四位数,其中能被 10 整除的有(　　)个.

A. 60　　　　　B. 96　　　　　C. 133　　　　　D. 144　　　　　E. 156

【解析】被 10 整除,则个位必须是 0,所以 0 只能放个位,再从余下的 5 个数字中任选 3 个数字放在千位、百位、十位,所以满足条件的四位数共有 $C_5^3 \cdot 3! = 60$(个). 故选 A.

例 34 从 0,1,2,3,4,5 这 6 个数字中任取 4 个数字组成没有重复数字的四位数,则大于 3 451 的四位数共有(　　)个.

A. 60　　　　　B. 96　　　　　C. 133　　　　　D. 144　　　　　E. 156

【解析】第一类:千位为 5,则共有 $C_5^3 \cdot 3! = 60$(个);第二类:千位为 4,则共有 $C_5^3 \cdot 3! = 60$(个);第三类:千位为 3,百位为 5,则共有 $C_4^2 \cdot 2! = 12$(个);第四类:千位为 3,百位为 4,十位为 5,则个位可取 2,则共 1 个,所以满足条件的四位数共有 $60 + 60 + 12 + 1 = 133$(个). 故选 C.

例 35 从 0,1,2,3,4,5 这 6 个数字中任取 4 个数字组成没有重复数字的四位数,则千位大于百位大于十位的四位数共有(　　)个.

A. 60　　　　　B. 96　　　　　C. 133　　　　　D. 144　　　　　E. 156

【解析】题干要求千位大于百位大于十位,所以直接从 6 个数字中任选 3 个即可,不用排序,按照题干大小关系排好只有 1 种,再从余下的 3 个数字中任选 1 个放在个位,所以满足条件的四位数共有 $C_6^3 \cdot C_3^1 = 60$(个). 故选 A.

4. 配对问题

例 36 5 双不同的手套任取 2 只则恰好不能配套的情况有(　　)种.

A. 36　　　　　B. 40　　　　　C. 42　　　　　D. 56　　　　　E. 72

【解析】第一步先从5双手套任取2双有C_5^2种取法,第二步再从每双各取1只有$C_2^1 \cdot C_2^1$种取法,所以共有$C_5^2 \cdot C_2^1 \cdot C_2^1 = 40$(种)取法. 故选 B.

例 37 5双不同的手套任取4只则恰好只能配成1双的情况有(　　)种.

A. 72　　　　B. 84　　　　C. 96　　　　D. 120　　　　E. 142

【解析】第一步先从5双手套任取1双有C_5^1种取法,第二步再从余下的4双取2双,每双再各取一只有$C_4^2 \cdot C_2^1 \cdot C_2^1$种取法,所以满足条件的情况共有$C_5^1 \cdot C_4^2 \cdot C_2^1 \cdot C_2^1 = 120$(种). 故选 D.

5. 穷举法

例 38 将骰子投两次,所得点数分别为b,c,则方程$x^2 + bx + c = 0$有实数根的情况数为(　　).

A. 19　　　　B. 12　　　　C. 11　　　　D. 9　　　　E. 7

【解析】$x^2 + bx + c = 0$有实根,则$b^2 - 4c \geqslant 0$,即$b^2 \geqslant 4c$,固定c的值讨论b,第一类:若$c=1$,则$b=2,3,4,5,6$;第二类:若$c=2$,则$b=3,4,5,6$;第三类:若$c=3$,则$b=4,5,6$;第四类:若$c=4$,则$b=4,5,6$;第五类:若$c=5$,则$b=5,6$;第六类:若$c=6$,则$b=5,6$,综上所述,满足条件的情况共有$5+4+3+3+2+2=19$(种). 故选 A.

例 39 从长度为$3,5,7,9,11$的五条线段中,取三条作为三角形的边,能得到不同三角形的个数为(　　).

A. 14　　　　B. 12　　　　C. 11　　　　D. 9　　　　E. 7

【解析】固定最短边,让另两边之差小于最短边即可,第一类:最短边为3,则另两边可以是5和7,7和9,9和11;第二类:最短边为5,另两边可以是7和9,7和11,9和11;第三类:最短边为7,另两边可以是9和11,故总共有$3+3+1=7$(个)不同的三角形. 故选 E.

例 40 6本相同的书籍分给3个相同的盒子,若书籍需要全部分完且容许有盒子没分到,则共有(　　)种不同的分法.

A. 14　　　　B. 12　　　　C. 11　　　　D. 9　　　　E. 7

【解析】元素相同,对象也相同只能通过列举法求解,第一类:没有空盒$(1,2,3),(1,1,4),(2,2,2)$;第二类:有1个空盒$(0,1,5),(0,2,4),(0,3,3)$;第三类:有2个空盒$(0,0,6)$,故共有$3+3+1=7$(种)不同的分法. 故选 E.

6. 全能元素问题

例 41 在8名志愿者中,只能做英语翻译的有4人,只能做法语翻译的有3人,既能做英语翻译又能做法语翻译的有1人. 现从这些志愿者中选取3人做翻译工作,确保英语和法语都有翻译的不同选法共有(　　)种.

A. 12　　　　　　B. 18　　　　　　C. 21　　　　　　D. 30　　　　　　E. 51

【解析】依题可得,全能元素有 1 人,只会英语的有 4 人,只会法语的有 3 人.第一类:全能元素选中,此时只需从剩余 7 人中任选 2 人即可,有 $C_7^2 = 21$(种)选法;第二类:全能元素未选中,此时可以是 1 英 2 法,也可以是 2 英 1 法,有 $C_4^1 \cdot C_3^2 + C_4^2 \cdot C_3^1 = 30$(种)选法,所以不同的选法共有 $21 + 30 = 51$(种).故选 E.

第三节　技巧篇（62 技 — 68 技）

62技　隔板法

适用题型	相同元素分给不同对象且元素要全部分完
技巧说明	设 n 个相同元素分给 m 个不同对象. (1) 非空分配（每个对象至少分 1 个）:共有 C_{n-1}^{m-1} 种; (2) 可空分配（容许有对象没分到）:共有 C_{n+m-1}^{m-1} 种
代表例题	例 42 至例 44

例 42　若将 10 只相同的球随机放入编号为 1,2,3,4 的四个盒子中,则每个盒子不空的投放方法有(　　)种.

A. 72　　　　　　B. 84　　　　　　C. 96　　　　　　D. 108　　　　　　E. 120

【解析】依据 62 技可得,满足条件的投放方法共有 $C_{10-1}^{4-1} = C_9^3 = 84$(种).故选 B.

例 43　共有 10 个相同小球放入 3 个不同的箱子,第一个箱子至少放 1 个,第二个箱子至少放 2 个,第三个箱子至少放 3 个,则共有(　　)种放法.

A. 20　　　　　　B. 18　　　　　　C. 15　　　　　　D. 13　　　　　　E. 9

【解析】本题可以先给第一个箱子放 1 个,再给第二个箱子放 2 个,再给第三个箱子放 3 个,剩下的 4 个小球再可空的分给 3 个箱子,满足条件的放法共有 $C_{4+3-1}^{3-1} = C_6^2 = 15$(种).故选 C.

例 44　某领导要把 20 项相同的任务分配给 3 个下属,每个下属至少分得 3 项任务,则共有(　　)种不同的分配方案.

A. 21　　　　　　B. 28　　　　　　C. 32　　　　　　D. 72　　　　　　E. 78

【解析】本题可以先给每个下属分 3 项任务,剩下的 11 项任务再可空的分给 3 个下属,满足条件的不同分配方案共有 $C_{11+3-1}^{3-1} = C_{13}^2 = 78$(种).故选 E.

63技　错排问题

适用题型	对号不对号问题
技巧说明	所有元素对号入座只有 1 种,2 个不对号有 1 种,3 个不对号有 2 种,4 个不对号有 9 种,5 个不对号有 44 种,只需记住即可; n 个不对号有:$D(n) = n!\left[\dfrac{1}{0!} - \dfrac{1}{1!} + \dfrac{1}{2!} - \dfrac{1}{3!} + \dfrac{1}{4!} - \dfrac{1}{5!} + \cdots + \dfrac{(-1)^n}{n!}\right]$ 种 (本公式只需简单了解,无需记忆)
代表题目	例 45、例 46

例 45 某单位决定对 4 个部门的经理进行轮岗,要求每位经理必须轮换到 4 个部门中的其他部门任职,则不同的轮岗方案有(　　)种.

A. 4　　　　　　B. 6　　　　　　C. 8　　　　　　D. 9　　　　　　E. 12

【解析】 由 63 技可知,4 个不对号有 9 种. 故选 D.

例 46 将 1,2,3 三个数字分别填在一个 3×3 的九宫格中,要求每行每列都不能出现相同的数字,则不同的填法共有(　　)种.

A. 4　　　　　　B. 6　　　　　　C. 8　　　　　　D. 9　　　　　　E. 12

【解析】 第一行 3 个数字可以全排有 3! 种,第二行 3 个不对号有 2 种,第三行只有 1 种填法,所以满足条件的不同填法共有 $3! \times 2 \times 1 = 12$(种). 故选 E.

64技　排座位模型

适用题型	排座位中的"且""或"问题以及环排问题
技巧说明	(1)肯且肯 → 确定元素不用管,剩余元素直接排序即可; (2)肯或肯 → $A \bigcup B = A + B - A \bigcap B$; (3)否且否 → 反面分析法:总情况数 − 肯或肯; (4)否或否 → 反面分析法:总情况数 − 肯且肯; (5)n 个人环排共有 $(n-1)!$ 种排法
代表例题	例 47、例 48

例 47 甲、乙、丙、丁、戊 5 人站一排：

(1) 甲在排头且乙在排尾有多少种不同的站法？

(2) 甲在排头或乙在排尾有多少种不同的站法？

(3) 甲不在排头且乙不在排尾有多少种不同的站法？

(4) 甲不在排头或乙不在排尾有多少种不同的站法？

(5) 5 人围成一圈站有多少种不同的站法？

【解析】(1) 头尾确定元素不参选、不参排，只需给剩余的 3 人和剩余的 3 个位置全排即可，所以满足条件的不同的站法共有 3! = 6(种).

(2) 套公式可得，甲在排头有 4! 种站法，乙在排尾有 4! 种站法，甲在排头且乙在排尾有 3! 种站法，所以满足条件的不同的站法共有 4!＋4!－3! = 42(种).

(3) 从反面分析：满足条件的不同的站法共有 5!－(4!＋4!－3!) = 78(种).

(4) 从反面分析：满足条件的不同的站法共有 5!－3! = 114(种).

(5) 套公式可得，满足条件的不同的站法共有 (5－1)! = 4! = 24(种).

例 48 8 人围桌而坐，要求甲、乙不相邻，则共有(　　)种不同的坐法.

A. 1 800　　　　B. 1 928　　　　C. 2 460　　　　D. 3 210　　　　E. 3 600

【解析】 先将甲、乙扔出去，给剩下的 6 个人环排有 (6－1)! = 5!(种)坐法，6 个人环排有 6 个空，再选 2 个空把甲、乙放进去有 $C_6^2 \cdot 2!$ 种坐法，所以满足条件的坐法共有 $5! \cdot C_6^2 \cdot 2! = 3\ 600$(种). 故选 E.

65技 **分房模型（人和房、球和盒、信和邮箱、人和城市、人和岗位）**

适用题型	不同元素分给不同对象且元素全部分完
技巧说明	设 n 个不同元素分给 m 个不同对象. (1) 任意分（容许有对象没分到）→ 方幂法，共有 m^n 种； (2) 有限制条件分（每个对象至少分 1 个）→ 先分堆再分配
代表例题	例 49 至例 51

例 49 5 个人任意住进 3 间房，不同的安排方式有(　　)种.

A. 125　　　　B. 155　　　　C. 175　　　　D. 193　　　　E. 243

【解析】 5 个人任意住进 3 间房共有 $3^5 = 243$(种)安排方式. 故选 E.

例 50　将 4 封信投入 3 个不同的邮箱,若 4 封信全部投完,且每个邮箱至少投入一封信,则共有( )种投法.

A. 12　　　　　B. 21　　　　　C. 36　　　　　D. 42　　　　　E. 46

【解析】4 封信分三堆,只能分为 1,1,2 三堆,有 $\dfrac{C_4^1 \cdot C_3^1 \cdot C_2^2}{2!}$ 种分法,再和 3 个邮箱匹配有 3! 种投法,所以满足条件的投法共有 $\dfrac{C_4^1 \cdot C_3^1 \cdot C_2^2}{2!} \cdot 3! = 36$(种). 故选 C.

例 51　某大学派出 5 名志愿者到西部 3 所中学支教,若每所中学至少有 1 名志愿者,则不同的分配方案共有( )种.

A. 240　　　　　B. 150　　　　　C. 120　　　　　D. 60　　　　　E. 24

【解析】5 人分 3 堆,可以分为 1,1,3;1,2,2 两类,有 $\dfrac{C_5^1 \cdot C_4^1 \cdot C_3^3}{2!} + \dfrac{C_5^1 \cdot C_4^2 \cdot C_2^2}{2!}$ 种分法,再和 3 个中学匹配有 3! 种方案,所以满足条件的不同分配方案共有 $\left(\dfrac{C_5^1 \cdot C_4^1 \cdot C_3^3}{2!} + \dfrac{C_5^1 \cdot C_4^2 \cdot C_2^2}{2!} \right) \cdot 3! = 150$(种). 故选 B.

66技　涂色模型

适用题型	涂色问题
技巧说明	m 种颜色给 n 个区域涂色,每个区域只能涂一种颜色,相邻区域不能涂同一种颜色,每种颜色可以重复使用. (1) 非环形:按照乘法原理逐一涂色即可(先涂接壤区域最多的区域,依次类推); (2) 环形(见图):套公式 $(m-1)^n + (m-1)(-1)^n$ 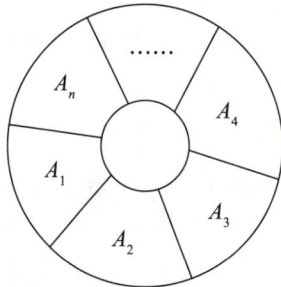
代表例题	例 52、例 53

例52 如图所示,一张地图上有五个国家 A,B,C,D,E,现在要求用四种不同颜色给五个国家涂色,要求相邻的国家不能使用同一种颜色,不相邻的不同的国家可以使用同一种颜色,则这幅地图有(　　)种不同的涂色方法.

A. 36　　　　B. 48　　　　C. 72　　　　D. 96　　　　E. 108

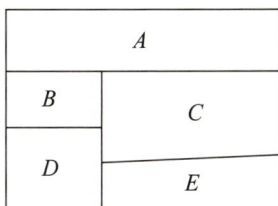

【解析】 接壤区域最多的是 C,所以分五步完成此事,第一步涂 C 有 4 种,第二步涂 A 有 3 种,第三步涂 B 有 2 种,第四步涂 D 有 2 种,第五步涂 E 有 2 种,故这幅地图总共有 $4\times3\times2\times2\times2=96$(种)不同的涂色方法. 故选 D.

例53 如图所示,一个地区分为 5 个行政区域,现给地图着色,要求相邻区域不得使用同一种颜色,现有 4 种颜色可供选择,则不同的方法共有(　　).

A. 128 种　　B. 92 种　　C. 86 种　　D. 72 种　　E. 76 种

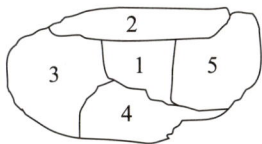

【解析】 给环形区域涂色可直接套公式:先给 1 号区域涂色有 $C_4^1=4$(种),再用余下的 3 种颜色给 4 个环形区域涂色有 $(3-1)^4+(3-1)(-1)^4=18$(种),所以完成此事共有 $C_4^1\cdot[(3-1)^4+(3-1)(-1)^4]=72$(种)不同的方法. 故选 D.

67技 局部定序模型或局部相同模型

适用题型	局部定序问题或局部相同问题
技巧说明	n 个元素排序,其中 m 个元素定序或 m 个元素相同,则: **法一**:共有 $\dfrac{n!}{m!}$ 种; **法二**:共有 $C_n^m\cdot(n-m)!$ 种. 注意:若同组元素有多类定序或相同,方法可参照例54
代表例题	例54、例55

例 54 五个人站成一排,要求 A、B、C 三人顺序一定,则共有(　　)种不同的排法.

A. 18　　　　B. 20　　　　C. 25　　　　D. 32　　　　E. 40

【解析】**法一**:满足条件的不同排法共有 $\dfrac{5!}{3!} = 20$(种). 故选 B.

法二:先从 5 个位置中选 3 个位置放 A、B、C,因为三人顺序一定,所以只有 1 种方法,最后再给剩余 2 人和剩余的 2 个位置全排列即可,所以满足条件的不同排法共有 $C_5^3 \cdot 2! = 20$(种). 故选 B.

例 55 由三个 1,两个 2 一共可以组成(　　)个不同的五位数.

A. 10　　　　B. 12　　　　C. 15　　　　D. 18　　　　E. 20

【解析】**法一**:共可以组成 $\dfrac{5!}{3! \cdot 2!} = 10$(个)不同的五位数. 故选 A.

法二:从 5 个位置选 3 个位置放 1,剩余 2 个位置放 2 即可,由于三个 1 相同,两个 2 也相同,故不需要排序,所以满足条件的排法共有 $C_5^3 = 10$(种). 故选 A.

68技 **补球模型**

适用题型	分堆分组问题
技巧说明	当组与组之间没有顺序且每组人数不相同时,为方便计算可以"补人",将每组人数变为相同分析
代表例题	例 56

例 56 某单位组织志愿者参加公益活动,有 8 名员工报名,其中 2 名超过 50 岁,现将他们分成 3 组,人数分别为 3,3,2,要求 2 名超过 50 岁的员工不在同组,则不同的分组方案共有(　　)种.

A. 120　　　　B. 150　　　　C. 160　　　　D. 180　　　　E. 210

【解析】有 8 名员工报名,现将他们分成 3 组,人数分别为 3,3,2,为方便计算,我们补 1 个人,现将他们分成 3 组,人数分别为 3,3,3,要求 2 名超过 50 岁的员工不在同组,所以甲、乙各在 1 组(设 2 名超过 50 岁员工为甲、乙),再从余下 7 人选 2 人和甲放在 1 组,再从余下 5 人选 2 人和乙放在一组,最后 3 人并为一组即可,所以共有 $C_7^2 \cdot C_5^2 \cdot C_3^3 = 210$(种),此时不管补的人分在哪一组,把他弄走都不影响 3,3,2 的分组方式. 故选 E.

第四节　专题测评

一、问题求解

1. 从 5 男 4 女中选 4 位代表,其中至少有 2 位男同志,且至少有 1 位女同志,分别到 4 个不同的工厂调查,不同的分派方法有(　　)种.

  A. 1 080   B. 2 400   C. 2 800   D. 720   E. 360

2. 用 0,1,2,3,4 这五个数字组成无重复的五位数,其中恰有一个偶数夹在两个奇数之间的五位数的个数为(　　).

  A. 12   B. 20   C. 28   D. 36   E. 48

3. 某单位欲将甲、乙、丙、丁 4 名大学生分配到 3 个不同的岗位实习,若每个岗位至少分到 1 名大学生,且甲、乙两人被分在不同岗位,则不同的分配方案有(　　)种.

  A. 30   B. 36   C. 48   D. 60   E. 72

4. 小超到邮局买邮票,6 元一套的邮票有 6 种,12 元一套的邮票有 8 种,18 元一套的邮票有 2 种,邮局规定邮票必须按套销售,若小超共消费 24 元且每种邮票不重复购买,则小超共有(　　)种不同的选择方式.

  A. 175   B. 150   C. 125   D. 72   E. 18

5. 某单位要从 8 名职员中选派 4 人去公司总部参加培训,其中甲和乙两人不能同时参加,则共有(　　)种不同的选派方式.

  A. 40   B. 45   C. 55   D. 60   E. 72

6. 某科室共有 8 人,现在需要抽出两个 2 人组到不同的下级单位检查工作,则共有(　　)种不同的分配方案.

  A. 210   B. 260   C. 280   D. 420   E. 840

7. 学校即将进行期末考试,现有 4 个班,共 8 名监考教师,其中 4 名教师分别为这 4 个班的班主任. 1 个班需要 2 名监考教师,其中 1 名需是班主任,且班主任都不能监考自己教的班,则有(　　)种安排监考的方法.

  A. 148   B. 136   C. 198   D. 216   E. 258

8. 一个杂技团有 11 名演员,其中有 5 人只会表演魔术,有 4 人只会表演口技,有 2 人二者都会表演,现从所有演员中选 3 人,要求 1 人表演口技,2 人表演魔术,则共有(　　)不同的选派方式.

  A. 90 种   B. 95 种   C. 104 种   D. 114 种   E. 118 种

9. 身高不等的 7 人站成一排照相,要求身高最高的人排在中间,按身高向两侧递减,则共有(　　)种不同的排法.

  A. 20   B. 24   C. 36   D. 48   E. 54

10. 某公司销售部拟派 3 名销售主管和 6 名销售人员前往 3 座城市进行市场调研,每座城市派销售主管 1 名,销售人员 2 名.则不同的人员选派方案有(   )种.

A. 540   B. 620   C. 720   D. 780   E. 900

11. 某小学组织 6 个年级的学生外出参观包括 A 科技馆在内的 6 个科技馆,每个年级任选一个科技馆参观,则有且只有两个年级选择 A 科技馆的方案有(   )种.

A. 1 800   B. 1 860   C. 2 150   D. 2 420   E. 9 375

12. 在某种信息传输过程中,用 4 个数字的一个排列(数字允许重复)表示一个信息,不同排列表示不同信息,若所用数字只有 0 和 1,则与信息 0110 至多有两个对应位置上的数字相同的信息个数为(   ).

A. 10   B. 11   C. 12   D. 15   E. 20

13. 某单位计划举行篮球比赛,6 支报名参赛的队伍将平均分为上午组和下午组进行小组赛,其中甲队和乙队来自同一部门,不能分在同一组,则不同的分组情况有(   )种.

A. 12   B. 10   C. 8   D. 6   E. 4

14. 从 6 个同学中选 4 个分别学习美术、音乐、篮球、编程四种课外课程,要求每个课程有一人学习,每人只学习一种课程,且这 6 个同学中甲、乙两人不学习美术,则不同的选择方案有(   )种.

A. 72   B. 96   C. 121   D. 144   E. 240

15. 四名党员教师分配到 A,B,C 三个社区,若每个社区至少分配一名党员教师,且教师甲必须分配到 A 社区,则不同的分配方案有(   )种.

A. 12   B. 14   C. 16   D. 18   E. 19

二、条件充分性判断

16. 3 男 3 女参加面试,则面试的不同安排方式可以超过 100 种.

(1) 女生韩梅一定要在男生李超之前面试.

(2) 女生韩梅需在最后面试,男生李超不能第一个面试.

17. 某公司招聘来 8 名员工,平均分配给下属的甲、乙两个部门,则不同分配方案共有 40 种.

(1) 2 名英语翻译人员不能分在同一个部门.

(2) 3 名电脑编程人员不能全分在同一个部门.

18. 2 位男生和 3 位女生共 5 位同学站成一排,则不同排法的种数是 72 种.

(1) 男生甲不站两端.

(2) 恰有 2 位女生相邻.

19. 口袋内有 4 个不同的红球,6 个不同的白球,若取一个红球记 2 分,取一个白球记 1 分,从中任取 5 个球,则取法有 180 种.
    (1) 使总分不少于 6 分.
    (2) 使总分不多于 7 分.

20. 从 1,2,3,4,5 中随机取出 3 个数组成一个可以有重复数字的三位数,则共有 19 个不同的三位数.
    (1) 取出的三个数其和为 9.
    (2) 取出的三个数其和为 7.

21. 有同样大小的红、黑、白玻璃球若干个.能确定第 80 个球是黑色.
    (1) 按 3 个红球、2 个黑球、1 个白球的顺序排列.
    (2) 按 1 个红球、2 个黑球、3 个白球的顺序排列.

22. 若 $x_1 + x_2 + x_3 + x_4 = 10$,则方程的解共有 84 组.
    (1) 方程的解必须是正整数.
    (2) 方程的解必须是非负整数.

23. 某单位购买了 10 台相同的新电脑,计划分配给甲,乙,丙 3 个部门使用,共有 18 种不同的分配方案.
    (1) 已知每个部门都需要新电脑.
    (2) 已知每个部门最多得到 5 台.

24. 7 男 3 女身高互不相同,则共有 720 种不同的站法.
    (1) 要求男生从左到右按低到高站.
    (2) 要求 3 名女生互不相邻.

25. 某交通岗共有 3 人,安排他们从周一到周日值班,则有 192 种不同的安排方法.
    (1) 每天安排一人值班.
    (2) 相邻两天的值班人员不完全相同.

测评解析

1.【答案】B

【解析】选出 4 位代表有两种方案,即 2 男 2 女和 3 男 1 女,分别有 $C_5^2 C_4^2$ 和 $C_5^3 C_4^1$ 种选法,再将 4 位代表分配到 4 个工厂有 4! 种分配方法,所以不同的分派方法一共有 $(C_5^2 C_4^2 + C_5^3 C_4^1) \times 4! =$

2 400(种). 故选 B.

2.【答案】C

【解析】若恰好是 0 在两个奇数之间,则有 $2! \cdot 3! = 12$(种)排法,若不是 0 夹在奇数之间,则有 $C_2^1 \cdot 2! \cdot C_2^1 \cdot 2! = 16$(种),故满足条件的排法共 28 种. 故选 C.

3.【答案】A

【解析】此题属于有限制条件的分房问题. 题意要求甲、乙不能在同一岗位,故可从反面分析,不同的分配方案有$(C_4^2 - 1) \cdot 3! = 30$(种). 故选 A.

4.【答案】A

【解析】消费 24 元共有 4 类情况:第一类购买 1 套 18 元与 1 套 6 元的邮票,共有 12 种选择方式;第二类购买 2 套 12 元的邮票,共有 28 种选择方式;第三类购买 1 套 12 元与 2 套 6 元的邮票,共有 120 种选择方式;第四类购买 4 套 6 元的邮票,共有 15 种选择方式,由分类原理可知共有 175 种选择方式. 故选 A.

5.【答案】C

【解析】反面求解可得 $C_8^4 - C_6^2 = 70 - 15 = 55$(种). 故选 C.

6.【答案】D

【解析】依题得,共有 $C_8^2 C_6^2 = 420$(种)分配方案. 故选 D.

7.【答案】D

【解析】非班主任的四名老师去四个班有 4! 种安排方法,四名班主任错排有 9 种情况,故共有 $4! \cdot 9 = 216$(种)安排方法. 故选 D.

8.【答案】D

【解析】根据是否选派既会表演魔术又会表演口技的 2 人,分以下几种情况进行讨论:

① 不选这 2 人,则不同的选派方式共有 $C_5^2 C_4^1 = 40$(种).

② 从这 2 人中选出 1 人表演口技,则不同的选派方式共有 $C_2^1 C_5^3 = 20$(种).

③ 从这 2 人中选出 1 人表演魔术,则不同的选派方式共有 $C_2^1 C_5^1 C_4^1 = 40$(种).

④ 让 2 人都表演魔术,则不同的选派方式共有 $C_4^1 = 4$(种).

⑤ 让这 2 人中 1 人表演魔术,另 1 人表演口技,则不同的选派方式共有 $2! \cdot C_5^1 = 10$(种).

综上所述,共有 $40 + 20 + 40 + 4 + 10 = 114$(种)不同的选派方式. 故选 D.

9.【答案】A

【解析】最高的站在中间已经确定,剩下 6 个人站,只要从这 6 个人中任意选出 3 个人站在最高人的左边,剩下人站在右边,顺序是一定的,因此一共有 $C_6^3 = 20$(种)排法. 故选 A.

10.【答案】A

【解析】根据题意可得,先排销售主管,销售主管的排法有 $C_3^1 \times C_2^1 \times C_1^1 = 3 \times 2 \times 1 = 6$(种);再排销售人员,销售人员的排法有 $C_6^2 \times C_4^2 \times C_2^2 = 15 \times 6 \times 1 = 90$(种),同时满足销售主管 1 名,销售人员 2 名,所以不同的人员选派方案有 $6 \times 90 = 540$(种). 故选 A.

11.【答案】E

【解析】依题可得,共有 $C_6^2 \cdot 5^4 = 9\ 375$(种)方案. 故选 E.

12.【答案】B

【解析】恰有 3 个对应位置上的数字相同的信息个数为 $C_4^3=4$,4 个对应位置上的数字全相同的信息个数为 1,因此至多有两个对应位置上的数字相同的信息个数为 $2^4-4-1=11$.故选 B.

13.【答案】A

【解析】依题可得,除甲队、乙队外还有 4 支队伍,故满足题意的分组情况共有 $C_4^2\cdot2!=12$(种).故选 A.

14.【答案】E

【解析】甲、乙两人不学美术,则从剩下的 4 个人中选 1 人学美术,有 C_4^1 种,再从剩余 5 人中选择 3 人学习另外 3 种课程,有 $A_5^3=60$(种),所以共有 240 种不同方案.故选 E.

15.【答案】A

【解析】根据题意,分两步分析:① 将四名党员教师分为 2,1,1 三组,有 $C_4^2=6$(种)分组方法;② 将教师甲所在的组分配到 A 社区,剩下两组安排到 B,C 社区,有 $2!=2$(种)分配方法,则有 $6\times2=12$(种)不同的分配方案.故选 A.

16.【答案】A

【解析】条件(1),$\dfrac{6!}{2!}=360$(种),故条件(1)充分;条件(2),$C_4^1\cdot4!=96$(种),故条件(2)不充分.故选 A.

17.【答案】A

【解析】对于条件(1),不同的分配方案共有 $2!\cdot C_6^3=40$(种),因此条件(1)充分;对于条件(2),不同的分配方案共有 $C_8^3-C_5^1\cdot2!=60$(种),因此条件(2)不充分.故选 A.

18.【答案】D

【解析】男生甲不站两端的站法有 $C_3^1\cdot4!=72$(种),条件(1)充分;恰有 2 位女生相邻的站法有 $C_3^2\cdot2!\cdot2!\cdot C_3^2\cdot2!=72$(种),条件(2)充分.故选 D.

19.【答案】C

【解析】条件(1),其反面是总分为 5 分,$C_{10}^5-C_6^5=252-6=246$,不充分;条件(2),得分为 5 分、6 分、7 分,总数为 $C_6^5+C_6^4C_4^1+C_6^3C_4^2=186$,不充分;考虑联合,得分为 6 分、7 分,总数为 $C_6^4C_4^1+C_6^3C_4^2=180$,充分.故选 C.

20.【答案】A

【解析】由(1)得,满足条件的情况有 225,333,441,135,234,再考虑顺序共 19 种,同理可得条件(2)不充分.故选 A.

21.【答案】B

【解析】一组有 6 个球,$80\div6=13\cdots\cdots2$,即第 80 个球跟第 2 个球颜色相同,显然条件(2)充分.故选 B.

22.【答案】A

【解析】本题其实考的是隔板法,条件(1)相当于 10 个 1 非空的分给 4 个不同的盒子,则共有 $C_{10-1}^{4-1}=C_9^3=84$(组),条件(1)充分;条件(2)相当于 10 个 1 可空的分给 4 个不同的盒子,则共有

$C_{10+4-1}^{4-1} \neq 84$(组),条件(2) 不充分. 故选 A.

23.【答案】C

　　【解析】单独明显不充分,联合分析,可分四类:共有 $3! + 3! + C_3^1 + C_3^1 = 18$(种). 故选 C.

24.【答案】A

　　【解析】由(1) 得,共有 $\dfrac{10!}{7!} = 720$(种),条件(1) 充分;由(2) 得,共有 $7! \cdot C_8^3 \cdot 3! = 1\,693\,440$(种),

　　条件(2) 不充分. 故选 A.

25.【答案】C

　　【解析】单独明显不充分,联合分析,每天安排一人值班,相邻两天的值班人员不完全相同,则安排方法一共有 $3 \times 2 \times 2 \times 2 \times 2 \times 2 \times 2 = 192$(种). 故选 C.

专题十　概率初步与数据描述

专题解读　本专题共有四类考题:古典概型、独立事件、伯努利概型以及数据描述.管理类综合能力数学关于概率初步的考查较为基础,所以考生只需掌握常考题型的基本做题方法即可.在概率的计算中,我们往往会默认所有元素不相同.其中古典概型和独立事件是学习重点,伯努利概型简单了解即可.对于古典概型和独立事件,考生务必要搞清两类题目的本质区别和联系,熟悉两类题目的求解公式和陷阱.数据描述在考试中以平均值、极差和方差为主.从近五年的命题趋势来看,题目难度在增加,本部分题目整体难度适中.

考试范围　1.事件及其简单运算.

　　2.加法公式.

　　3.乘法公式.

　　4.古典概型.

　　5.独立事件.

　　6.伯努利概型.

　　7.几何概型.

　　8.平均值、极差和方差.

考试地位　本专题在每年考试中大约占 3 道题,题目难度适中.

考试重点　1.古典概型.

　　2.独立事件.

　　3.平均值、极差和方差.

专题导航

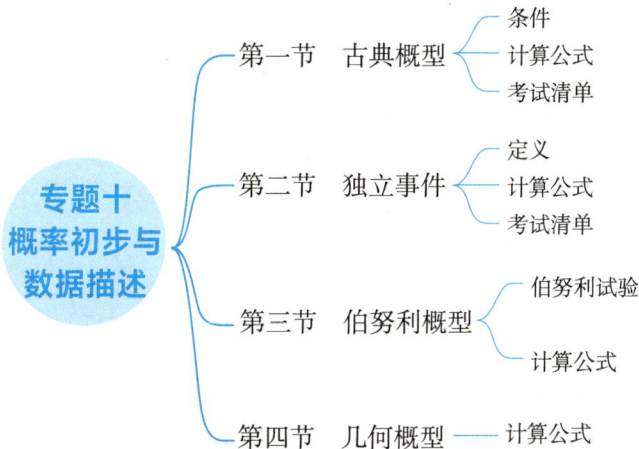

第五节　平均值、极差和方差
- 平均值
- 极差
- 方差与标准差

专题十 概率初步与数据描述

第六节　技巧篇（69技—72技）
- 69技：中奖模型
- 70技：有终止条件的取样模型
- 71技：平均值三大技巧求解方法
- 72技：方差三大技巧求解方法

第七节　专题测评

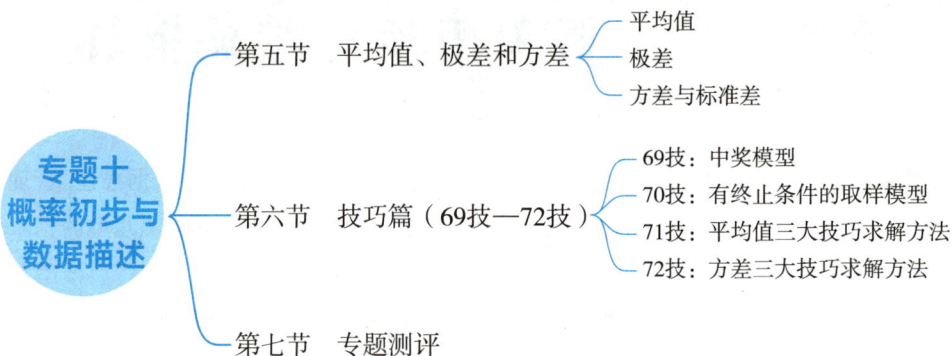

第一节　古典概型

> **本节说明**　所谓概率，本质其实是作用于事件上的函数，每一类概型都对应着不同的函数表达式，所以考生在学习本部分时需要重点掌握古典概型的计算公式和满足条件. 我们常考的古典概型有三大类，分别是取样问题、分房问题和数字问题. 在考试中，取样问题居多，取样问题的核心在于取样方式，不同的取样方式，计算概率的方法不同. 除此以外，本部分也会有一些比较难的考点，例如有终止条件的古典概型、中奖问题等，考生也需重点关注.

一、考点精析

1. 条件

1.1　样本空间有限（保证情况数可计算）

1.2　每种情况发生的可能性相同（保证公平）

2. 计算公式

$$P(A) = \frac{事件 A 的情况数}{总的情况数}（分子、分母均用排列组合计算）.$$

3. 考试清单

3.1　取样问题（取球、取正品次品、取男生女生、取数字等）

$$核心：取样方式\begin{cases}逐次取样\begin{cases}有放回：样本总量不变\\无放回：样本总量递减\end{cases}\\一次取样\end{cases}$$

> **超言超语**
>
> 逐次取样需要注意顺序，一次取样没有顺序，逐次无放回取样的概率等于一次取样的概率，另外在取样问题中碰到至少至多问题也可反面求解.

3.2　分房问题(人和房,人和岗位,球和盒)

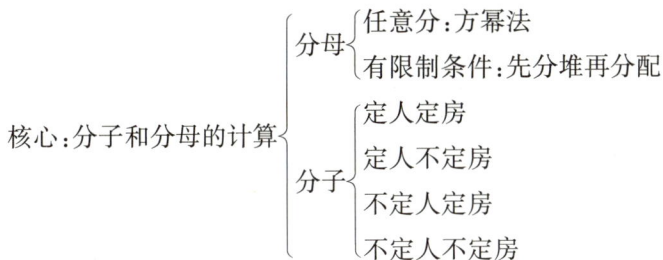

$$
核心:分子和分母的计算
\begin{cases}
分母\begin{cases}任意分:方幂法 \\ 有限制条件:先分堆再分配\end{cases} \\
分子\begin{cases}定人定房 \\ 定人不定房 \\ 不定人定房 \\ 不定人不定房\end{cases}
\end{cases}
$$

超言超语

　　分母的计算和排列组合分房模型计算方式相同,分子的计算可以分为 4 类,在计算时只需管不定的即可,定的不用管,比如 1 号房间住 2 人就属于不定人定房,此时房间是确定的,不用管,只需要选 2 人即可.

3.3　数字问题

　　核心:概率中的数字问题囊括数字加减乘除运算、多位数问题、密码问题等,整体难度偏低.

二、经典例题

1. 取样问题

例 1　一批灯泡共 10 只,其中有 3 只质量不合格,从该批灯泡中随机取出 5 只,则

(1) 这 5 只灯泡都合格的概率是(　　　).

A. $\dfrac{7}{36}$　　　　B. $\dfrac{5}{24}$　　　　C. $\dfrac{1}{6}$　　　　D. $\dfrac{5}{36}$　　　　E. $\dfrac{1}{12}$

(2) 这 5 只灯泡中只有 3 只合格的概率是(　　　).

A. $\dfrac{5}{12}$　　　　B. $\dfrac{1}{12}$　　　　C. $\dfrac{7}{24}$　　　　D. $\dfrac{11}{24}$　　　　E. $\dfrac{1}{6}$

【解析】(1)10 只灯泡,3 只不合格,7 只合格,所以 $P\{5\text{只合格}\}=\dfrac{C_7^5}{C_{10}^5}=\dfrac{5\times4\times3}{10\times9\times8}=\dfrac{1}{12}$. 故选 E.

(2)$P\{3\text{只合格}2\text{只不合格}\}=\dfrac{C_7^3C_3^2}{C_{10}^5}=\dfrac{5}{12}$. 故选 A.

例 2　10 件产品中有 3 件次品,从中随机抽出 2 件,至少抽到一件次品的概率是(　　　).

A. $\dfrac{1}{3}$　　　　B. $\dfrac{2}{5}$　　　　C. $\dfrac{7}{15}$　　　　D. $\dfrac{8}{15}$　　　　E. $\dfrac{3}{5}$

【解析】10 件产品,3 件次品,7 件正品,故反面分析可得 $P\{\text{至少}1\text{件次品}\}=1-P\{\text{无次品}\}=$

$$1 - \frac{C_7^2}{C_{10}^2} = 1 - \frac{21}{45} = \frac{8}{15}.$$ 故选 D.

例 3 在 36 人中,血型情况如下:A 型 12 人,B 型 10 人,AB 型 8 人,O 型 6 人.若从中随机选出两人,则两人血型相同的概率是(   ).

A. $\frac{11}{45}$ B. $\frac{44}{315}$ C. $\frac{33}{315}$ D. $\frac{9}{122}$ E. 以上结论均不正确

【解析】从中随机选出两人,两人血型相同:$p = \dfrac{C_{12}^2 + C_{10}^2 + C_8^2 + C_6^2}{C_{36}^2} = \dfrac{11}{45}.$ 故选 A.

例 4 袋中有 6 只红球、4 只黑球,今从袋中随机取出 4 只球,设取到一只红球得 2 分,取到一只黑球得 1 分,则得分不大于 6 分的概率是(   ).

A. $\frac{23}{42}$ B. $\frac{4}{7}$ C. $\frac{25}{42}$ D. $\frac{13}{21}$ E. $\frac{9}{14}$

【解析】$P\{得分 \leqslant 6\} = P\{2 红 2 黑\} + P\{1 红 3 黑\} + P\{4 黑\} = \dfrac{C_6^2 C_4^2}{C_{10}^4} + \dfrac{C_6^1 C_4^3}{C_{10}^4} + \dfrac{C_4^4}{C_{10}^4}$

$$= \frac{90}{210} + \frac{24}{210} + \frac{1}{210} = \frac{115}{210} = \frac{23}{42}.$$

故选 A.

例 5 在共有 10 个座位的小会议室内随机坐 6 名与会者,则指定的 4 个座位被坐满的概率是(   ).

A. $\frac{1}{14}$ B. $\frac{1}{13}$ C. $\frac{1}{12}$ D. $\frac{1}{11}$ E. $\frac{1}{10}$

【解析】10 个座位随机坐 6 名与会者,共有 $C_{10}^6 \cdot 6!$ 种,指定 4 个座位被坐满,共有 $C_6^2 \cdot 6!$ 种,所以 $p = \dfrac{C_6^2 \cdot 6!}{C_{10}^6 \cdot 6!} = \dfrac{1}{14}.$ 故选 A.

例 6 一只口袋中有 5 只同样大小的球,编号分别为 1,2,3,4,5,现从中一次抽取 3 只球,则取到的球中最大号码是 4 的概率为(   ).

A. 0.3   B. 0.4   C. 0.5   D. 0.6   E. 0.7

【解析】要求 3 个球中必有 4 号球,且另外两只球应从 1,2,3 号球中选择,所以从中随机抽取 3 只球,取到的球中最大号码是 4 的概率为 $\dfrac{C_3^2}{C_5^3} = 0.3.$ 故选 A.

例 7 从集合 $\{0,1,3,5,7\}$ 中先任取一个数记为 a,放回集合后再任取一个数记为 b,若 $ax + by = 0$ 能表示一条直线,则该直线的斜率等于 -1 的概率是(   ).

A. $\dfrac{4}{25}$ B. $\dfrac{1}{6}$ C. $\dfrac{1}{4}$ D. $\dfrac{1}{15}$ E. $\dfrac{1}{17}$

【解析】$ax+by=0$ 能表示一条直线,所以 $a=0$ 且 $b=0$ 这一情况排除,所以总情况数为 $C_5^1 \cdot C_5^1 - 1 = 24$(种) 情况,其中,$a=b\neq0$ 时斜率为 -1,共 4 种情况,所以 $P\{$斜率为$-1\} = \dfrac{4}{24} = \dfrac{1}{6}$.故选 B.

例8 一袋中有 8 个大小形状相同的球,其中 5 个黑色球,3 个白色球.

(1) 从袋中随机地一次取出两个球,求取出的两球都是黑色球的概率;

(2) 从袋中不放回取两次,每次取一个球,求取出的两球都是黑色球的概率;

(3) 从袋中有放回取两次,每次取一个球,求取出的两球至少有一个是黑色球的概率.

【解析】设 $A=\{$取出的两球是黑色球$\}$,$B=\{$取出的两球是白色球$\}$,$C=\{$取出的两球至少有一个是黑色球$\}$,则

(1) 从 8 个球中一次取出两个,不同的取法有 C_8^2 种,所以 $P(A) = \dfrac{C_5^2}{C_8^2} = \dfrac{5}{14}$;

(2) 由于是不放回地取球,球的数量在减少,因此 $P(A) = \dfrac{C_5^1}{C_8^1} \cdot \dfrac{C_4^1}{C_7^1} = \dfrac{5}{14}$;

(3) 从反面计算概率:$P(C) = 1 - P(B) = 1 - \dfrac{C_3^1}{C_8^1} \cdot \dfrac{C_3^1}{C_8^1} = \dfrac{55}{64}$.

例9 在一个不透明的布袋中装有 2 个白球,m 个黄球和若干个黑球,它们只有颜色不同,则 $m=3$.

(1) 从布袋中随机摸出一个球,摸到白球的概率是 0.2.

(2) 从布袋中随机摸出一个球,摸到黄球的概率是 0.3.

【解析】本题中两个未知量,条件(1),(2)分别给出一个已知条件,显然单独均不充分,故联合分析可得:由条件(1),可知布袋中球的总个数为 $\dfrac{2}{0.2} = 10$;由条件(2),可知黄球的个数为 $m = 10 \times 0.3 = 3$,联合充分.故选 C.

例10 某商店有甲、乙两种型号的手机共 20 部,从中任选 2 部,则恰有 1 部甲的概率 $p > \dfrac{1}{2}$.

(1) 甲手机不少于 8 部.

(2) 乙手机大于 7 部.

【解析】设甲手机有 x 部$(0\leqslant x\leqslant20)$,则乙手机有 $(20-x)$ 部,设事件 A 表示"从中任选两部手机,恰有 1 部甲手机",则 $P(A) = \dfrac{C_x^1 C_{20-x}^1}{C_{20}^2} = \dfrac{x(20-x)}{190} > \dfrac{1}{2}$,解得 $10-\sqrt{5} < x < 10+\sqrt{5}$,因此条件(1)不充分,条件(2)也不充分.联合分析可得 $8\leqslant x\leqslant12$,因此联合充分.故选 C.

2. 分房问题

例 11 将 2 个红球与 1 个白球随机放入甲、乙、丙三个盒子中,则乙盒中至少有 1 个红球的概率为( ).

A. $\dfrac{1}{9}$ B. $\dfrac{8}{27}$ C. $\dfrac{4}{9}$ D. $\dfrac{5}{9}$ E. $\dfrac{17}{27}$

【解析】 将三只球随机放入三个盒子中,总情况数为 3^3.

法一:从正面思考,乙盒中至少有一个红球,包括恰有一只红球和恰有两只红球,故概率 $p = \dfrac{C_2^1 C_2^1 C_3^1 + C_2^2 C_3^1}{3^3} = \dfrac{5}{9}$,其中 $C_2^1 C_2^1 C_3^1$ 表示先从两只红球中选一只放入乙盒,另一只红球放入甲盒或丙盒中,三个盒子都可以放白球;$C_2^2 C_3^1$ 表示将两只红球放入乙盒,三个盒子都可以放白球. 故选 D.

法二:从反面入手,"乙盒中至少有一只红球"的反面为"乙盒中一只红球都没有",故概率 $p = 1 - \dfrac{C_3^1 \times 2^2}{3^3} = \dfrac{5}{9}$,其中 C_3^1 表示三个盒子都可以放白球,2^2 表示两只红球随机放入甲盒或丙盒. 故选 D.

例 12 将 3 人分配到 4 间房中,若每人被分配到这 4 间房的每一间房中的概率都相同,则

(1) 第一、二、三号房中各有 1 人的概率是( ).

A. $\dfrac{3}{4}$ B. $\dfrac{3}{8}$ C. $\dfrac{3}{16}$ D. $\dfrac{3}{32}$ E. $\dfrac{3}{64}$

(2) 恰有 3 间房中各有 1 人的概率是( ).

A. $\dfrac{3}{4}$ B. $\dfrac{3}{8}$ C. $\dfrac{3}{16}$ D. $\dfrac{3}{32}$ E. $\dfrac{3}{64}$

【解析】(1) 3 人分配到 4 间房,共有 $4 \times 4 \times 4 = 64$(种). 一、二、三号房间各有 1 人,共有 $3! = 6$(种)(3 人 3 间房全排列),故 $p = \dfrac{\text{满足要求}}{\text{全部可能}} = \dfrac{6}{64} = \dfrac{3}{32}$. 故选 D.

(2)3 人分配到 4 间房,共有 $4 \times 4 \times 4 = 64$(种). 恰有 3 间房各有 1 人,共有 $C_4^3 \times 3! = 4 \times 6 = 24$(种),所以 $p = \dfrac{24}{64} = \dfrac{3}{8}$. 故选 B.

3. 数字问题

例 13 某装置的启动密码由 0 到 9 中 3 个不同的数字组成,连续 3 次输入错误密码就会导致该装置永久关闭,一个仅记得密码是由 3 个不同数字组成的人能够启动此装置的概率为( ).

A. $\dfrac{1}{120}$ B. $\dfrac{1}{168}$ C. $\dfrac{1}{240}$ D. $\dfrac{1}{720}$ E. $\dfrac{3}{1\,000}$

【解析】法一:$p = \dfrac{1}{10 \times 9 \times 8} + \dfrac{719}{10 \times 9 \times 8} \times \dfrac{1}{719} + \dfrac{719}{10 \times 9 \times 8} \times \dfrac{718}{719} \times \dfrac{1}{718} = \dfrac{1}{240}$. 故选 C.

法二:因为可以尝试三次,每次试开的概率相同,所以能够启动此装置的概率为 $\dfrac{3}{C_{10}^3 \cdot 3!} = \dfrac{1}{240}$.

故选 C.

> **超言超语**
>
> 在试密码问题中,由于是无放回取样,因此每次试开的概率均相同.

例 14　甲从 $1,2,3$ 中取一数,记为 a;乙从 $1,2,3,4$ 中抽取一数记为 b.规定当 $a>b$ 或 $a+1<b$ 时甲获胜,则甲获胜的概率为(　　).

A. $\dfrac{1}{6}$　　　　B. $\dfrac{1}{4}$　　　　C. $\dfrac{1}{3}$　　　　D. $\dfrac{5}{12}$　　　　E. $\dfrac{1}{2}$

【解析】 此题用穷举法列举即可:满足 $a>b$ 的有 $(2,1),(3,1),(3,2)$,满足 $a+1<b$ 的有 $(1,3)$,$(1,4),(2,4)$,所以总共有 6 个,则 $p=\dfrac{6}{C_3^1\cdot C_4^1}=\dfrac{1}{2}$.故选 E.

例 15　从标号为 1 到 10 的 10 张卡片中随机抽取 2 张,它们的标号之和能被 5 整除的概率为(　　).

A. $\dfrac{1}{5}$　　　　B. $\dfrac{1}{9}$　　　　C. $\dfrac{2}{9}$　　　　D. $\dfrac{2}{15}$　　　　E. $\dfrac{7}{45}$

【解析】 从 10 张卡片随机抽取 2 张有 $C_{10}^2=45$(种)方式,分子的情况通过穷举法进行计算:有 $(1,4),(2,3),(1,9),(2,8),(3,7),(4,6),(5,10),(6,9),(7,8)$ 共 9 种方式,所以概率为 $\dfrac{9}{45}=\dfrac{1}{5}$.故选 A.

例 16　从 $1,2,3,4,5,6,7,8,9$ 中随机选择两个数,则它们的和为质数的概率为(　　).

A. $\dfrac{1}{5}$　　　　B. $\dfrac{1}{9}$　　　　C. $\dfrac{2}{9}$　　　　D. $\dfrac{7}{18}$　　　　E. $\dfrac{13}{18}$

【解析】 从 $1,2,3,4,5,6,7,8,9$ 中随机选择两个数,总情况数为 $C_9^2=36$,分子的情况通过穷举法列举:和为质数 3:$(1+2)$;和为质数 5:$(1+4),(2+3)$;和为质数 7:$(1+6),(2+5),(3+4)$;和为质数 11:$(2+9),(3+8),(4+7),(5+6)$;和为质数 13:$(4+9),(5+8),(6+7)$;和为质数 17:$(8+9)$;共 14 种,所以概率为 $\dfrac{14}{36}=\dfrac{7}{18}$.故选 D.

第二节   独立事件

> **本节说明** 独立事件的难度远低于古典概型，在学习本部分时关键在于捋清事件发生的情况，再套用公式即可. 古典概型和独立事件最大的区别在于古典概型是已知元素的数量求概率，而独立事件是已知事件的概率求概率.

一、考点精析 ✍

1. 定义

事件 A 是否发生与事件 B 是否发生互不影响，互不干扰，则称两事件相互独立.

2. 计算公式

① 若事件 A 与事件 B 相互独立，则两事件同时发生的概率等于分别发生的概率相乘，即 $P(AB) = P(A) \cdot P(B)$；

② 独立事件也可以扩展到 n 个事件，若这 n 个事件相互独立，则这 n 个事件同时发生的概率等于分别发生的概率相乘，即 $P(A_1 A_2 \cdots A_n) = P(A_1) \cdot P(A_2) \cdots \cdot P(A_n)$.

3. 考试清单

① 都发生；

② 都不发生；

③ 恰有 1 个发生；

④ 至少（多）有 1 个发生.

二、经典例题 ✍

例 17 甲、乙两人参加考试，已知甲通过的概率为 0.8，乙通过的概率为 0.5，两人通过与否相互独立，则

（1）两人都通过的概率为（   ）.

A. 0.1   B. 0.4   C. 0.5   D. 0.7   E. 0.9

（2）两人都没有通过的概率为（   ）.

A. 0.1   B. 0.4   C. 0.5   D. 0.7   E. 0.9

（3）两人恰有 1 人通过的概率为（   ）.

A. 0.1   B. 0.4   C. 0.5   D. 0.7   E. 0.9

（4）两人至少有 1 人通过的概率为（   ）.

A. 0.1   B. 0.4   C. 0.5   D. 0.7   E. 0.9

【解析】(1) 两人都通过的概率为 $0.8 \times 0.5 = 0.4$. 故选 B.

(2) 两人都没有通过的概率为 $(1-0.8)(1-0.5) = 0.1$. 故选 A.

(3) 两人恰有 1 人通过的概率为 $0.8 \times (1-0.5) + (1-0.8) \times 0.5 = 0.5$. 故选 C.

(4) 两人至少有 1 人通过的概率为 $1 - (1-0.8)(1-0.5) = 0.9$. 故选 E.

例 18　某次网球比赛的四强对阵为甲对乙,丙对丁,两场比赛的胜者将争夺冠军,选手之间相互获胜的概率如下:

	甲	乙	丙	丁
甲获胜的概率		0.3	0.3	0.8
乙获胜的概率	0.7		0.6	0.3
丙获胜的概率	0.7	0.4		0.5
丁获胜的概率	0.2	0.7	0.5	

则甲获得冠军的概率为(　　).

A. 0.165　　　　B. 0.245　　　　C. 0.275　　　　D. 0.315　　　　E. 0.33

【解析】分成两类:(1) 甲赢乙,丙赢丁,甲赢丙,概率为 $0.3 \times 0.5 \times 0.3$;(2) 甲赢乙,丁赢丙,甲赢丁,概率为 $0.3 \times 0.5 \times 0.8$;因此甲获胜的概率为:$0.3 \times 0.5 \times 0.3 + 0.3 \times 0.5 \times 0.8 = 0.165$. 故选 A.

例 19　在一次竞猜活动中,设有 5 关,如果连续通过 2 关就算闯关成功,小王通过每关的概率都是 $\frac{1}{2}$,他闯关成功的概率为(　　).

A. $\frac{1}{8}$　　　　B. $\frac{1}{4}$　　　　C. $\frac{3}{8}$　　　　D. $\frac{4}{8}$　　　　E. $\frac{19}{32}$

【解析】闯关成功的情况一共有以下四类,如下表:

✓ ✓	$\frac{1}{4}$
✗ ✓ ✓	$\frac{1}{8}$
✗ ✗ ✓ ✓ ✓ ✗ ✓ ✓	$\frac{1}{16} \times 2$
✗ ✗ ✗ ✓ ✓ ✓ ✗ ✗ ✓ ✓ ✗ ✓ ✗ ✓ ✓	$\frac{1}{32} \times 3$

4 项相加,概率为 $\frac{1}{4}+\frac{1}{8}+\frac{1}{16}\times 2+\frac{1}{32}\times 3=\frac{19}{32}$. 故选 E.

例20 甲、乙两人进行围棋比赛,约定先胜 2 盘者赢得比赛,已知每盘棋甲获胜的概率是 0.6,乙获胜的概率是 0.4,则甲赢得比赛的概率为(　　).

A. 0.144　　　　B. 0.288　　　　C. 0.36　　　　D. 0.4　　　　E. 0.648

【解析】 甲赢得比赛的情形可分以下三类:

第一类甲第一盘胜、第二盘胜,概率为 $0.6\times 0.6=0.36$;

第二类甲第一盘胜、第二盘输、第三盘胜,概率为 $0.6\times 0.4\times 0.6=0.144$;

第三类甲第一盘输、第二盘胜、第三盘胜,概率为 $0.4\times 0.6\times 0.6=0.144$;

所以甲赢得比赛的概率为 $0.36+0.144+0.144=0.648$. 故选 E.

例21 某产品由两道独立工序加工完成,两道工序全部合格产品才合格.则该产品是合格品的概率大于 0.8.

(1) 每道工序的合格率为 0.81.

(2) 每道工序的合格率为 0.9.

【解析】 条件(1),$p=0.81\times 0.81=0.656\,1<0.8$,不充分;条件(2),$p=0.9\times 0.9=0.81>0.8$,充分. 故选 B.

例22 档案馆在一个库房安装了 n 个烟火反应报警器,每个报警器遇到烟火成功报警的概率为 p,该库房遇烟火发出报警的概率达到 0.999.

(1)$n=3,p=0.9$.

(2)$n=2,p=0.97$.

【解析】 本类问题暗含至少有 1 个发生即发生,所以从反面做.

条件(1),$p=1-C_3^3\times(1-0.9)^3=0.999$,充分;

条件(2),$p=1-C_2^2\times(1-0.97)^2=0.999\,1>0.999$,也充分. 故选 D.

第三节　伯努利概型

本节说明 伯努利概型属于特殊的独立事件,主要研究在 n 次独立重复试验中恰好发生 k 次的概率,本部分考查频率较低,考生只需清楚伯努利公式及其应用即可.

一、考点精析

1. 伯努利试验

在概率论中,把在同样条件下重复进行试验的数学模型称为独立试验序列概型.进行 n 次试验,若任何一次试验中各结果发生的可能性都不受其他次试验结果发生情况的影响,则称这 n 次试验是相互独立的.特别地,当每次试验只有两个可能结果时,称为 n 重伯努利试验.

2. 计算公式

n 次独立重复试验恰好发生 k 次的概率 $P(A) = C_n^k p^k (1-p)^{n-k}$.其中 n 代表试验总次数,k 代表成功的次数,p 代表每次试验成功的概率,$1-p$ 代表每次试验失败的概率,$n-k$ 代表失败的次数.

二、经典例题

例 23 掷一枚不均匀的硬币,正面朝上的概率为 $\dfrac{2}{3}$,若将此硬币掷 4 次,则正面朝上 3 次的概率是(　　).

A. $\dfrac{8}{81}$　　　　B. $\dfrac{8}{27}$　　　　C. $\dfrac{32}{81}$　　　　D. $\dfrac{1}{2}$　　　　E. $\dfrac{26}{27}$

【解析】正面朝上的概率为 $\dfrac{2}{3}$,则反面朝上的概率为 $\dfrac{1}{3}$,掷 4 次,其中有三次正面朝上,所以 $p = C_4^3 \cdot \left(\dfrac{2}{3}\right)^3 \cdot \left(\dfrac{1}{3}\right)^1 = \dfrac{32}{81}$.故选 C.

例 24 某次乒乓球比赛的决赛在甲、乙两名选手之间进行,比赛采用五局三胜制,按以往比赛经验,每局甲胜乙的概率为 $\dfrac{2}{3}$,则比赛四局甲获胜的概率是(　　).

A. $\dfrac{1}{9}$　　　　B. $\dfrac{2}{9}$　　　　C. $\dfrac{1}{18}$　　　　D. $\dfrac{5}{18}$　　　　E. $\dfrac{8}{27}$

【解析】每局甲胜乙的概率为 $\dfrac{2}{3}$,比赛四局甲获胜,说明第四局一定是甲胜,且前三局甲需要胜两局,所以概率为 $C_3^2 \cdot \left(\dfrac{2}{3}\right)^2 \cdot \dfrac{1}{3} \cdot \dfrac{2}{3} = \dfrac{8}{27}$.故选 E.

例 25 在某次考试中,3 道题答对 2 道即为及格,假设某人答对各题的概率相同,则此人及格的概率是 $\dfrac{20}{27}$.

(1)答对各题的概率为 $\dfrac{2}{3}$.

(2)3 道题全部答错的概率为 $\dfrac{1}{27}$.

【解析】条件(1)，$P\{$及格$\} = C_3^2 \times \left(\dfrac{2}{3}\right)^2 \times \dfrac{1}{3} + C_3^3 \times \left(\dfrac{2}{3}\right)^3 = \dfrac{20}{27}$，充分；条件(2)，假设答对各题的概率为 p，$(1-p)^3 = \dfrac{1}{27} \Rightarrow p = \dfrac{2}{3}$，与条件(1)等价，也充分. 故选 D.

第四节　几何概型

> **本节说明**　几何概型和古典概型最大的区别在于几何概型无法算出分子分母的具体情况数，而古典概型可以计算出分子分母的具体情况数，几何概型在考试中考查频率较低，计算概率时往往依托长度、面积或体积进行求解.

一、考点精析

计算公式

$$P(A) = \dfrac{\text{事件} A \text{的区域长度(面积或体积)}}{\text{总长度(总面积或总体积)}}.$$

二、经典例题

例 26　在数轴上，设点 x 在 $[-3,3]$ 上按均匀分布出现，记点 $a \in (-1,2]$ 为事件 A，则 $P(A)$ 的值为（　　）.

A. 0　　　　　B. $\dfrac{1}{2}$　　　　　C. $\dfrac{1}{3}$　　　　　D. $\dfrac{1}{4}$　　　　　E. 1

【解析】$x \in [-3,3]$，所以总长度为 6，事件 A 的长度为 3，故 $P(A) = \dfrac{3}{6} = \dfrac{1}{2}$. 故选 B.

例 27　在 10 000 km² 的海域中有 40 km² 的大陆架贮藏着石油，假设在海域中任意一点钻探，则能钻探到油层面的概率为（　　）.

A. 0　　　　　B. $\dfrac{1}{1\,000}$　　　　　C. $\dfrac{1}{500}$　　　　　D. $\dfrac{1}{250}$　　　　　E. 1

【解析】总面积 10 000 km²，事件 A 的面积为 40 km²，所以能钻探到油层面的概率为 $\dfrac{40}{10\,000} = \dfrac{1}{250}$. 故选 D.

第五节　　平均值、极差和方差

本节说明　本节内容考生需明确平均值的种类、定义及大小关系，极差、方差的本质及运算. 考试题目大多以算术平均值的简单应用、极差和方差的运算及实际意义为主.

一、考点精析

1. 平均值

算术平均值：设 n 个实数为 $x_1, x_2, \cdots, x_n$，则这 n 个数的算术平均值 $= \dfrac{x_1 + x_2 + \cdots + x_n}{n}$.

几何平均值：设 n 个正数为 $x_1, x_2, \cdots, x_n$，则这 n 个数的几何平均值 $= \sqrt[n]{x_1 \cdot x_2 \cdot \cdots \cdot x_n}$.

调和平均值：设 n 个非零实数为 $x_1, x_2, \cdots, x_n$，则这 n 个数的调和平均值 $= \dfrac{n}{\dfrac{1}{x_1} + \dfrac{1}{x_2} + \cdots + \dfrac{1}{x_n}}$.

平方平均值：设 n 个实数为 $x_1, x_2, \cdots, x_n$，则这 n 个数的平方平均值 $= \sqrt{\dfrac{x_1^2 + x_2^2 + \cdots + x_n^2}{n}}$.

> **超言超语**
>
> 　　四大平均值中，算术平均值在实际应用中使用较多，其他平均值简单了解即可，另外四大平均值的大小关系是平方平均值 $\geqslant$ 算术平均值 $\geqslant$ 几何平均值 $\geqslant$ 调和平均值.

2. 极差

2.1　定义

极差为一组数据最大值与最小值的差值.

2.2　本质

反应分歧度大小，极差与分歧度成正比.

3. 方差与标准差

3.1　定义

设一组样本数据 $x_1, x_2, \cdots, x_n$，其平均数为 $\bar{x}$，方差为 s^2.

公式：$s^2 = \dfrac{1}{n}\left[(x_1 - \bar{x})^2 + (x_2 - \bar{x})^2 + \cdots + (x_n - \bar{x})^2\right] = \dfrac{1}{n}\sum_{i=1}^{n}(x_i - \bar{x})^2$.

3.2　本质

反应数据的离散程度，方差越小，数据波动越小，越稳定.

3.3　标准差

将方差的算术平方根称为这组数据的标准差,即 $s = \sqrt{\dfrac{1}{n}\sum_{i=1}^{n}(x_i - \overline{x})^2}$.

3.4　性质

若数据 $x_1, x_2, \cdots, x_n$ 的平均数为 a,方差为 b,则

数据 $x_1 \pm k, x_2 \pm k, \cdots, x_n \pm k$ 的平均数为 $a \pm k$,方差为 b;

数据 $kx_1, kx_2, \cdots, kx_n$ 的平均数为 ka,方差为 $k^2 b$;

数据 $kx_1 + m, kx_2 + m, \cdots, kx_n + m$ 的平均数为 $ka + m$,方差为 $k^2 b$.

二、经典例题

例 28　在某次数学考试中,一组学生的最高分为 99 分,最低分为 87 分,其余四名学生的平均分为 90 分,则该组学生的平均分为(　　).

A. 89　　　　　B. 90　　　　　C. 91　　　　　D. 92　　　　　E. 93

【解析】平均分 $= \dfrac{总分数}{人数} = \dfrac{99 + 87 + 90 \times 4}{1 + 1 + 4} = 91$. 故选 C.

例 29　一组数据 $5, 2, x, 6, 4$ 的平均数是 4,则这组数据的方差是(　　).

A. 2　　　　　B. $\sqrt{2}$　　　　　C. 3　　　　　D. 10　　　　　E. $\sqrt{10}$

【解析】由题可得,$5, 2, x, 6, 4$ 的平均数是 4,则 $x = 3$,再由方差公式得

$$s^2 = \frac{1}{5}\left[(5-4)^2 + (2-4)^2 + (3-4)^2 + (6-4)^2 + (4-4)^2\right] = 2.$$

故选 A.

例 30　某人 5 次上班途中所花的时间(单位:min)分别为:$x, y, 10, 11, 9$,已知这组数据的平均值为 m,方差为 n,则能确定 $|x - y|$ 的值.

(1)$m = 10$.

(2)$n = 2$.

【解析】依题意,两条件明显单独均不充分,联合可得 $\begin{cases} \dfrac{1}{5}(x + y + 30) = 10, \\ \dfrac{1}{5}\left[(x-10)^2 + (y-10)^2 + 0 + 1 + 1\right] = 2, \end{cases}$

解得 $|x - y| = 4$. 故选 C.

例 31　设有两组数据 $S_1: 3, 4, 5, 6, 7$ 和 $S_2: 4, 5, 6, 7, n$,则能确定 n 的值.

(1)S_1 和 S_2 的平均值相等.

(2)S_1 和 S_2 的方差相等.

【解析】条件(1),平均值相等,可列等式 $\dfrac{4+5+6+7+n}{5}=\dfrac{3+4+5+6+7}{5}$,这是一元一次方程,则可以解出 n 的唯一值3,充分;

条件(2),第一组数据的方差为

$$\dfrac{(3-5)^2+(4-5)^2+(5-5)^2+(6-5)^2+(7-5)^2}{5}=2,$$

第二组数据的方差为

$$\dfrac{4^2+5^2+6^2+7^2+n^2}{5}-\left(\dfrac{4+5+6+7+n}{5}\right)^2=2,$$

则解得 $n=3$ 或 8,不充分. 故选 A.

例 32　已知 $M=\{a,b,c,d,e\}$ 是一个整数集合,则能确定集合 M.

(1)a,b,c,d,e 的平均值为 10.

(2)a,b,c,d,e 的方差为 2.

【解析】两条件明显单独均不充分,故联合分析,依题意得:

$$\begin{cases} a+b+c+d+e=50, \\ (a-10)^2+(b-10)^2+(c-10)^2+(d-10)^2+(e-10)^2=10. \end{cases}$$

若5个不相同的整数的平方和为 10,根据不定方程讨论得到只有 $(-2)^2+(-1)^2+0^2+1^2+2^2=10$,从而 a,b,c,d,e 分别取值 $8,9,10,11,12$. 故选 C.

第六节　技巧篇（69 技—72 技）

69 技　中奖模型

适用题型	信封中有 n 张奖券,其中只有 m 张有奖,按不同取样方式求中奖的概率
技巧说明	中奖本质:至少有1张(次)中奖即为中奖,所以本类题目可以从反面做,用1减去都不中的概率即可
代表例题	例 33

例 33　信封中有 10 张奖券,只有 1 张有奖:

(1) 从中一次取 2 张,则中奖的概率是多少;

(2) 从中不放回地取 2 次,每次取 1 张,则中奖的概率是多少;

（3）从中有放回地取 2 次，每次取 1 张，则中奖的概率是多少？

【解析】（1）正面：$\dfrac{C_1^1 \cdot C_9^1}{C_{10}^2} = \dfrac{1}{5}$；反面：$1 - \dfrac{C_9^2}{C_{10}^2} = \dfrac{1}{5}$.

（2）正面：$\dfrac{C_1^1 \cdot C_9^1}{C_{10}^1 \cdot C_9^1} + \dfrac{C_9^1 \cdot C_1^1}{C_{10}^1 \cdot C_9^1} = \dfrac{1}{5}$，反面：$1 - \dfrac{C_9^1 \cdot C_8^1}{C_{10}^1 \cdot C_9^1} = \dfrac{1}{5}$.

（3）正面：$\dfrac{C_1^1 \cdot C_9^1}{C_{10}^1 \cdot C_{10}^1} + \dfrac{C_9^1 \cdot C_1^1}{C_{10}^1 \cdot C_{10}^1} + \dfrac{C_1^1 \cdot C_1^1}{C_{10}^1 \cdot C_{10}^1} = \dfrac{19}{100}$；反面：$1 - \dfrac{C_9^1 \cdot C_9^1}{C_{10}^1 \cdot C_{10}^1} = \dfrac{19}{100}$.

70技 　有终止条件的取样模型

适用题型	有终止条件的取样问题
技巧说明	只需考虑和终止条件相关的元素即可
代表例题	例 34，例 35

例 34　一个盒子中有大小相同的 4 个红球和 2 个白球，现从中不放回地先后摸球，直到 2 个白球都摸出为止，则摸球 4 次就完成的概率为（　　）.

A. $\dfrac{1}{5}$　　　　　　　　B. $\dfrac{1}{12}$　　　　　　　　C. $\dfrac{1}{15}$

D. $\dfrac{2}{15}$　　　　　　　　E. $\dfrac{4}{15}$

【解析】终止条件只和白球有关，故只考虑白球的位置即可，摸球 4 次就完成，说明第 4 次摸到的一定是白球，前 3 次有 1 次摸出白球，所以摸球 4 次就完成的概率为 $\dfrac{C_3^1}{C_6^2} = \dfrac{1}{5}$，其中 C_6^2 表示总共 6 次摸 2 次白球，C_3^1 表示前 3 次有 1 次摸出白球. 故选 A.

例 35　工商局检验一批产品，共有 10 件，其中 7 件正品，3 件次品，现逐一无放回地每次取一个产品检验，直到所有次品都检验出为止，则恰好第 5 次就完成的概率为（　　）.

A. $\dfrac{1}{5}$　　　　　　　　B. $\dfrac{1}{12}$　　　　　　　　C. $\dfrac{1}{15}$

D. $\dfrac{1}{20}$　　　　　　　　E. $\dfrac{4}{25}$

【解析】终止条件只和次品有关，故只考虑次品的位置即可，恰好第 5 次完成，说明第 5 次摸到的一定是次品，前 4 次有 2 次摸出次品，所以恰好第 5 次就完成的概率为 $\dfrac{C_4^2}{C_{10}^3} = \dfrac{1}{20}$. 故选 D.

71 技 平均值三大技巧求解方法

适用题型	求平均值问题
技巧说明	(1) 平移法:将一组数据都减去同一个数,再计算剩余部分的平均值,最后再把减去的这个数加回来即可. (2) 等差数列法:若数据按照一定顺序排列正好成等差数列,则平均值即为(首项+末项)÷2. (3) 权重法:若已知每部分的平均值及数量之比可用权重法计算
代表例题	例 36 至例 38

例 36 公司对某部门 7 个人进行身高统计(单位:厘米),这 7 个人的身高分别为 171,165,173, 170,181,167,156,则这 7 个人的平均身高为(　　).

A. 166　　　　　B. 168　　　　　C. 169　　　　　D. 170　　　　　E. 171

【解析】此题可用平移法分析:将这 7 个数据都平移 170,其平均值为

$$170 + \frac{1-5+3+0+11-3-14}{7} = 169.$$

故选 C.

例 37 公司对某部门 7 个人进行身高统计(单位:厘米),这 7 个人的身高分别为 171,169,173, 175,177,179,167,则这 7 个人的平均身高为(　　).

A. 166　　　　　B. 168　　　　　C. 169　　　　　D. 171　　　　　E. 173

【解析】171,169,173,175,177,179,167 从小到大排序为 167,169,171,173,175,177,179,正好为公差为 2 的等差数列,所以套等差数列公式,平均值为 $\frac{167+179}{2} = 173$. 故选 E.

例 38 某大学随机调查了 50 名财务管理专业的学生,了解了他们一周内在校体育锻炼的时间,具体情况如表所示:

时间(小时)	5	6	7	8
人数	20	10	15	5

则这 50 名学生的平均体育锻炼时间为(　　)小时.

A. 6.1　　　　　B. 6.3　　　　　C. 6.5　　　　　D. 6.6　　　　　E. 6.9

【解析】利用加权平均法可知,其平均值为:$5 \times \frac{2}{5} + 6 \times \frac{1}{5} + 7 \times \frac{3}{10} + 8 \times \frac{1}{10} = 6.1$. 故选 A.

72技　**方差三大技巧求解方法**

适用题型	求方差问题
技巧说明	(1) 极差可以大致反映方差. (2) $s^2 = \dfrac{x_1^2 + x_2^2 + \cdots + x_n^2}{n} - (\bar{x})^2$. (3) 平移法:给一组数据加减同一个数其方差不变
代表例题	例 39 至例 41

例39　甲、乙、丙三人每轮各投篮 10 次,投了 3 轮,投中数如下表:

	第一轮	第二轮	第三轮
甲	2	5	8
乙	5	2	5
丙	8	4	9

记 $\sigma_1, \sigma_2, \sigma_3$ 分别为甲、乙、丙投中数的方差,则(　　　).

A. $\sigma_1 > \sigma_2 > \sigma_3$　　　　　　B. $\sigma_1 > \sigma_3 > \sigma_2$　　　　　　C. $\sigma_2 > \sigma_1 > \sigma_3$

D. $\sigma_2 > \sigma_3 > \sigma_1$　　　　　　E. $\sigma_3 > \sigma_2 > \sigma_1$

【解析】极差可以大致反映方差,依表可得:甲、乙、丙的极差分别为 6,3,5,故 $\sigma_1 > \sigma_3 > \sigma_2$.故选 B.

例40　某校甲、乙两个班级各有 5 名编号为 1,2,3,4,5 的学生进行投篮练习,每人投 10 次,投中的次数如下表:

学生	1 号	2 号	3 号	4 号	5 号
甲班	6	7	7	8	7
乙班	6	7	6	7	9

则以上两组数据的方差中,方差的最小值为 $s^2 = ($　　　$)$.

A. $\dfrac{1}{2}$　　　　B. $\dfrac{7}{16}$　　　　C. $\dfrac{2}{3}$　　　　D. $\dfrac{4}{5}$　　　　E. $\dfrac{2}{5}$

【解析】极差可以大致反映方差,甲班极差为 2,乙班极差为 3,故甲班方差小,由方差性质可得,给一组数据同时加减同一个数方差不变,所以给甲班数据都减 7 得:$-1,0,0,1,0$,此时这组数据的平均值为 0,所以方差 $s^2 = \dfrac{(-1)^2 + 1^2}{5} = \dfrac{2}{5}$.故选 E.

例 41 可以确定一组数 $x_1,x_2,\cdots,x_{10}$ 的方差.

(1) 已知 $x_1,x_2,\cdots,x_{10}$ 的平均数.

(2) 已知 $x_1^2,x_2^2,\cdots,x_{10}^2$ 的平均数.

【解析】$s^2=\dfrac{x_1^2+x_2^2+\cdots+x_n^2}{n}-(\bar{x})^2$，所以单独均不充分，联合充分. 故选 C.

第七节　专题测评

一、问题求解

1. 甲、乙分别从正方形四个顶点中任意选择两个顶点连成直线，则所得的两条直线相互垂直的概率是（　　）.

　A. $\dfrac{1}{6}$　　　　B. $\dfrac{2}{9}$　　　　C. $\dfrac{5}{18}$　　　　D. $\dfrac{5}{36}$　　　　E. $\dfrac{1}{9}$

2. 某机器生产正品的概率为 0.8，生产中，若发现第一个次品，则继续生产，若发现第二个次品，则需停机检修，那么生产了 6 个产品就需停机的概率是（　　）.

　A. 0.2×0.8^4　　B. 0.4×0.8^4　　C. 0.1×0.8^4　　D. 2×0.8^4　　E. 0.8^4

3. 将编号为 1,2,3,4,5,6 的 6 个小球放入 3 个不同的盒子内，每个盒子放 2 个球. 则编号为 1,2 的小球放入同一个盒子内的概率为（　　）.

　A. $\dfrac{2}{15}$　　　B. $\dfrac{1}{5}$　　　C. $\dfrac{2}{5}$　　　D. $\dfrac{1}{3}$　　　E. $\dfrac{1}{4}$

4. 将号码分别为 1,2,3,4,5,6 的 6 个小球放入同一个袋子中，甲从袋中摸一个球，号码记为 a，放回后，乙再从袋中摸一个球，号码记为 b，则使不等式 $a-2b+2>0$ 成立的事件发生的概率为（　　）.

　A. $\dfrac{1}{6}$　　　B. $\dfrac{1}{5}$　　　C. $\dfrac{1}{4}$　　　D. $\dfrac{1}{3}$　　　E. $\dfrac{1}{2}$

5. 某单位工会组织桥牌比赛，共有 8 人报名，随机分成 4 队，每队 2 人. 那么小王和小李恰好被分在同一队的概率为（　　）.

　A. $\dfrac{1}{7}$　　　B. $\dfrac{1}{14}$　　　C. $\dfrac{1}{21}$　　　D. $\dfrac{1}{28}$　　　E. $\dfrac{1}{35}$

6. 我国某军区一个 10 人小分队里有 6 人是特种兵，某次突击任务需要派出 5 人参战，若抽到 3 名及以上特种兵可成功完成突击任务，则成功完成突击任务的概率为（　　）.

　A. $\dfrac{3}{5}$　　　B. $\dfrac{2}{3}$　　　C. $\dfrac{29}{42}$　　　D. $\dfrac{31}{42}$　　　E. $\dfrac{37}{51}$

7.从 4 名男生、2 名女生中选派 3 人参加社区服务.则选派方案中恰有 1 名女生的概率为(　　　).

　　A. $\dfrac{3}{5}$　　　　　B. $\dfrac{1}{2}$　　　　　C. $\dfrac{1}{3}$　　　　　D. $\dfrac{1}{4}$　　　　　E. $\dfrac{2}{3}$

8.从正方体的 8 个顶点中随机选择 4 个顶点,则以它们作为顶点的四边形是矩形的概率等于(　　　).

　　A. $\dfrac{1}{3}$　　　　　B. $\dfrac{1}{9}$　　　　　C. $\dfrac{1}{6}$　　　　　D. $\dfrac{1}{7}$　　　　　E. $\dfrac{6}{35}$

9.甲、乙两队进行篮球决赛,比赛采取七场四胜制,根据前期比赛成绩,甲队的主客场安排依次为"主主客客主客主". 设甲队主场取胜的概率为 0.6,客场取胜的概率为 0.5,且各场比赛结果相互独立,则甲队以 4 : 1 获胜的概率是(　　　).

　　A. 0. 12　　　　　B. 0. 18　　　　　C. 0. 2　　　　　D. 0. 36　　　　　E. 0. 5

10.将三粒均匀的分别标有 1,2,3,4,5,6 的正六面体骰子同时掷出,出现的数字分别为 a,b,c,则 a,b,c 正好是直角三角形三边长的概率是(　　　).

　　A. $\dfrac{1}{6}$　　　　　B. $\dfrac{5}{12}$　　　　　C. $\dfrac{7}{12}$　　　　　D. $\dfrac{1}{36}$　　　　　E. $\dfrac{13}{36}$

11.甲、乙两队进行排球决赛,现在的情况是甲队只要再赢一局就获冠军,乙队需要再赢两局才能得冠军,若两队每局胜负概率相同,则甲队获得冠军的概率为(　　　).

　　A. $\dfrac{1}{2}$　　　　　B. $\dfrac{3}{5}$　　　　　C. $\dfrac{2}{3}$　　　　　D. $\dfrac{3}{4}$　　　　　E. $\dfrac{5}{6}$

12.有一道竞赛题,甲解出它的概率为 $\dfrac{1}{2}$,乙解出它的概率为 $\dfrac{1}{3}$,丙解出它的概率为 $\dfrac{1}{4}$,则甲、乙、丙三人独立解答此题,只有 1 人解出此题的概率是(　　　).

　　A. $\dfrac{1}{24}$　　　　　B. $\dfrac{7}{24}$　　　　　C. $\dfrac{11}{24}$　　　　　D. $\dfrac{17}{24}$　　　　　E. $\dfrac{19}{24}$

13.现有 A,B 两枚均匀的小立方体(立方体的每个面上分别标有数字 1,2,3,4,5,6). 甲掷 A 立方体朝上的数字为 x,乙掷 B 立方体朝上的数字为 y,那么他们各掷一次所确定的点 $p(x,y)$ 落在抛物线 $y = -x^2 + 4x$ 上的概率为(　　　).

　　A. $\dfrac{1}{18}$　　　　　B. $\dfrac{1}{12}$　　　　　C. $\dfrac{1}{9}$　　　　　D. $\dfrac{1}{6}$　　　　　E. $\dfrac{1}{5}$

14.从标号为 1 ~ 100 的卡片中随机抽取 2 张,它们的标号之和是 3 的倍数的概率为(　　　).

　　A. $\dfrac{1}{5}$　　　　　B. $\dfrac{1}{4}$　　　　　C. $\dfrac{1}{3}$　　　　　D. $\dfrac{1}{2}$　　　　　E. $\dfrac{2}{3}$

15. 有编号为 1,2,3 的三个小球和编号为 1,2,3,4 的四个盒子,将三个小球逐个随机地放入四个盒子中,每个小球的放置相互独立.则三个小球在三个不同盒子,且小球编号与所在盒子编号不同的概率为(　　).

A. $\dfrac{1}{8}$　　　　　B. $\dfrac{1}{6}$　　　　　C. $\dfrac{5}{24}$　　　　　D. $\dfrac{1}{2}$　　　　　E. $\dfrac{11}{64}$

二、条件充分性判断

16. 将标号为 1,2,3,4,5,6 的 6 张卡片平均放入 3 个不同信封中,则 p 为 0.8.
    (1) 标号为 1,2 的卡片放入不同信封的概率为 p.
    (2) 标号为 1,2 的卡片放在同一信封的概率为 p.

17. 甲、乙两个数的平均数是 34,则可以确定甲、乙、丙三个数的数值.
    (1) 乙、丙两个数的平均数是 31.
    (2) 甲、丙两个数的平均数是 32.

18. 将甲、乙、丙、丁四名学生分到 3 个不同的班级,则甲、乙不在一个班的概率为 $\dfrac{5}{6}$.
    (1) 每个班级至少分得一名同学.
    (2) 允许有班级没有分到学生.

19. 甲、乙两人进行 3 次射击,则甲恰好比乙多击中两次的概率为 $\dfrac{1}{24}$.
    (1) 甲击中目标的概率为 $\dfrac{1}{2}$.
    (2) 乙击中目标的概率为 $\dfrac{2}{3}$.

20. 甲在同一位置投球,每次投球相互独立.若甲的命中率为 0.6,则至少命中一次的概率大于 0.9.
    (1) 甲投球 2 次.
    (2) 甲投球 4 次.

21. 甲、乙、丙三人为探案高手,现在三人独立地去侦破一件案件,则他们能破案的概率为 $\dfrac{2}{3}$.
    (1) 甲、乙、丙三人能破案的概率分别为 $\dfrac{1}{2}$,$\dfrac{1}{5}$,$\dfrac{1}{6}$.
    (2) 甲、乙、丙三人能破案的概率分别为 $\dfrac{1}{12}$,$\dfrac{2}{11}$,$\dfrac{1}{9}$.

22. 从 7 名学生中选 2 名,则恰有 1 名女生的概率 $p < \dfrac{1}{2}$.

　　(1) 其中女生的人数不多于 2 名.

　　(2) 其中男生的人数不少于女生人数.

23. 甲、乙、丙三人参加公司的招聘,面试合格即可签约.假设面试是否合格互不影响,且每人合格的概率都是 $\dfrac{1}{3}$,则三人中恰有 1 人签约的概率是 $\dfrac{4}{9}$.

　　(1) 甲表示只要面试合格就签约,乙、丙则约定:两人面试均合格就一同签约,否则两人都不签约.

　　(2) 甲、乙、丙均表示只要面试合格就签约.

24. 事件 A 在一次试验中发生的概率 p 的取值范围是 $\left[\dfrac{2}{5}, 1\right]$.

　　(1) 在 4 次独立重复试验中,随机事件 A 恰好发生一次的概率不大于其恰好发生两次的概率.

　　(2) 在 4 次独立重复试验中,随机事件 A 恰好发生一次的概率不小于其恰好发生两次的概率.

25. 甲、乙两人进行围棋比赛,每局比赛结果相互独立,每局甲胜的概率为 0.6(没有平局),则甲在第三局获胜结束比赛的概率大于 0.2.

　　(1) 其中一人赢两局则比赛结束.

　　(2) 其中一人连赢两局则比赛结束.

测评解析

1.【答案】C

　　【解析】依题可得,所得的两条直线相互垂直的概率是 $\dfrac{C_3^1 \cdot 2!}{C_4^2 \cdot C_4^2} = \dfrac{5}{18}$.故选 C.

2.【答案】A

　　【解析】由题意,即前 5 次生产中必须有 1 个次品和 4 个成品,而第 6 次是次品,就会停机,所以:$(C_5^1 \times 0.8^4 \times 0.2) \times 0.2 = 0.2 \times 0.8^4$.故选 A.

3.【答案】B

　　【解析】将 6 个球放入 3 个盒子中,每个盒子放 2 个球的情况有 $C_6^2 C_4^2 = 90$(种).编号为 1,2 的小球在一个盒子的情况数为 $C_3^1 C_4^2 = 18$(种),$p = \dfrac{1}{5}$.故选 B.

4.【答案】D

　　【解析】穷举法可得,满足 $a - 2b + 2 > 0$ 的情况数共有 12 种,故概率为 $\dfrac{1}{3}$.故选 D.

5.【答案】A

【解析】将 8 人平均分成 4 队,共有 $\dfrac{C_8^2 C_6^2 C_4^2}{4!} = 105$(种) 不同的分配方法,其中,小王和小李分在同一队的情况共有 $\dfrac{C_6^2 C_4^2}{3!} = 15$(种),因此所求概率为 $p = \dfrac{15}{105} = \dfrac{1}{7}$. 故选 A.

6.【答案】D

【解析】正面求解得 $\dfrac{C_6^3 \cdot C_4^2 + C_6^4 \cdot C_4^1 + C_6^5}{C_{10}^5} = \dfrac{31}{42}$. 故选 D.

7.【答案】A

【解析】依题可得,选派方案中恰有 1 名女生的概率为 $\dfrac{C_2^1 C_4^2}{C_6^3} = \dfrac{3}{5}$. 故选 A.

8.【答案】E

【解析】从正方体的 8 个顶点选出 4 个有 $C_8^4 = 70$(种) 取法,选取正方体 4 个顶点能够构成的矩形共 12 个,则概率 $p = \dfrac{12}{70} = \dfrac{6}{35}$. 故选 E.

9.【答案】B

【解析】不同的获胜情况如下表:

第一局	第二局	第三局	第四局	第五局	概率
甲	甲	甲	乙	甲	$0.6^3 \times 0.5^2 = 0.054$
甲	甲	乙	甲	甲	$0.6^3 \times 0.5^2 = 0.054$
甲	乙	甲	甲	甲	$0.6^2 \times 0.5^2 \times 0.4 = 0.036$
乙	甲	甲	甲	甲	$0.6^2 \times 0.5^2 \times 0.4 = 0.036$

则甲队以 4∶1 获胜的概率是 0.18. 故选 B.

10.【答案】D

【解析】出现数字 a, b, c 共有 $6 \times 6 \times 6$ 种结果,其中能构成直角三角形边长的只有 3,4,5,即共有 $3! = 6$(种),因此概率为 $\dfrac{6}{6 \times 6 \times 6} = \dfrac{1}{36}$. 故选 D.

11.【答案】D

【解析】完成此事可分为两类:第一类甲直接胜一局获得冠军,概率为 $\dfrac{1}{2}$;第二类:乙先胜一局,甲再胜一局,概率为 $\dfrac{1}{2} \times \dfrac{1}{2} = \dfrac{1}{4}$. 故甲获得冠军的概率是 $\dfrac{1}{2} + \dfrac{1}{4} = \dfrac{3}{4}$. 故选 D.

12.【答案】C

【解析】$p = \dfrac{1}{2} \times \dfrac{2}{3} \times \dfrac{3}{4} + \dfrac{1}{2} \times \dfrac{1}{3} \times \dfrac{3}{4} + \dfrac{1}{2} \times \dfrac{2}{3} \times \dfrac{1}{4} = \dfrac{11}{24}$. 故选 C.

13.【答案】B

【解析】点 p 的坐标共有 $6 \times 6 = 36$(种) 可能,其中落在抛物线 $y = -x^2 + 4x$ 上的共有(1,3),(2,

4),(3,3)3 种情况,其概率为 $\dfrac{3}{36}=\dfrac{1}{12}$.故选 B.

14.【答案】C

【解析】把这 100 张卡片按照被 3 除的余数进行分类,整除的共有 33 张,余数为 1 的有 34 张,余数为 2 的有 33 张.取 2 张之和是 3 的倍数的方法有两类:从整除的卡片当中取 2 张;从余数为 1 和余数为 2 的卡片中各取 1 张.所以满足条件的取法有: $C_{33}^2+34\times33=1\,650$(种),总共的取法有 $C_{100}^2=4\,950$(种),所以 $p=\dfrac{1}{3}$.故选 C.

15.【答案】E

【解析】分母: 4^3;分子分类:没选 4 号盒子,3 个不对号 2 种;选了 4 号盒子,列举有 $C_3^1\times3=9$(种);分子共有 11 种,故概率为 $\dfrac{11}{64}$.故选 E.

16.【答案】A

【解析】由条件(1)得标号为 1,2 的卡片放入不同信封的概率为 $\dfrac{C_4^1 C_3^1 3!}{C_6^2 C_4^2 C_2^2}=0.8$,充分;

由条件(2)得标号为 1,2 的卡片放入同一信封的概率为 $\dfrac{C_3^1 C_4^2 C_2^2}{C_6^2 C_4^2 C_2^2}=0.2$,不充分.故选 A.

17.【答案】C

【解析】条件(1)或条件(2)根据题干只能列出两个方程,此时有 3 个未知数,所以单独都无法推出题干,因此联合两条件,设甲、乙、丙分别为 x,y,z,则 $\begin{cases}x+y=34\times2=68,\\y+z=31\times2=62,\\x+z=32\times2=64\end{cases}\Rightarrow x+y+z=$

$97\Rightarrow\begin{cases}x=97-62=35,\\y=97-64=33,\\z=97-68=29.\end{cases}$故选 C.

18.【答案】A

【解析】反面求解,由条件(1), $p=1-\dfrac{C_3^1\times2!}{C_4^2\times3!}=\dfrac{5}{6}$;由条件(2), $p=1-\dfrac{C_3^1\times3^2}{3^4}=\dfrac{2}{3}$.故选 A.

19.【答案】C

【解析】两条件明显单独均不充分,联合可得甲恰好比乙多击中两次的概率为 $\dfrac{1}{72}+\dfrac{1}{36}=\dfrac{1}{24}$.故选 C.

20.【答案】B

【解析】设投球 n 次至少命中一次的概率大于 0.9,则 $1-(0.4)^n>0.9$,得 n 必须大于 2,故条件(1)不充分,条件(2)充分.故选 B.

21.【答案】A

【解析】由题意知,至少有一人能够破案即可,对于条件(1),至少有一人能够破案的概率为 $p=1-\dfrac{1}{2}\times\dfrac{4}{5}\times\dfrac{5}{6}=\dfrac{2}{3}$,因此充分;

对于条件(2),至少有一人能够破案的概率为 $p=1-\dfrac{11}{12}\times\dfrac{9}{11}\times\dfrac{8}{9}=\dfrac{1}{3}$,因此不充分. 故选 A.

22.【答案】A

【解析】(1) 若有 2 名女生, $p=\dfrac{C_2^1 C_5^1}{C_7^2}=\dfrac{10}{21}$;若有 0 名女生, $p=\dfrac{0}{C_7^2}=0$;若有 1 名女生, $p=\dfrac{C_6^1}{C_7^2}=$

$\dfrac{6}{21}$,均小于 $\dfrac{1}{2}$,条件(1) 充分;

(2) 设男生人数为 4,女生人数为 3,则 $p=\dfrac{C_4^1 C_3^1}{C_7^2}=\dfrac{12}{21}>\dfrac{1}{2}$,条件(2) 不充分. 故选 A.

23.【答案】B

【解析】条件(1), $p=\dfrac{1}{3}\times\left(1-\dfrac{1}{3}\times\dfrac{1}{3}\right)=\dfrac{8}{27}$,不充分;条件(2), $p=C_3^1\times\dfrac{1}{3}\times\left(\dfrac{2}{3}\right)^2=\dfrac{4}{9}$,充分. 故选 B.

24.【答案】A

【解析】由条件(1) 得 $C_4^1 p(1-p)^3 \leqslant C_4^2 p^2(1-p)^2$,即 $4(1-p)\leqslant 6p$,解得 $p\geqslant\dfrac{2}{5}$,又因为 $p\leqslant$

1,所以 $p\in\left[\dfrac{2}{5},1\right]$,故条件(1) 充分;同理,由条件(2) 得 $C_4^1 p(1-p)^3 \geqslant C_4^2 p^2(1-p)^2$,解得 $p\leqslant$

$\dfrac{2}{5}$,故条件(2) 不充分. 故选 A.

25.【答案】A

【解析】条件(1), $0.6\times C_2^1\times 0.6\times 0.4=0.288>0.2$,条件(1) 充分;条件(2), $0.4\times 0.6\times 0.6=$

$0.144<0.2$,条件(2) 不充分. 故选 A.

附录 101 条常见陷阱、公式、技巧、方法总结

1. $a^2 + b^2 + c^2 \geqslant ab + ac + bc$.

2. $\left(\dfrac{a+b}{2}\right)^2 \geqslant ab$.

3. $a^2 + b^2 \geqslant \dfrac{(a+b)^2}{2}$.

4. 若 $\dfrac{1}{a} + \dfrac{1}{b} + \dfrac{1}{c} = 0$，则 $(a+b+c)^2 = a^2 + b^2 + c^2$.

5. 出现 $m = ab + c$ 时可利用被除数＝除数×商＋余数快速求解不定方程，出现 $a \pm b\sqrt{c}$ 时可利用无理式配方快速化简表达式.

6. $a^{\log_a b} = b$，$\log_a b \cdot \log_b a = 1$.

7. $\dfrac{a}{b} = \dfrac{c}{d} = \dfrac{a-c}{b-d} = \dfrac{a+c}{b+d}(b \neq \pm d)$.

8. $\dfrac{a}{b} = \dfrac{c}{d} = \dfrac{e}{f} = \dfrac{a+c+e}{b+d+f}(b+d+f \neq 0)$ 等比定理出现时，往往会产生两个答案.

9. 均值定理使用前一定要牢记三大前提(一正二定三相等)，如果题目较难可直接取等求最值.

10. $\dfrac{2}{\dfrac{1}{a} + \dfrac{1}{b}} \leqslant \sqrt{ab} \leqslant \dfrac{a+b}{2}$.

11. $(\sqrt{n+1} + \sqrt{n})$ 与 $(\sqrt{n+1} - \sqrt{n})$ 互为倒数.

12. 若 m, n 为整数，则 $m+n, m-n$ 奇偶性相同.

13. 三角不等式使用前提：$|a|$，$|b|$，$|a \pm b|$ 同时出现.

14. 绝对值的几何意义使用前提：未知数的系数要保持一致.

15. 一件商品先上涨 $p\%$，再下降 $p\%$ 要比原价低.

16. 跑圈问题中若求在起点处相遇时甲、乙各跑多少圈，可直接套用 $\dfrac{n_甲}{n_乙} = \dfrac{v_甲}{v_乙}$.

17. 应用题求解至少、至多问题时大多利用极限思想求解最值.

18. 在解决应用题的过程中，若题干没有给出具体数值，都是比例关系，可直接用比例法或特值法解答.

19. 当题干明确给出完成同一件工作的两种不同方式，求某人单独做需要几天时，需想到工作量转化法；当题干出现某个整体按一个标准分为两类时或多次出现平均值概念或出现一个上涨多少，另一个下降多少，总量变化多少时，需想到杠杆原理.

20. 当题干所给条件较多或遇到多次溶液混合问题时，可列表格分析.

21. n 支队单循环比赛，共赛 C_n^2 场，每队赛 $n-1$ 场；n 支队双循环比赛，共赛 $2C_n^2$ 场，每队赛

$2(n-1)$ 场.

22. 利用韦达定理求最值、范围,或计算完答案有 2 个数时一定要验证判别式.

23. 柯西不等式: $(a^2+b^2+c^2)(d^2+e^2+f^2) \geqslant (ad+be+cf)^2$,当且仅当 $\dfrac{a}{d}=\dfrac{b}{e}=\dfrac{c}{f}$ 时,等号成立.

24. 解决一元二次不等式恒成立问题时,若二次项系数不确定,一定要讨论系数是否为 0.

25. 自带范围的 3 个量: $\sqrt{a}$,$\log_a b$,$\dfrac{b}{a}$.

26. 比大小问题和表达式化简求值问题首选特值法.

27. 求解不等式的时候一定要注意,如果两边约掉的是正数时不变号,如果是负数要变号.

28. 当求解不定方程时,一定要注意题干前提是否默认未知数为正整数,若默认未知数为正整数,求解时可利用奇偶特征、倍数特征、个位特征以及质数特征讨论求值.

29. 若题干涉及判别式的计算要知道与判别式有关系的量有顶点坐标以及 $|x_1-x_2|$.

30. 若题干重复出现类似或相同的表达式时一定要用 (h,c) 换元.

31. 去绝对值的常用方法:平方法(注意要保证式子两侧大于等于 0);

　　　　　　　　分段讨论(绝对值内部较为简单);

　　　　　　　　绝对值的几何意义(必须保证系数一致);

　　　　　　　　画图(绝对值内部较为复杂).

32. $y=ax^2+bx+c=a(x-x_1)(x-x_2)$,两种形式可相互转化.

33. 在二次函数中,若题干出现 $f(a)=f(b)$,则对称轴为 $x=\dfrac{a+b}{2}$.

34. 当题干出现任意或限制条件很少时可用特值法.

35. 当出现抛物线与直线相交、相切或相离,圆与直线相交、相切或相离时可考虑联立方程用判别式分析.

36. 遇见复合函数时可将里边的函数用字母替换,替换时一定要注意取值范围.

37. $|ax \pm b|+|cy \pm d|=e$ 所围成的图形为四边形,其面积为 $S=\dfrac{2e^2}{|ac|}$;$|xy|+ab=a|x|+b|y|$ 所围成的图形为四边形,其面积为 $4ab$.

38. 出现完全平方数需想到勾股定理及平方差公式.

39. 直线 $ax+by+c=0$ 与两坐标轴围成的面积为 $S=\dfrac{c^2}{2|ab|}$.

40. 在条件充分性判断题中若遇到 $|ax \pm by| \leqslant (\geqslant)c$,$x^2+y^2 \leqslant (\geqslant)r^2$,$\sqrt{r^2-x^2}$(上半圆),可用画图法分析.

41. 等差数列前 n 项和最值要么在变号处取到,要么利用抛物线对称轴分析(若题干没有告知前 n 项和公式就找变号处取最值).

42. 若等差数列 $\{a_n\}$ 的公差为 d_1,$\{b_n\}$ 的公差为 d_2,则 $\{\lambda a_n+b\}$ 也为等差数列,公差为 λd_1,$\{\lambda_1 a_n+\lambda_2 b_n\}$ 也为等差数列,公差为 $\lambda_1 d_1+\lambda_2 d_2$.

43. 若等差数列有 $2n$ 项,则 $S_{偶} - S_{奇} = nd$,若等比数列有 $2n$ 项,则 $\dfrac{S_{偶}}{S_{奇}} = q$.

44. 在等差数列中,$\dfrac{S_n}{n} - \dfrac{S_m}{m} = \left(\dfrac{n-m}{2}\right)d$.

45. 既为等差数列又为等比数列的是非零常数列.

46. 形如 $a_{n+1} = qa_n + d(q \neq 1)$ 的形式均可构造等比数列,$a_{n+1} + \dfrac{d}{q-1} = q\left(a_n + \dfrac{d}{q-1}\right)$.

47. 若 $\{a_n\}$ 为等比数列,$\{a_n \pm k\}$ 也为等比数列,$k \neq 0$,则 $\{a_n\}$ 为非零常数列.

48. 若等比数列 $\{a_n\}$ 的公比为 q_1,$\{b_n\}$ 的公比为 q_2,$q_1,q_2 \neq 0$,则 $\{\lambda a_n\}$ 也为等比数列,公比为 q_1,$\{\lambda_1 a_n \cdot \lambda_2 b_n\}$ 也为等比数列,公比为 $q_1 \cdot q_2$.

49. 在等差数列中,若已知前 n 项和为 $S_n = an^2 + bn$,则通项公式 $a_n = 2an + (b-a)$.

50. 在答题过程中若发现 $a_{n+1} - a_n = f(n)$ 要立马反应出用叠加法求解.

51. 若 $\{a_n\}$ 为等比数列,则 $\{a_n^2\}$,$\{|a_n|\}$,$\left\{\dfrac{1}{a_n}\right\}$,$\{a_n a_{n+1}\}$ 均为等比数列.

52. 若 $Aq^n + B$ 表示等比数列前 n 项和,则必有 $A + B = 0$.

53. 当题干将无穷与数列求和结合在一起时,必考无穷递缩等比数列,$S_n = \dfrac{a_1}{1-q}$.

54. 在计算数列一共有几项时一定要注意,例如:从 $1 \sim 9$ 有 9 项,从 $3 \sim 6$ 有 4 项.

55. 当数列题目实在没有思路时可以列举找规律.

56. 等差数列与等比数列性质为重中之重,务必记熟会用,共计 12 个,自行查阅.

57. 出现相邻三角形必用等积模型和燕尾模型,在四边形求面积中也可分割为若干三角形求解.

58. 若直线方程除 x,y 以外还有另一个参数,则要马上想到恒过定点,用分离参数法求解.

59. 出现平行必用相似,出现折叠必用全等,全等无须证明,肉眼观察即可.

60. 在平面几何中求长度或求面积时若用肉眼可直接观察出则无须计算,若题干涉及三角形的边角关系需要立即想到正余弦定理和大角对大边等.

61. 若等边三角形的边长为 a,则面积为 $S = \dfrac{\sqrt{3}}{4}a^2$,高为 $h = \dfrac{\sqrt{3}}{2}a$.

62. 若等腰直角三角形的直角边长为 a,斜边长为 c,则面积为 $S = \dfrac{c^2}{4} = \dfrac{a^2}{2}$,三边之比为 $1 : 1 : \sqrt{2}$.

63. 若顶角为 $120°$ 的等腰三角形的腰长为 a,则面积为 $S = \dfrac{\sqrt{3}}{4}a^2$,三边之比为 $1 : 1 : \sqrt{3}$.

64. 常用勾股数 $(3,4,5),(5,12,13),(7,24,25),(8,15,17)$.除在平面几何会用到,代数化简求值也会用到.

65. 三角形内切圆半径 $r = \dfrac{2S}{a+b+c}$,外接圆半径 $R = \dfrac{abc}{4S}$(了解).

66. 连接三角形重心 O 与各顶点可得 $S_{\triangle AOB} = S_{\triangle AOC} = S_{\triangle BOC} = \dfrac{1}{3}S_{\triangle ABC}$.

67. 三角形外心到三顶点的距离相等,内心到三边距离相等,求外心用正弦定理,求内心用内切圆半径公式.

68. 表面积一定时，$V_正 < V_柱 < V_球$，体积一定时，$S_正 > S_柱 > S_球$.

69. 平面几何求面积. 若需要作辅助线，大多都是对角线、交点之间的连线或中位线.

70. 弧长公式 $l = \theta r$（θ 为圆心角，需转化为弧度制，r 为半径），同弧所对的圆心角是圆周角的 2 倍.

71. 在解题中若发现解出 2 个答案一定要注意题干的前提条件或范围是否存在答案不满足的情况.

72. 若直线的两截距相等，除斜率为 -1 的所有直线，还有过原点的所有直线.

73. 若两直线关于某水平直线或竖直直线对称，则斜率互为相反数.

74. 用 $k_1 \cdot k_2 = -1$ 判断两直线垂直时一定不要忘记斜率不存在的情况.

75. 过圆 $x^2 + y^2 = r^2$ 上一点 $P(a, b)$ 只有一条切线，切线方程为 $ax + by = r^2$.

76. 在判断直线过象限的题目中可用如下口诀：直线 $l: y = kx + b$.

k 大 b 大一二三，k 大 b 小一三四，k 小 b 大一二四，k 小 b 小二三四.

77. 点 $P_1(x, y)$ 关于点 $P(a, b)$ 的对称点为 $P_2(2a - x, 2b - y)$.

78. 在解析几何中，直线和圆相交一定是有 2 个交点，相切有一个交点，若题干说直线和圆有交点则包括相交和相切.

79. 直线顺时针旋转时，斜率变小，逆时针旋转时，斜率变大（注意是否越过 y 轴）.

80. 若题干说两圆相切则一定不要忘记还有内切.

81. 若动点 P 在圆上运动，求解 $ax \pm by, \dfrac{y - b}{x - a}$ 的最值时，可直接令其为 k，然后利用圆心到该直线的距离等于半径列方程即可.

82. 若动点 P 在多边形上运动（三角形、四边形），求 $ax \pm by$ 的最值时直接将顶点代入判断即可，求 $ax^2 + by^2$ 的最值需要借助图像分析.

83. 若动点 P 在某直线上运动，求 $MP + NP$ 的最小值，直接找对称点即可.

84. 若点（直线）关于 x 轴对称，则只需要把 y 换为 $-y$.

若点（直线）关于 y 轴对称，则只需要把 x 换为 $-x$.

若点（直线）关于 $y = x$ 对称，则需要把 x 换为 y，把 y 换成 x.

若点（直线）关于 $y = -x$ 对称，则需要把 x 换为 $-y$，把 y 换成 $-x$.

85. 相同式子相乘求系数用组合选取法，不同的式子相乘求系数用搭配求系数法，长串表达式求系数用特值法.

86. 当题干出现二次项系数与常数项调换或者一次项系数由正变为负时，要立即想到两根之间的相互关系.

87. 长方体对角线、棱长和、表面积知二求一.

88. 两球体表面积之比为半径的平方比，体积之比为半径的立方比，解决球体问题的关键是半径.

89. 若将一个大金属球熔化为 n^3 个相同的小金属球，则小金属球表面积之和为大金属球表面积的 n 倍.

90. 在求解立体几何表面积或体积时,若数值比较难算可取整估算,立体几何只要涉及求长度必定需要构建直角三角形用勾股定理求解.

91. 在排列组合中,一定牢记先特殊后一般,确定元素(位置)不参选不参排.

92. 局部定序需要消序,局部相同需要消序,等数量分堆需要消序.

93. 排列组合中的至多、至少问题要么正面分类,要么反面求解,有限制条件的分房问题只能先分堆再分配.

94. 相同元素分给不同对象用隔板法,不同元素分给相同对象用分堆法,相同元素分给相同对象用穷举法,不同元素分给不同对象用分房法,在概率题目中,若题干没有强调元素完全相同,统一默认为元素不同处理.

95. 在独立事件中,火警器报警、炮打飞机、破译密码、中奖都暗含至少有一个发生则事件发生,可从反面做.

96. 有终止条件的概率问题或取样问题最后一次都满足终止条件.

97. 计算平均值时,可先找中间量,然后再加上剩余部分的平均值即可.

98. 比较方差(标准差)时可先比较极差,极差与分歧度成反比.

99. 若一组数据 $x_1, x_2, x_3, \cdots, x_n$ 的平均数为 $\bar{x}$,方差为 s^2,则

$ax_1, ax_2, ax_3, \cdots, ax_n$ 的平均数为 $a\bar{x}$,方差为 $a^2 s^2$;

$x_1 + b, x_2 + b, x_3 + b, \cdots, x_n + b$ 的平均数为 $\bar{x} + b$,方差为 s^2.

100. 在条件充分性判断题中,切记不盲从不猜测要客观要独立,题干若说确定则必须唯一确定.

101. 细心细心再细心,冷静冷静再冷静,学会放弃,学会欣赏.